研究生入学考试指导书

微积分教程

陈定元　邢抱花　张玮玮　胡　翔　编著

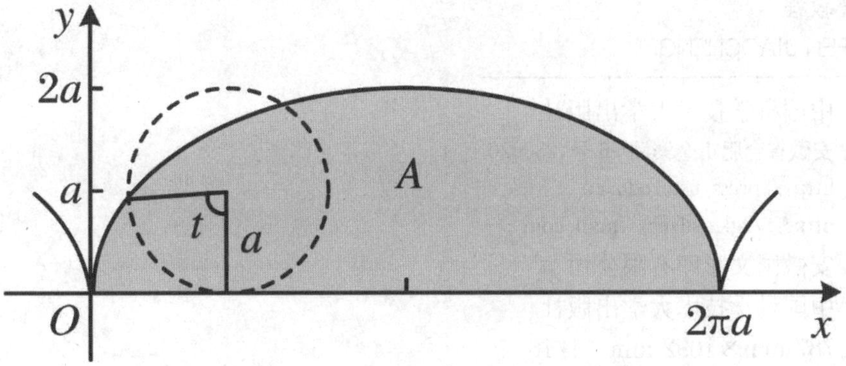

中国科学技术大学出版社

内 容 简 介

本书共分 9 章，内容涵盖一元函数微分学与积分学、常微分方程、多元函数微分学与积分学、级数、向量代数与解析几何、场论初步、微积分在经济学中的应用等，主要介绍了微积分各模块的教学重点、考查重点、应用背景以及相应题型的解题方法．每个章节后都配套相应的习题，且在书后提供了参考答案．

本书可作为硕士研究生入学考试公共数学科目的参考资料，也可作为工程技术人员的参考用书．

图书在版编目(CIP)数据

微积分教程 / 陈定元等编著. -- 合肥 ：中国科学技术大学出版社，2024.10. -- ISBN 978-7-312-06124-0

Ⅰ. O172

中国国家版本馆 CIP 数据核字第 2024QC2273 号

微积分教程

WEIJIFEN JIAOCHENG

出版 中国科学技术大学出版社
安徽省合肥市金寨路 96 号，230026
http://press.ustc.edu.cn
https://zgkxjsdxcbs.tmall.com

印刷 安徽国文彩印有限公司

发行 中国科学技术大学出版社

开本 787 mm×1092 mm 1/16

印张 13.25

字数 297 千

版次 2024 年 10 月第 1 版

印次 2024 年 10 月第 1 次印刷

定价 50.00 元

前　言

2021 年全国硕士研究生入学统一考试的数学考试大纲有了较大的修改，考试题型、侧重点都有较大的变化.新大纲更注重对基础知识和解题思路的考查，具体体现在客观题的题量与分值的增加，这让很多本科毕业生很难通过刷题考取高分.为此，作者根据 2023 年全国硕士研究生入学统一考试的数学大纲，以作者历年的考研辅导讲稿为基础，结合自身对历年考题特点、命题趋势的研究总结以及数学的内在规律编写了本书.本书特点是全面覆盖考研大纲内容、详细讲解重要的公式与结论、系统总结各类考研题型的解题方法及适用条件，同时配有相应的例题进行讲解.当然，要想真正掌握一门课程并通过相关的选拔考试，还必须进行一定量的习题训练，所以本书每章都配套相应的习题供读者模拟练习，并可对照参考答案进行检查.

参与本书编写工作的有安庆师范大学数理学院的陈定元、邢抱花、张玮玮、胡翔四位老师，其中陈定元编写了曲线积分、曲面积分、场论初步以及微积分在经济学中的应用等部分；邢抱花编写了一元函数积分学、多元函数微分学以及重积分部分；张玮玮编写了一元函数微分学与常微分方程部分；胡翔编写了级数、向量代数与解析几何部分.

本书在编写过程中得到了安庆师范大学数理学院的大力支持，特别是钟金标教授、张海教授对书稿提出了大量宝贵的建议.

本书在编写过程中，参考了众多教材与相关著作，由于篇幅所限，未一一列举，在此谨向有关作者表示衷心的感谢!

由于作者水平有限，书中还有诸多不足之处，敬请广大读者、同行专家给予批评指正.

编　者

2024 年 6 月

目　　录

第一章　一元函数微分学

函数是高等数学的主要研究对象，极限是高等数学中的一个最基本的概念，它贯穿于微积分的始终.连续是函数的一个重要特征，导数和微分是一元函数微分学中的两个重要概念，在高等数学中占有重要地位.本章将介绍函数的概念和性质，极限的基本概念、基本性质及运算，连续的概念和性质，导数和微分的基本概念，导数的各种计算方法，中值定理与导数的应用，曲线的渐近线等知识.

第一节　函数与极限

一、函数的概念

（一）邻域与区间

1. 邻域

$$\begin{cases}\text{实心邻域} & U(x_0,\delta)\\ \text{空心邻域} & \mathring{U}(x_0,\delta)\end{cases}$$

2. 区间

$$\begin{cases}\text{有限区间} & [a,b],[a,b),(a,b],(a,b)\\ \text{无限区间} & [a,+\infty),(a,+\infty),(-\infty,b],(-\infty,b),(-\infty,+\infty)\end{cases}$$

（二）函数关系的定义

设 D 为非空点集，若 $x\in D$，通过对应规则 f，y 都有一个确定的值与之对应，则称 y 是 x 的函数.记作 $y=f(x)$.

注　需同时具备两个要素：一是定义域（非空点集）；二是对应规则 f.

（三）函数的基本性质

1. 单调性

设函数 $y=f(x)$ 在区间 I 上有定义，$\forall x_1,x_2\in I$，当 $x_1<x_2$ 时，若 $f(x_1)<f(x_2)$，

则称函数 $f(x)$ 在区间 I 上单调递增；若 $f(x_1)>f(x_2)$，则称函数 $f(x)$ 在区间 I 上单调递减.

2. 有界性

若 $\forall x\in I\subset D(f)$，$\exists M>0$，恒有 $|f(x)|\leqslant M$，则称函数 $y=f(x)$ 在区间 I 上有界.

注 1° 研究函数的单调性和有界性，一定要有研究范围. 如果没有给定范围，则默认在函数的定义域内.

2° $f(x)$ 在 I 上有界 $\Leftrightarrow m\leqslant f(x)\leqslant M$，即既要有上界，又要有下界. 这两条需同时满足.

3. 奇偶性

在对称区间上，满足 $\begin{cases}\text{若 } f(-x)=-f(x)\text{，则称 } f(x)\text{ 为奇函数；}\\ \text{若 } f(-x)=f(x)\text{，则称 } f(x)\text{ 为偶函数.}\end{cases}$

注 1° 若奇函数过原点，则必有 $f(0)=0$.

2° 若 $y=f(x)$ 图像关于直线 $x=a$ 对称，等价于

$$f(a-x)=f(a+x)\quad\Leftrightarrow\quad f(x)=f(2a-x).$$

4. 周期性

若函数 $y=f(x)$ 满足 $\forall x\in D(f)$，$\exists T>0$，恒有 $f(x+T)=f(x)$，则称 $f(x)$ 为周期函数，并称 T 为它的一个周期.

注 1° 周期函数的定义域一定不是有限区间，可能是无穷区间或无穷区间去掉一些点.

2° 周期函数的周期一定是正数.

3° 并不是所有的周期函数都有最小正周期，如常数函数 $y=1$.

4° 若 $f(x)=f(x+T)$，则 $f(ax+b)$（$a,b\in R$ 且 $a\neq 0$）为周期函数，且周期为 $\dfrac{T}{|a|}$.

5° 若 $y=f(x)$，$x\in(-\infty,+\infty)$ 的图像关于直线 $x=a$ 和 $x=b$ 对称，且 $b>a$，则 $T=2(b-a)$ 为 $f(x)$ 的一个周期.

证 因为 $y=f(x)$ 关于直线 $x=a$ 对称，又关于直线 $x=b$ 对称，所以

$$\begin{aligned}f(x)&=f(2a-x)=f[b+(2a-x)-b]\\&=f[b+(2a-x-b)]=f[b-(2a-x-b)]=f[x+2(b-a)].\end{aligned}$$

所以 $f(x)$ 是以 $2(b-a)$ 为周期的周期函数.

（四）复合函数

当 $y=f(u)$ 的定义域 $D(f)$ 和 $u=\varphi(x)$ 的值域交集非空时，$y=f(u)$ 和 $u=\varphi(x)$ 一定可以构成复合函数 $y=f[\varphi(x)]$，且复合函数的定义域只能是 $u=\varphi(x)$ 定义域的子集.

（五）反函数

设 $y=f(x)$ 是定义在 $D(f)$ 上的一个函数，值域为 $Z(f)$，如果对每一个 $y\in Z(f)$ 有

一个确定的且满足 $y=f(x)$ 的 $x\in D(f)$ 与之对应，其对应规则记作 f^{-1}，这个定义在 $Z(f)$ 上的函数 $x=f^{-1}(y)$ 称为 $y=f(x)$ 的反函数.

注　1° 严格单调函数一定具有反函数.

2° $y=f(x)$ 的反函数有两种表示方法及其应用.

3° 反函数图像和原函数图像一定关于直线 $y=x$ 对称.

（六）基本初等函数

(1) 常数函数 $y=f(x)=C, x\in(-\infty,+\infty)$.

(2) 幂函数 $y=f(x)=x^\alpha, \alpha\in\mathbf{R}$ 且 $\alpha\neq0$，在 $(0,+\infty)$ 内总有定义，而且图形都经过点 $(1,1)$.

(3) 指数函数 $y=f(x)=a^x, a>0$ 且 $a\neq1, x\in(-\infty,+\infty)$.

(4) 对数函数 $y=f(x)=\log_a x, a>0$ 且 $a\neq1, x>0$.

(5) 三角函数 $\begin{cases} y=\sin x, & x\in(-\infty,+\infty) \\ y=\cos x, & x\in(-\infty,+\infty) \\ y=\tan x=\dfrac{\sin x}{\cos x}, & x\neq k\pi+\dfrac{\pi}{2} \\ y=\cot x=\dfrac{\cos x}{\sin x}, & x\neq k\pi \\ y=\sec x=\dfrac{1}{\cos x} \\ y=\csc x=\dfrac{1}{\sin x} \end{cases}$

(6) 反三角函数 $\begin{cases} y=\arcsin x, & x\in[-1,1] \\ y=\arccos x, & x\in[-1,1] \\ y=\arctan x, & x\in(-\infty,+\infty) \\ y=\operatorname{arccot} x, & x\in(-\infty,+\infty) \end{cases}$

（七）初等函数

由基本初等函数经过有限次的四则运算或复合而成的，只能用一个式子表示的函数，称为初等函数.

注　1° 所有的分段函数都不是初等函数.

2° 所有带绝对值的函数都是分段函数.

二、极限的概念

（一）数列的极限

数列是定义在自然数域上的离散函数，研究数列极限时，默认数列都是无穷数列.

设有数列$\{x_n\}$和常数 a,如果对 $\forall\varepsilon>0$,无论它多么小,总 $\exists N\in\mathbf{N}^+$,当 $n>N$ 时,恒有$|x_n-a|<\varepsilon$ 成立,则称当 $n\to\infty$ 时,$\{x_n\}$以 a 为极限(或$\{x_n\}$收敛于 a).记作 $\lim\limits_{n\to\infty}x_n=a$.

$$\begin{array}{c}|x_n-a|<\varepsilon\\ \uparrow\quad\downarrow\\ n>N\end{array}$$
$$\Leftrightarrow\quad \lim_{n\to\infty}x_n=a$$

注 1° ε 刻画了 x_n 与 a 的接近程度,N 刻画了一个时刻,从这一时刻后,数列$\{x_n\}$的后无穷项都落在区间$(a-\varepsilon,a+\varepsilon)$内.

2° 用定义证明 $\lim\limits_{n\to\infty}x_n=a$,关键是找正整数 N,N 根据 ε 确定,即 $N=N(\varepsilon)$,对于同一个 ε,N 只能放大,不能缩小.

例 1.1 求证:$\lim\limits_{n\to\infty}\dfrac{\sqrt{n^2+a^2}}{n}=1$.

证 $\forall\varepsilon>0$,要使$|x_n-a|<\varepsilon$,即$\left|\dfrac{\sqrt{n^2+a^2}}{n}-1\right|<\varepsilon\Leftrightarrow\dfrac{a^2}{n(\sqrt{n^2+a^2}+n)}<\varepsilon$,对不等式左端进行放大得

$$\frac{a^2}{n(\sqrt{n^2+a^2}+n)}<\frac{a^2}{n(\sqrt{n^2}+n)}=\frac{a^2}{2n^2}<\frac{a^2}{n^2},$$

即只需$\dfrac{a^2}{n^2}<\varepsilon$,则 $n>\sqrt{\dfrac{a^2}{\varepsilon}}$.

$\forall\varepsilon>0$,取 $N=\left[\sqrt{\dfrac{a^2}{\varepsilon}}\right]$,当 $n>N$ 时,恒有$\left|\dfrac{\sqrt{n^2+a^2}}{n}-1\right|<\varepsilon$,由定义知 $\lim\limits_{n\to\infty}\dfrac{\sqrt{n^2+a^2}}{n}=1$.

(二) 数列极限的性质

1. 唯一确定性

收敛数列的极限为唯一确定的常量.

2. 整体有界性

收敛数列一定整体有界⇔无界数列一定发散.

3. 局部保序性

设 $\lim\limits_{n\to\infty}x_n=a$,$\lim\limits_{n\to\infty}y_n=b$,且 $a>b(a<b)$,则 $\exists N\in\mathbf{N}^+$,当 $n>N$ 时,恒有 $x_n>y_n$ $(x_n<y_n)$.

推论 1.1 设 $\lim\limits_{n\to\infty}x_n=a$,$\lim\limits_{n\to\infty}y_n=b$,且 $\exists N\in\mathbf{N}^+$,当 $n>N$ 时,恒有 $x_n>y_n(x_n<y_n)$,则 $a\geqslant b(a\leqslant b)$.

4. 局部保号性

设 $\lim\limits_{n\to\infty}x_n=a>0(a<0)$,则 $\exists N\in\mathbf{N}^+$,当 $n>N$ 时,恒有 $x_n>0(x_n<0)$.

推论 1.2 设 $\lim\limits_{n\to\infty}x_n=a$,且 $\exists N\in\mathbf{N}^+$,当 $n>N$ 时,有 $x_n>0(x_n<0)$,则 $a\geqslant0(a\leqslant0)$.

5. 数列极限与子列极限的关系

若数列 $\{x_n\}$ 收敛,则其任意子列都收敛,且收敛于同一常数.

推论 1.3 若某一子列发散,则原数列必发散.

推论 1.4 若所有子列均收敛,且收敛于同一常数,则原数列必收敛.

（三）函数的极限

极限与极限变量极限函数密切相关.研究极限问题,先看极限变量,再看极限函数,一元函数的极限变量只有在 x 趋于无穷大时和 x 趋于有限值时两种.

1. 当 x 趋于无穷大时

设函数 $f(x)$ 定义在无穷区间上,同时存在常数 A,如果对 $\forall\varepsilon>0$,无论它多么小,总 $\exists X>0$,当 $|x|>X$ 时,恒有 $|f(x)-A|<\varepsilon$ 成立,则称当 $x\to\infty$ 时,$f(x)$ 以 A 为极限(或 $f(x)$ 收敛于 A).记作 $\lim\limits_{x\to\infty}f(x)=A$.

$$|f(x)-A|<\varepsilon$$

$$\uparrow\quad\downarrow$$

$$|x|>X$$

$$\Leftrightarrow\quad \lim_{x\to\infty}f(x)=A$$

注 类似,可定义极限 $\lim\limits_{x\to+\infty}f(x)=A$ 和 $\lim\limits_{x\to-\infty}f(x)=A$.

2. 当 x 趋于有限值时

设函数 $f(x)$ 在 x_0 的某个邻城内有定义(在 x_0 点可以无定义),同时存在常数 A,如果对 $\forall\varepsilon>0$,无论它多么小,总 $\exists\delta>0$,当 $0<|x-x_0|<\delta$ 时,恒有 $|f(x)-A|<\varepsilon$ 成立,则称当 $x\to x_0$ 时,$f(x)$ 以 A 为极限(或 $f(x)$ 收敛于 A).记作 $\lim\limits_{x\to x_0}f(x)=A$.

$$|f(x)-A|<\varepsilon$$

$$\uparrow\quad\downarrow$$

$$0<|x-x_0|<\delta$$

$$\Leftrightarrow\quad \lim_{x\to x_0}f(x)=A$$

注 1° 函数在某个点 x_0 处极限存在与否,与该点是否有定义无关.

2° 用定义证明 $\lim\limits_{x\to x_0}f(x)=A$,关键找 δ.δ 根据 ε 确定,即 $\delta=\delta(\varepsilon)$,对于同一个 ε,δ 只能缩小,不能放大.

例 1.2 证明:当 $x_0>0$ 时,$\lim\limits_{x\to x_0}\sqrt{x}=\sqrt{x_0}$.

证 $\forall\varepsilon>0$,因为 $|f(x)-A|=|\sqrt{x}-\sqrt{x_0}|=\left|\dfrac{x-x_0}{\sqrt{x}+\sqrt{x_0}}\right|\leqslant\dfrac{1}{\sqrt{x_0}}|x-x_0|$,要使

$|f(x)-A|<\varepsilon$,只要$|x-x_0|<\sqrt{x_0}\,\varepsilon$且$x\geqslant0$,而$x\geqslant0$可用$|x-x_0|<x_0$保证,$\forall\varepsilon>0$,取$\delta=\min\{x_0,\sqrt{x_0}\,\varepsilon\}$,当$0<|x-x_0|<\delta$时,恒有$\left|\sqrt{x}-\sqrt{x_0}\right|<\varepsilon$成立,所以$\lim\limits_{x\to x_0}\sqrt{x}=\sqrt{x_0}$.

(四) 函数极限的性质

1. 唯一确定性

收敛函数的极限为唯一确定的常量.

2. 局部有界性

(1) 若$\lim\limits_{x\to\infty}f(x)$存在,则$\exists X>0$,当$|x|>X$时,$f(x)$有界.

(2) 若$\lim\limits_{x\to x_0}f(x)$存在,则$\exists\delta>0$,当$0<|x-x_0|<\delta$时,$f(x)$有界.

3. 局部保序性

设$\lim\limits_{x\to\infty}f(x)=A$,$\lim\limits_{x\to\infty}g(x)=B$,且$A>B(A<B)$,则$\exists X>0$,当$|x|>X$时,恒有$f(x)>g(x)(f(x)<g(x))$.

设$\lim\limits_{x\to x_0}f(x)=A$,$\lim\limits_{x\to x_0}g(x)=B$,且$A>B(A<B)$,则$\exists\delta>0$,当$0<|x-x_0|<\delta$时,恒有$f(x)>g(x)(f(x)<g(x))$.

推论1.5 设$\lim\limits_{x\to\infty}f(x)=A$,$\lim\limits_{x\to\infty}g(x)=B$,$\exists X>0$,当$|x|>X$时,有$f(x)>g(x)(f(x)<g(x))$,则$A\geqslant B(A\leqslant B)$.

推论1.6 设$\lim\limits_{x\to x_0}f(x)=A$,$\lim\limits_{x\to x_0}g(x)=B$,在$x_0$的某一空心邻域内有$f(x)>g(x)(f(x)<g(x))$,则$A\geqslant B(A\leqslant B)$.

4. 局部保号性

设$\lim\limits_{x\to\infty}f(x)=A>0(A<0)$,则$\exists X>0$,当$|x|>X$时,有$f(x)>0(f(x)<0)$.

设$\lim\limits_{x\to x_0}f(x)=A>0(A<0)$,则$\exists\delta>0$,当$0<|x-x_0|<\delta$时,有$f(x)>0(f(x)<0)$.

推论1.7 设$\lim\limits_{x\to\infty}f(x)=A$,则$\exists X>0$,当$|x|>X$时有$f(x)>0(f(x)<0)$,则$A\geqslant0(A\leqslant0)$.

推论1.8 设$\lim\limits_{x\to x_0}f(x)=A$,在$x_0$的某一空心邻域内有$f(x)>0(f(x)<0)$,则$A\geqslant0(A\leqslant0)$.

5. 函数列极限与子列极限的关系

若极限$\lim\limits_{x\to x_0}f(x)$存在,$\{x_n\}$为函数$f(x)$的定义域内任一收敛于$x_0$的数列,且满足$x_n\neq x_0(n\in\mathbf{N}^+)$,那么相应的函数值数列$\{f(x_n)\}$必收敛,且$\lim\limits_{n\to\infty}f(x_n)=\lim\limits_{x\to x_0}f(x)$.

若函数收敛,则其任意函数列都收敛,且收敛于同一常数.

（五）单侧极限

1. 右极限

设函数 $f(x)$ 在 x_0 的某个右邻城内有定义（在 x_0 点可以无定义），同时存在常数 A，如果对 $\forall\varepsilon>0$，无论它多么小，总 $\exists\delta>0$，当 $0<x-x_0<\delta$ 时，恒有 $|f(x)-A|<\varepsilon$ 成立，则称当 $x\to x_0$ 时，$f(x)$ 以 A 为右极限. 记作 $\lim\limits_{x\to x_0^+}f(x)=A$，或 $f(x_0+0)=A$.

2. 左极限

设函数 $f(x)$ 在 x_0 的某个左邻城内有定义（在 x_0 点可以无定义），同时存在常数 A，如果对 $\forall\varepsilon>0$，无论它多么小，总 $\exists\delta>0$，当 $0<x_0-x<\delta$ 时，恒有 $|f(x)-A|<\varepsilon$ 成立，则称当 $x\to x_0$ 时，$f(x)$ 以 A 为左极限. 记作 $\lim\limits_{x\to x_0^-}f(x)=A$，或 $f(x_0-0)=A$.

3. 函数在一个点极限存在⇔该点左右极限同时存在且相等

即

$$\lim_{x\to x_0}f(x)=A \iff f(x_0-0)=f(x_0+0)=A.$$

注　若极限点两侧函数表达式不同，则该点的极限计算一定要分左、右极限，并结合单侧极限准则来讨论.

（六）无穷小量与无穷大量

1. 无穷小量的定义

以 0 为极限的变量称为无穷小量.

注　1° 无穷小量用希腊字母 α,β,γ 表示.

2° 用定义证明 $f(x)$ 为无穷小量，关键就是证明 $|f(x)|<\varepsilon$.

3° 常数中，除了 0 以外的数都不是无穷小量.

2. 函数极限与无穷小量的关系

变量 $f(x)$ 以 A 为极限的充要条件是变量 $f(x)$ 可以表示为 A 与一个无穷小量的和.

3. 无穷小量的性质

(1) 有限个无穷小量的代数和一定是无穷小量.

(2) 有界函数与无穷小量的积一定是无穷小量.

(3) 常量与无穷小量的积一定是无穷小量.

(4) 有限个无穷小量的积一定是无穷小量.

4. 无穷小量的比较

设 α,β 为自变量在同一变化过程中的两个无穷小量，若

$$\lim\frac{\alpha}{\beta}=\begin{cases}0, & \alpha\text{ 为 }\beta\text{ 的较高阶无穷小量，记作 }\alpha=o(\beta)\\ \infty, & \alpha\text{ 为 }\beta\text{ 的较低阶无穷小量}\\ C(\neq 0\text{ 且 }\neq 1), & \alpha\text{ 为 }\beta\text{ 的同阶无穷小量}\\ 1, & \alpha\text{ 为 }\beta\text{ 的等价无穷小量，记作 }\alpha\sim\beta\end{cases}$$

注 1° 高阶、低阶、同阶、等价无穷小量，统称为无穷小量的比较.而所有无穷小量的比较可以转化成求它们商的极限.

2° 若分式函数的极限存在，且分母为无穷小量，则分子一定是无穷小量.

5. 等价无穷小量

(1) 常见的等价无穷小量公式(当 $x\to 0$ 时)：

$\sin x \sim x$， $\arcsin x \sim x$， $\tan x \sim x$， $\arctan x \sim x$，

$e^x - 1 \sim x$， $\ln(1+x) \sim x$， $(1+x)^\alpha - 1 \sim \alpha x$， $1-\cos x \sim \frac{1}{2}x^2$.

(2) 等价无穷小量的性质：

① α 与 β 互为等价无穷小量的充要条件是 α 可以表示成 β 加上 β 的高阶无穷小量. 即

$$\alpha \sim \beta \iff \alpha = \beta + o(\beta).$$

② 若 $\alpha \sim \alpha'$，$\beta \sim \beta'$，则 $\lim \frac{\alpha}{\beta} = \lim \frac{\alpha'}{\beta'}$.

注 1° 无穷小量除以无穷小量的极限，首选等价无穷小量的替换.

2° 乘除大胆使用等价无穷小量替换.

3° 加减慎重使用等价无穷小量替换，尤其是使用等价无穷小量替换后出现代数和为0的情形，慎用!

例 1.3 求 $\lim\limits_{x\to 0}\frac{\sqrt[3]{1-5x^3}-1}{(x+x^2)\ln(1+x^2)}$.

解 原式 $=\lim\limits_{x\to 0}\frac{\frac{1}{3}(-5x^3)}{x\cdot x^2} = -\frac{5}{3}$.

6. 无穷大量

若对于任意给定的 $M>0$，变量 y 在其变化过程中，总有那么一个时刻，在该时刻后，恒有不等式 $|y|>M$ 成立，则称变量 y 是无穷大量.

(1) 性质如下：

① 同号无穷大量的和一定是无穷大量.

② 无穷大量与常量的代数和一定是无穷大量.

③ 无穷大量与非零常量的乘积一定是无乘穷大量.

④ 无穷大量的乘积一定是无穷大量.

⑤ 无穷大量与下界大于0或上界小于0的有界函数的乘积一定是无穷大量.

⑥ 无穷大量必无界，无界未必无穷大量.

(2) 无穷大量与无穷小量的关系：

在自变量的同一变化过程中，无穷大量的倒数一定是无穷小量，非零无穷小量的倒数一定是无穷大量.

第二节　七 类 极 限

一、四则运算法则

自变量在同一变化过程中,设 $\lim f(x)=A,\lim g(x)=B$,则

(1) $\lim[f(x)\pm g(x)]=\lim f(x)\pm\lim g(x)=A\pm B$.

注　加减法则使用的条件是其中一项的极限存在.

(2) $\lim[f(x)\cdot g(x)]=\lim f(x)\cdot\lim g(x)=A\cdot B$.

注　乘法法则使用的条件是其中一项的极限存在且不等于0.

(3) $\lim\dfrac{f(x)}{g(x)}=\dfrac{\lim f(x)}{\lim g(x)}=\dfrac{A}{B}$.

注　1° 除法法则使用的条件是分子分母的极限同时存在,且分母的极限不为0.

2° 极限的四则运算退化顺序为除→乘→加减.

例 1.4　求 $\lim\limits_{x\to\infty}\dfrac{4+\sin x}{x}$.

解　原式 $=\lim\limits_{x\to\infty}\dfrac{1}{x}(4+\sin x)=0$.

二、复合函数极限的运算法则

设 $u=\varphi(x)$ 满足 $\lim\limits_{x\to x_0}\varphi(x)=a$,又有函数 $y=f(u)$ 满足在 $u=a$ 处有定义,且 $\lim\limits_{u\to a}f(u)=f(a)$,则复合函数 $f[\varphi(x)]$ 在 $x\to x_0$ 时有极限,且 $\lim\limits_{x\to x_0}f[\varphi(x)]=f(a)$.

注　1° 复合函数极限求解,优先考虑函数符号与极限符号是否能交换位置.

2° 连续函数的函数符号与极限符号一定可以交换位置.

三、极限存在的两个准则

(一) 夹逼准则

(1) 若 $\{x_n\},\{y_n\},\{z_n\}$ 满足条件:(ⅰ) $y_n\leqslant x_n\leqslant z_n$,(ⅱ) $\lim\limits_{n\to\infty}y_n=a,\lim\limits_{n\to\infty}z_n=a$,则 $\lim\limits_{n\to\infty}x_n=a$.

(2) 若 $f(x),g(x),h(x)$ 满足条件:(ⅰ) $g(x)\leqslant f(x)\leqslant h(x)$,(ⅱ) $\lim\limits_{x\to\infty}g(x)=a$,

$\lim\limits_{x\to\infty}h(x)=a$（或 $\lim\limits_{x\to x_0}g(x)=a,\lim\limits_{x\to x_0}h(x)=a$），则 $\lim\limits_{x\to\infty}f(x)=a$（或 $\lim\limits_{x\to x_0}f(x)=a$）.

注 1° 夹逼准则的难点在于构造收敛于同值的两个参考函数(或数列).

2° 在无穷项和的极限求解过程中，首选方法对分子(分母)作放缩，构造夹逼不等式，用夹逼准则求解.

例 1.5 求 $\lim\limits_{n\to\infty}\left[\frac{1}{n^2+1}+\frac{2}{n^2+2}+\cdots+\frac{n}{n^2+n}\right]$.

解 因为

$$\frac{1}{n^2+n}+\frac{2}{n^2+n}+\cdots+\frac{n}{n^2+n}\leqslant\frac{1}{n^2+1}+\frac{2}{n^2+2}+\cdots+\frac{n}{n^2+n}$$
$$\leqslant\frac{1}{n^2+1}+\frac{2}{n^2+1}+\cdots+\frac{n}{n^2+1},$$

即

$$\frac{\frac{1}{2}n(n+1)}{n^2+n}\leqslant\frac{1}{n^2+1}+\frac{2}{n^2+2}+\cdots+\frac{n}{n^2+n}\leqslant\frac{\frac{1}{2}n(n+1)}{n^2+1},$$

而

$$\lim_{n\to\infty}\frac{\frac{1}{2}n(n+1)}{n^2+n}=\frac{1}{2},\quad \lim_{n\to\infty}\frac{\frac{1}{2}n(n+1)}{n^2+1}=\frac{1}{2},$$

故由夹逼准则知，原式 $=\frac{1}{2}$.

(二) 单调有界准则

(1) 单调增且有上界的函数(或数列)必有极限.

(2) 单调减且有下界的函数(或数列)必有极限.

注 抽象函数(或数列)极限存在性研究的首选方法为单调有界准则.但是，单调有界准则只能证明极限存在，不能用来求极限.若要求极限，则必须构造方程解极限.若方程有多解，根据局部保号性定理确定极限值.

四、两个重要极限

(1) $\lim\limits_{x\to 0}\frac{\sin x}{x}=1$.

(2) $\lim\limits_{x\to\infty}\left(1+\frac{1}{x}\right)^x=\mathrm{e}\Leftrightarrow\lim\limits_{x\to 0}(1+x)^{\frac{1}{x}}=\mathrm{e}$.

注 $x_n=\left(1+\frac{1}{n}\right)^n,n=1,2,\cdots$，严格单调增且有上界.e 就是它的最小上界.

(3) 幂指函数极限的求解方法：

① 先看底和指数的极限是否同时存在，若同时存在且底的极限大于0，则幂指函数的极限等于底的极限的指数极限次方.

② 若极限函数为 1^{∞} 型，则按第二个重要极限求.

先将底配成"1+无穷小"的形式，然后把1后面的整体部分的倒数翻到指数上，通过凑指数幂的方法达到平衡.

③ 将幂指函数转化为指数函数求.

④ 以幂指函数为通项构造级数，利用级数收敛的必要条件求.

例 1.6　$\lim\limits_{x\to x_0} f(x)=a>0, \lim\limits_{x\to x_0} g(x)=b$，求 $\lim\limits_{x\to x_0}[f(x)]^{g(x)}$.

解　$\lim\limits_{x\to x_0}[f(x)]^{g(x)}=\lim\limits_{x\to x_0}\mathrm{e}^{g(x)\ln f(x)}=\mathrm{e}^{\lim\limits_{x\to x_0}g(x)\ln f(x)}=\mathrm{e}^{b\ln a}=a^b$.

五、同号无穷大量之差的极限求法

(1) 提出共同的无穷大量.

(2) 通分.

例 1.7　求 $\lim\limits_{x\to+\infty}(\sqrt{x^2+ax+b}-\sqrt{x^2+x+1})$.

解

$$\lim_{x\to+\infty}(\sqrt{x^2+ax+b}-\sqrt{x^2+x+1})=\lim_{x\to+\infty}\frac{(a-1)x+(b-1)}{\sqrt{x^2+ax+b}+\sqrt{x^2+x+1}}=\frac{a-1}{2}.$$

六、$\dfrac{\infty}{\infty}$型极限的求解方法

(1) 分子分母同除以共同或最大的无穷大量.

(2) 洛必达法则.

例 1.8　求 $\lim\limits_{x\to\infty}\dfrac{2x^2-2x+3}{3x^2+1}$.

解　(方法一)　将分子分母同除以 x^2：

$$\lim_{x\to\infty}\frac{2x^2-2x+3}{3x^2+1}=\lim_{x\to\infty}\frac{2-\dfrac{2}{x^2}+\dfrac{3}{x^2}}{3+\dfrac{1}{x^2}}=\frac{2-0-0}{3}=\frac{2}{3}.$$

(方法二)　利用洛必达法则：

$$\lim_{x\to\infty}\frac{2x^2-2x+3}{3x^2+1}=\lim_{x\to\infty}\frac{4x-2}{6x}=\lim_{x\to\infty}\frac{4}{6}=\frac{2}{3}.$$

七、无穷项的和的极限

(1) 定积分定义.

(2) 夹逼准则.

(3) 级数.

例 1.9 求 $\lim\limits_{n\to\infty}\sum\limits_{k=1}^{n}\sqrt{\dfrac{(n+k)(n+k+1)}{n^4}}$.

解 将极限表达式变形:

$$\sum_{k=1}^{n}\sqrt{\frac{(n+k)(n+k+1)}{n^4}}=\frac{1}{n}\sum_{k=1}^{n}\sqrt{\left(1+\frac{k}{n}\right)\left(1+\frac{k+1}{n}\right)}.$$

又

$$\begin{aligned}\sum_{k=1}^{n}\left(1+\frac{k}{n}\right)\cdot\frac{1}{n}&\leqslant\sum_{k=1}^{n}\sqrt{\left(1+\frac{k}{n}\right)\left(1+\frac{k+1}{n}\right)}\cdot\frac{1}{n}\\&\leqslant\sum_{k=1}^{n}\left(1+\frac{k+1}{n}\right)\cdot\frac{1}{n},\end{aligned}$$

即

$$\begin{aligned}\sum_{k=1}^{n}\left(1+\frac{k}{n}\right)\cdot\frac{1}{n}&\leqslant\sum_{k=1}^{n}\sqrt{\left(1+\frac{k}{n}\right)\left(1+\frac{k+1}{n}\right)}\cdot\frac{1}{n}\\&\leqslant\sum_{k=1}^{n}\left(1+\frac{k}{n}\right)\cdot\frac{1}{n}+\sum_{k=1}^{\infty}\frac{1}{n^2},\end{aligned}$$

亦即

$$\begin{aligned}\sum_{k=1}^{n}\left(1+\frac{k}{n}\right)\cdot\frac{1}{n}&\leqslant\sum_{k=1}^{n}\sqrt{\left(1+\frac{k}{n}\right)\left(1+\frac{k+1}{n}\right)}\cdot\frac{1}{n}\\&\leqslant\frac{1}{n}+\sum_{k=1}^{n}\left(1+\frac{k}{n}\right)\cdot\frac{1}{n},\end{aligned}$$

由定积分的定义可知

$$\lim_{n\to\infty}\sum_{k=1}^{n}\left(1+\frac{k}{n}\right)\cdot\frac{1}{n}=\int_0^1(1+x)\mathrm{d}x=\frac{1}{2}(1+x)^2\Big|_0^1=\frac{3}{2},$$

又 $\lim\limits_{n\to\infty}\dfrac{1}{n}=0$,故由夹逼准则得

$$\lim_{n\to\infty}\sum_{k=1}^{n}\sqrt{\frac{(n+k)(n+k+1)}{n^4}}=\int_0^1(1+x)\mathrm{d}x=\frac{3}{2}.$$

第三节　函数的连续性

一、连续的定义

函数 $y=f(x)$ 在 x_0 的某个邻城内有定义，记 $\Delta y=f(x_0+\Delta x)-f(x_0)$，若 $\lim\limits_{\Delta x\to 0}\Delta y=0$，则称 $y=f(x)$ 在 x_0 点连续. 即

$$\lim_{\Delta x\to 0}[f(x_0+\Delta x)-f(x_0)]=0 \tag{1.1}$$

$$\Leftrightarrow \lim_{\Delta x\to 0}f(x_0+\Delta x)=f(x_0)$$

$$\Leftrightarrow \lim_{x\to x_0}f(x)=f(x_0) \tag{1.2}$$

注　1° 按公式(1.2)，函数在一个点 x_0 处连续应同时满足三个条件：

（ⅰ）该点有定义，即 $f(x_0)$ 存在.

（ⅱ）该点极限存在，即 $\lim\limits_{x\to x_0}f(x)$ 存在.

（ⅲ）该点极限值等于函数值，即 $\lim\limits_{x\to x_0}f(x)=f(x_0)$.

2° 函数 $y=f(x)$ 在点 x_0 处连续 $\Leftrightarrow \lim\limits_{x\to x_0}f(x)=f(x_0)\Leftrightarrow f(x_0-0)=f(x_0+0)=f(x_0)$.

若 $f(x_0-0)=f(x_0)$，则称函数 $y=f(x)$ 该点 x_0 处左连续；若 $f(x_0+0)=f(x_0)$，则称函数 $y=f(x)$ 该点 x_0 处右连续.

3° 若用定义研究函数连续性时，区间内（即任意点）的连续性，一般用公式(1.1)；一个点的连续性，特别是分段函数在分界点的连续性和抽象函数在具体点的连续性，一般用公式(1.2).

4° 若 $f(x)$ 在 (a,b) 内每一点都连续，此时称 $f(x)$ 在 (a,b) 上连续；如果 $f(x)$ 还在左端点 $x=a$ 处右连续，在右端点 $x=b$ 处左连续，则称 $f(x)$ 在 $[a,b]$ 上连续.

二、连续函数的性质

(1) 连续函数的和、差、积、商(分母不为 0)一定连续.

(2) 连续函数的复合函数一定连续.

(3) 连续函数的反函数一定连续.

(4) 基本初等函数在其定义域内都是连续函数.

(5) 所有的初等函数在其定义区间(即定义域的子集)内都是连续函数.

三、如何研究一元函数的连续性(研究步骤)

(1) 先确定研究范围.如果没有给定范围,都默认在定义域内研究给定函数的连续性.

(2) 针对具体函数,若为有定义的初等函数,则一定连续;若为分段函数,则分段研究其连续性,其分界点的连续性要用公式(1.2)研究.

(3) 针对抽象函数,优先考虑连续函数的性质.若用定义研究,区间内的连续性一般用公式(1.1);具体点的连续性一般用公式(1.2).

例 1.10 讨论 $f(x)=\begin{cases}2^x+1, & x>0\\ 3x+4, & x\leqslant 0\end{cases}$的连续性.

解 由题意可知,$f(x)$的定义域为$(-\infty,+\infty)$.

① 当 $x>0$ 时,$f(x)=2^x+1$ 为有定义的初等函数,故 $f(x)$连续.

② 当 $x<0$ 时,$f(x)=3x+4$ 为有定义的初等函数,故 $f(x)$连续.

③ 当 $x=0$ 时,$f(0)=4$,$\lim\limits_{x\to0^-}f(x)=\lim\limits_{x\to0^-}(2^x+1)=2$,$\lim\limits_{x\to0^+}f(x)=\lim\limits_{x\to0^+}(3x+4)=4$,$f(0+0)\neq f(0-0)$,$\lim\limits_{x\to0}f(x)$不存在,即 $f(x)$在 $x=0$ 处不连续.

四、间断

(一) 定义

若函数 $f(x)$在点 x_0 不满足连续的定义,则称 $f(x)$在点 x_0 处间断,并称 x_0 为 $f(x)$的间断点.

(二) 间断点的类型

(1) 第一类间断点:左右极限同时存在的间断点.

① 若左右极限同时存在且相等,则称该点为可去间断点;

② 若左右极限同时存在但不相等,则称该点为跳跃间断点.

(2) 第二类间断点:所有非第一类间断点统称为第二类间断点.

注 1° 若 $\lim\limits_{x\to x_0}f(x)=\infty$,则称 x_0 为 $f(x)$的无穷间断点.

2° $x=0$ 是 $\sin\dfrac{1}{x}$,$\cos\dfrac{1}{x}$的振荡间断点.

3° 第二类间断点处,函数一定没有极限.

4° 所有的间断问题(找间断点、定间断点类型)研究都可以转化为函数连续性的研究.

五、闭区间连续函数的性质

(一) 最值定理

若 $f(x)\in C[a,b]$,则 $f(x)$在$[a,b]$上必存在最大值和最小值.

(二) 有界性定理

若 $f(x)\in C[a,b]$,则 $f(x)$在$[a,b]$上必有界.

注　函数有界性一般按以下步骤研究:先看 $f(x)$是否为闭区间上连续的函数,若是,则必有界;若研究范围为开区间,则对端点取极限,然后结合极限的局部有界性.

(三) 介值定理

若 $f(x)\in C[a,b]$,$f(a)=A$,$f(b)=B$,$\forall \mu\in(A,B)$,则至少存在一点 $\xi\in(a,b)$,使得 $f(\xi)=\mu$.

(四) 零值定理

若 $f(x)\in C[a,b]$,且 $f(a)\cdot f(b)<0$,则至少存在一点 $\xi\in(a,b)$,使得 $f(\xi)=0$.

注　1° 零值定理是方程实根存在性证明的首选方法.

2° 利用零值定理证明方程实根存在性的步骤.

(ⅰ) 构造辅助函数:将方程改为一端为 0 的形式,则非 0 端即为辅助函数.注意确定辅助函数的定义域!

(ⅱ) 验证零值定理的两个条件(闭区间连续、端点函数值异号).

例 1.11　已知 $f(x)=\dfrac{x^2+x}{|x|(x^2-1)}$,求:(1) $f(x)$的间断点并判定间断点类型;(2) $f(x)$的有界区间.

解　(1) 当 $x=-1$,$x=0$,$x=1$ 时,$f(x)$无定义,而在其他范围内,$f(x)$为有定义的初等函数,

故 $f(x)$的点断点只有 $x=-1$,$x=0$,$x=1$ 三个.

(ⅰ) 当 $x=-1$ 时

$$\lim_{x\to-1}f(x)=\lim_{x\to-1}\frac{x^2+x}{-x(x^2-1)}=-\lim_{x\to-1}\frac{1}{x-1}=\frac{1}{2},$$

故 $x=-1$ 是 $f(x)$的可去间断点.

(ⅱ) 当 $x=0$ 时

$$\lim_{x\to0^-}f(x)=\lim_{x\to0^-}\frac{x^2+x}{-x(x^2-1)}=-\lim_{x\to0^-}\frac{1}{x-1}=1,$$

$$\lim_{x\to 0^+} f(x) = \lim_{x\to 0^+} \frac{x^2+x}{x(x^2-1)} = \lim_{x\to 0^+} \frac{1}{x-1} = -1,$$

故 $x=0$ 是 $f(x)$ 的跳跃间断点.

(ⅲ) 当 $x=1$ 时

$$\lim_{x\to 1} f(x) = \lim_{x\to 1} \frac{x^2+x}{x(x^2-1)} = \lim_{x\to 1} \frac{1}{x-1} = \infty,$$

故 $x=1$ 是 $f(x)$ 的无穷间断点.

(2) (ⅰ) 区间 $(-\infty,-1)$ 内的有界性研究

$$\lim_{x\to -\infty} f(x) = \lim_{x\to -\infty} \frac{x^2+x}{-x(x^2-1)} = -\lim_{x\to -\infty} \frac{1}{x-1} = 0,$$

故 $\exists X_1>0$, $x\in(-\infty,-X_1)$, $f(x)$ 有界.

$$\lim_{x\to -1^-} f(x) = \frac{1}{2},$$

故 $\exists \delta_1>0$，当 $x\in(-1-\delta_1,-1)$ 时，$f(x)$ 有界. 又 $f(x)\in C[-X_1,-1-\delta_1]$，故当 $x\in(-X_1,-1-\delta_1)$ 时，$f(x)$ 有界. 故 $f(x)$ 在 $(-\infty,-1)$ 上有界.

(ⅱ) 区间 $(-1,0)$ 内的有界性研究

$$\lim_{x\to -1^+} f(x) = \frac{1}{2},$$

故 $\exists \delta_2>0$，当 $x\in(-1,-1+\delta_2)$ 时，$f(x)$ 有界.

$$\lim_{x\to 0^-} f(x) = 1,$$

故 $\exists \delta_3>0$，当 $x\in(-\delta_3,0)$ 时，$f(x)$ 有界. 又 $f(x)\in C[-1+\delta_2,-\delta_3]$，故当 $x\in[-1+\delta_2,-\delta_3]$ 时，$f(x)$ 有界. 故 $f(x)$ 在 $(-1,0)$ 上有界.

(ⅲ) 区间 $(0,1)$ 内的有界性研究

$$\lim_{x\to 1^-} f(x) = \infty, f(x) \text{ 在 } (0,1) \text{ 上无界}.$$

(ⅳ) 区间 $(1,+\infty)$ 内的有界性研究

$$\lim_{x\to 1^+} f(x) = \infty, f(x) \text{ 在 } (1,+\infty) \text{ 上无界}.$$

综上，$f(x)$ 的有界定义区间为 $(-\infty,-1)\cup(-1,0)$.

例 1.12 设 $f(x)\in C[0,2a]$，$f(0)=f(2a)$. 求证 $\exists \xi\in(0,2a)$，使得 $f(\xi)=f(\xi+a)$.

证 令 $F(x)=f(x)-f(x+a)$，$x\in[0,a]$，则

(ⅰ) $F(x)$ 在 $[0,a]$ 上连续.

(ⅱ) $F(0)=f(0)-f(a)$，$F(a)=f(a)-f(2a)$，又 $f(0)=f(2a)$，故 $F(0)\cdot F(a)\leqslant 0$.

当 $F(0)\cdot F(a)=0$，即 $F(0)=F(a)=0$，此时可取 $\xi=a\in(0,2a)$，使得 $F(\xi)=f(\xi)-f(\xi+a)=0$，即 $f(\xi)=f(\xi+a)$；

当 $F(0)\cdot F(a)<0$，则根据零值定理 $\exists \xi\in(0,a)\subset(0,2a)$，使得 $F(\xi)=f(\xi)-$

$f(\xi+a)=0$，即 $f(\xi)=f(\xi+a)$.

综上，$\exists\,\xi\in(0,2a)$，使得 $f(\xi)=f(\xi+a)$.

第四节　导数与微分

一、一元函数的导数

（一）概念

设 $f(x)$ 在 x_0 的某个邻域内有定义，$\Delta y=f(x_0+\Delta x)-f(x_0)$. 若 $\lim\limits_{\Delta x\to 0}\dfrac{\Delta y}{\Delta x}$ 极限存在，则称此极限值为 $y=f(x)$ 在 x_0 点处的导数值. 记作

$$f'(x_0),\quad y'\Big|_{x=x_0},\quad \frac{\mathrm{d}y}{\mathrm{d}x}\Big|_{x=x_0},\quad \frac{\mathrm{d}f(x)}{\mathrm{d}x}\Big|_{x=x_0}.$$

即

$$f'(x_0)=\lim_{\Delta x\to 0}\frac{\Delta y}{\Delta x}=\lim_{\Delta x\to 0}\frac{f(x_0+\Delta x)-f(x_0)}{\Delta x} \tag{1.3}$$

$$=\lim_{x\to x_0}\frac{f(x)-f(x_0)}{x-x_0}. \tag{1.4}$$

注　1° 单侧导数

$$\begin{cases}\text{左导数}:f'_-(x_0)=\lim\limits_{\Delta x\to 0^-}\dfrac{f(x_0+\Delta x)-f(x_0)}{\Delta x}=\lim\limits_{x\to x_0^-}\dfrac{f(x)-f(x_0)}{x-x_0}\\ \text{右导数}:f'_+(x_0)=\lim\limits_{\Delta x\to 0^+}\dfrac{f(x_0+\Delta x)-f(x_0)}{\Delta x}=\lim\limits_{x\to x_0^+}\dfrac{f(x)-f(x_0)}{x-x_0}\end{cases}$$

即有单侧导数准则

$$f'(x_0)\text{ 存在}\quad\Leftrightarrow\quad f'_-(x_0)=f'_+(x_0).$$

2° 用定义求导时，区间内的导数都用公式(1.3)；具体点的导数，特别是抽象函数在具体点的导数和分段函数在分界点的导数，一定要用公式(1.4)求，如果分界点两侧函数表示式不同，则还要分左导数和右导数，结合单侧导数准则求.

3° 若 $f(x)$ 在 (a,b) 内每一点处可导，则称 $f(x)$ 在 (a,b) 内可导. 即

$$\forall\, x\in(a,b),\text{有 } f'(x)=\lim_{\Delta x\to 0}\frac{f(x+\Delta x)-f(x)}{\Delta x}=\frac{\mathrm{d}y}{\mathrm{d}x}=y'.$$

4° 一元函数对哪个变量求导，结果一定是求导自变量的函数.

5° 导数的几何意义：$f'(x_0)$ 表示曲线 $y=f(x)$ 在点 $(x_0,f(x_0))$ 处切线的斜率.

6° 导数的物理意义：$y=f(x)$ 在 x_0 处的瞬时变化率.

7° 可导的奇函数的导数一定是偶函数,非常数的可导的偶函数的导数一定是奇函数.

8° 可导的周期函数的导数一定是周期函数,且周期不变.

证 因为$f(x+T)=f(x)$,所以

$$f'(x+T)=\lim_{\Delta x\to 0}\frac{f(x+T+\Delta x)-f(x+T)}{\Delta x}=\lim_{\Delta x\to 0}\frac{f(x+\Delta x)-f(x)}{\Delta x}=f'(x).$$

9° 导数的定义域不会超过原函数的定义域.

(二) 一元函数可导与连续的关系

一元函数可导必连续 $\Leftrightarrow$ 一元函数不连续必不可导.

注 连续是可导的必要条件.

(三) 导数的四则运算法则

(1) 代数和的导数等于导数的代数和,即

$$[f(x)\pm g(x)]'=f'(x)\pm g'(x).$$

(2) 两个函数乘积的导数,等于第一个函数的导数乘以第二个函数加上第一个函数乘以第二个函数的导数,即

$$[f(x)g(x)]'=f(x)g'(x)\pm f'(x)g(x).$$

(3) 分式函数的导数,等于分母的平方分之分子的导数乘以分母减去分子乘以分母的导数,即

$$\left[\frac{f(x)}{g(x)}\right]'=\frac{f'(x)g(x)-f(x)g'(x)}{g^2(x)}.$$

(4) 基本求导公式(16 个):

$C'=0$ $\quad(x^{\alpha})'=\alpha x^{\alpha-1}$ $\quad(\mathrm{e}^x)'=\mathrm{e}^x$

$(a^x)'=a^x\ln a$ $\quad(\log_a x)'=\dfrac{1}{x\ln a}$ $\quad(\ln x)'=\dfrac{1}{x}$

$(\sin x)'=\cos x$ $\quad(\cos x)'=-\sin x$ $\quad(\tan x)'=\sec^2 x$

$(\cot x)'=-\csc^2 x$ $\quad(\sec x)'=\sec x\tan x$ $\quad(\csc x)'=-\csc x\cot x$

$(\arcsin x)'=\dfrac{1}{\sqrt{1-x^2}}$ $\quad(\arccos x)'=-\dfrac{1}{\sqrt{1-x^2}}$ $\quad(\arctan x)'=\dfrac{1}{1+x^2}$

$(\operatorname{arccot} x)'=-\dfrac{1}{1+x^2}$

二、一元函数的微分

（一）概念

若函数 $y=f(x)$ 在点 x 处的增量 $\Delta y=f(x+\Delta x)-f(x)$ 可以表示成 $A\cdot\Delta x+o(\Delta x)$，则称 $y=f(x)$ 在点 x 处可微，并称 $A\cdot\Delta x$ 为 $y=f(x)$ 在 x 点的微分，记作 $\mathrm{d}y$. 即

$$\mathrm{d}y=A\cdot\Delta x.$$

（二）可微和可导的关系

一元函数可微必可导，且可微定义中的 $A=f'(x)$；一元函数可导必可微，且 $\mathrm{d}y=f'(x)\cdot\Delta x$.

注　1° 设 $y=f(x)=x$，又 $\mathrm{d}y=f'(x)\cdot\Delta x\underset{f'(x)=1}{=}1\cdot\Delta x$，则 $\mathrm{d}x=\Delta x$，即自变量的增量等于自变量的微分.

2° 由 $\mathrm{d}y=f'(x)\mathrm{d}x\Rightarrow f'(x)=\dfrac{\mathrm{d}y}{\mathrm{d}x}$，即一元函数的导数等于因变量的微分除以自变量的微分.

3° 对于一元函数：

（三）微分的四则运算法则

(1) $\mathrm{d}[f(x)\pm g(x)]=\mathrm{d}f(x)\pm\mathrm{d}g(x)$；

(2) $\mathrm{d}[f(x)g(x)]=g(x)\mathrm{d}f(x)+f(x)\mathrm{d}g(x)$；

(3) $\mathrm{d}\left[\dfrac{f(x)}{g(x)}\right]=\dfrac{g(x)\mathrm{d}f(x)-f(x)\mathrm{d}g(x)}{g^2(x)}$.

（四）一元函数微分的几何意义

函数 $y=f(x)$ 在 x 处的微分在几何上表示曲线 $y=f(x)$ 在点 $(x,f(x))$ 处切线纵坐标的增量（图 1.1），即 $\mathrm{d}y$.

$$\begin{aligned}\tan\alpha\cdot\Delta x&=f'(x)\cdot\Delta x=f'(x)\cdot\Delta x\\&=\mathrm{d}y\end{aligned}$$

注　当 $|\Delta x|\ll 1$ 时，$\Delta y\approx\mathrm{d}y$.

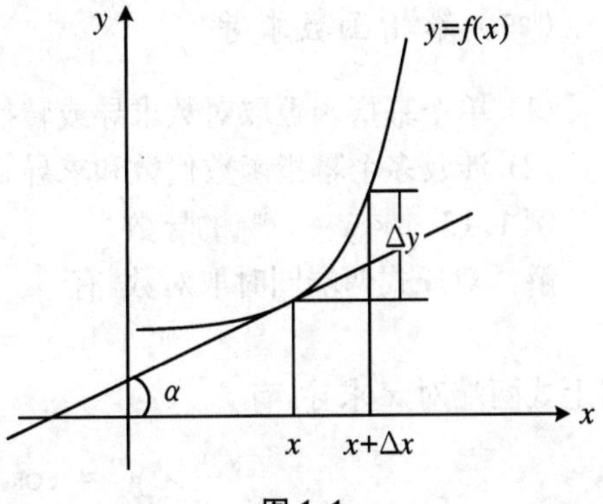

图 1.1

三、一元函数的求导运算法则

求导先定范围，再看原函数.原函数不同，求导方法就不同.

（一）四则运算法则

尽量将乘除换成加减进行求导.

（二）复合函数求导法则

若 $w=w(x)$在点 x 处有导数$\frac{\mathrm{d}w}{\mathrm{d}x}$，$v=v(w)$在对应点 w 处有导数$\frac{\mathrm{d}v}{\mathrm{d}w}$，$u=u(v)$对应点 v 处有导数$\frac{\mathrm{d}u}{\mathrm{d}v}$，$y=f(u)$在对应点 u 处有导数$\frac{\mathrm{d}y}{\mathrm{d}u}$，则复合函数

$$y=f\{u[v[w(x)]]\}$$

在点 x 处的导数也存在，且

$$\frac{\mathrm{d}y}{\mathrm{d}x}=\frac{\mathrm{d}y}{\mathrm{d}u}\cdot\frac{\mathrm{d}u}{\mathrm{d}v}\cdot\frac{\mathrm{d}v}{\mathrm{d}w}\cdot\frac{\mathrm{d}w}{\mathrm{d}x}.$$

（三）取对数求导法

1. 数学原理

先对等式两端取自然对数，然后让取对数后的等式两端对求导自变量求导.但要记住，因变量的函数是自变量的复合函数.例如 $y^2\to y\to x$.

2. 适用条件

(1) 涉及多项乘除的求导；

(2) 无理函数的求导；

(3) 单个幂指函数求导.

注 尽量避免对加减取对数.

（四）幂指函数求导

(1) 单个幂指函数取对数求导或转换为指数函数求导；

(2) 涉及多个幂指函数代数和求导，将幂指函数化为指数函数求导.

例 1.13 求 $y=x^{\sin x}$的导数.

解 对原式两端同时取对数，有

$$\ln y=\sin x\cdot\ln x,$$

将上式两端对 x 求导，有

$$\frac{1}{y}\cdot y'=\cos x\cdot\ln x+\sin x\cdot\frac{1}{x},$$

$$y' = x^{\sin x}\left(\cos x \cdot \ln x + \sin x \cdot \frac{1}{x}\right).$$

（五）反函数求导

函数 $y=f(x)$ 的反函数 $x=g(y)$ 的导函数 $\frac{dx}{dy}=\frac{1}{\frac{dy}{dx}}$，即反函数的导数等于原函数的导数的倒数.

例 1.14　求：① $y=\arcsin x$；② $y=\arctan x$ 的导数.

解　① $y=\arcsin x$ 的原函数为 $x=\sin y$，$(\arcsin x)'=\frac{1}{(\sin y)'}=\frac{1}{\cos y}$，又 $\cos y=\sqrt{1-\sin^2 y}=\sqrt{1-x^2}$，$(\arcsin x)'=\frac{1}{\sqrt{1-x^2}}$.

② $y=\arctan x$ 的原函数为 $x=\tan y$，$(\arctan x)'=\frac{1}{(\tan y)'}=\frac{1}{\sec^2 y}$，又 $\sec^2 y=1+\tan^2 y=1+x^2$，$(\arctan x)'=\frac{1}{1+x^2}$.

（六）分段函数求导

分段函数的求导要分段求；分界点的导数一定要用公式(1.4)求；如果分界点两侧函数表达式不同，则要分左导数和右导数，结合单侧导数准则求.

例 1.15　求 $f(x)=|x^2-4|$ 的导数.

解

$$f(x)=\begin{cases} x^2-4, & x<-2 \\ 0, & x=-2 \\ 4-x^2, & -2<x<2, \\ 0, & x=2 \\ x^2-4, & x>2 \end{cases}$$

① 当 $x<-2$ 时，$f(x)=x^2-4 \Rightarrow f'(x)=2x$.

② 当 $-2<x<2$ 时，$f(x)=4-x^2 \Rightarrow f'(x)=-2x$.

③ 当 $x>2$ 时，$f(x)=x^2-4 \Rightarrow f'(x)=2x$.

④ 当 $x=-2$ 时

$$f'_-(-2)=\lim_{x\to-2^-}\frac{f(x)-f(-2)}{x-(-2)}=\lim_{x\to-2^-}\frac{x^2-4}{x+2}=\lim_{x\to-2^-}(x-2)=-4,$$

$$f'_+(-2)=\lim_{x\to-2^+}\frac{f(x)-f(-2)}{x-(-2)}=\lim_{x\to-2^+}\frac{4-x^2}{x+2}=\lim_{x\to-2^+}(2-x)=4,$$

故当 $x=-2$ 时，$f(x)$ 不可导.

⑤ 当 $x=2$ 时

$$f'_-(2)=\lim_{x\to 2^-}\frac{f(x)-f(2)}{x-2}=\lim_{x\to 2^-}\frac{4-x^2}{x-2}=\lim_{x\to 2^-}-(x+2)=-4,$$

$$f'_+(2)=\lim_{x\to 2^+}\frac{f(x)-f(2)}{x-2}=\lim_{x\to 2^+}\frac{x^2-4}{x-2}=\lim_{x\to 2^+}(2+x)=4,$$

故当 $x=2$ 时，$f(x)$不可导.

综上，$f'(x)=\begin{cases}2x, & x<-2\\ -2x, & -2<x<2.\\ 2x, & x>2\end{cases}$

（七）方程确定的隐函数求导

方程确定的隐函数最佳求导方法是方程两端同时对求导自变量求导.但要记住，因变量的函数是自变量的复合函数.

例 1.16 已知 $2y^3+2y^2-2xy+x^2=1$ 确定 $y=y(x)$，求$\dfrac{\mathrm{d}y}{\mathrm{d}x}$.

解 将方程两端同时对 x 求导，有

$$6y^2\cdot y'+4y\cdot y'-2(y+x\cdot y')+2x=0,$$

即有

$$y'=\frac{\mathrm{d}y}{\mathrm{d}x}=\frac{y-x}{3y^2+2y-x}.$$

（八）参数方程确定的隐函数求导

设有参数方程$\begin{cases}x=x(t)\\ y=y(t)\end{cases}$，若 $x'(t)\neq 0$，则该参数方程一定能够确定函数 $y=y(x)$，且

$$\frac{\mathrm{d}y}{\mathrm{d}x}=\frac{\mathrm{d}y/\mathrm{d}t}{\mathrm{d}x/\mathrm{d}t},\frac{\mathrm{d}^2y}{\mathrm{d}x^2}=\frac{\mathrm{d}}{\mathrm{d}x}\left(\frac{\mathrm{d}y}{\mathrm{d}x}\right)=\frac{\mathrm{d}}{\mathrm{d}t}\left(\frac{\mathrm{d}y}{\mathrm{d}x}\right)\cdot\frac{\mathrm{d}t}{\mathrm{d}x}.$$

（九）高阶导数

1. 定义

若 $y=f(x)$的导数 $f'(x)$在点 x 处可导，则称 $f'(x)$在点 x 处的导数为 $y=f(x)$在点 x 处的二阶导数.二阶以上的导数习惯上称为高阶导数.

$$f''(x)=y''=\frac{\mathrm{d}^2y}{\mathrm{d}x^2}=\frac{\mathrm{d}^2f(x)}{\mathrm{d}x^2}=\lim_{\Delta x\to 0}\frac{f'(x+\Delta x)-f'(x)}{\Delta x},$$

$$f'''(x)=y'''=\frac{\mathrm{d}^3y}{\mathrm{d}x^3}=\frac{\mathrm{d}^3f(x)}{\mathrm{d}x^3}=\lim_{\Delta x\to 0}\frac{f''(x+\Delta x)-f''(x)}{\Delta x},$$

……

$$f^{(n)}(x)=y^{(n)}=\frac{\mathrm{d}^n y}{\mathrm{d}x^n}=\frac{\mathrm{d}^n f(x)}{\mathrm{d}x^n}=\lim_{\Delta x\to 0}\frac{f^{(n-1)}(x+\Delta x)-f^{(n-1)}(x)}{\Delta x}.$$

2. 高阶导数的求法

(1) 有限阶导数的求法($n=2,3$)连续多次求一阶导数.

例 1.17　已知 $f'(t)\neq 0$, $f\in C^3$(三阶导数连续),且 $\begin{cases}x=f(t)\\ y=t\end{cases}$,求该参数方程确定的隐函数的一阶、二阶、三阶导数.

解　$x'(t)=f'(t)\neq 0$,该参数方程可确定的隐函数 $y=y(x)$,则

$$\frac{\mathrm{d}y}{\mathrm{d}x}=\frac{\mathrm{d}y/\mathrm{d}t}{\mathrm{d}x/\mathrm{d}t}=\frac{1}{f'(t)},$$

$$\frac{\mathrm{d}^2 y}{\mathrm{d}x^2}=\frac{\mathrm{d}}{\mathrm{d}x}\left(\frac{\mathrm{d}y}{\mathrm{d}x}\right)=\frac{\mathrm{d}}{\mathrm{d}x}\left[\frac{1}{f'(t)}\right]=\frac{\mathrm{d}}{\mathrm{d}t}\left[\frac{1}{f'(t)}\right]\frac{\mathrm{d}t}{\mathrm{d}x}$$

$$=\frac{-f''(t)}{[f'(t)]^2}\cdot\frac{1}{f'(t)}=-\frac{f''(t)}{[f'(t)]^3},$$

$$\frac{\mathrm{d}^3 y}{\mathrm{d}x^3}=\frac{\mathrm{d}}{\mathrm{d}x}\left(\frac{\mathrm{d}^2 y}{\mathrm{d}x^2}\right)=\frac{\mathrm{d}}{\mathrm{d}x}\left[-\frac{f''(t)}{[f'(t)]^3}\right]=\frac{\mathrm{d}}{\mathrm{d}t}\left[-\frac{f''(t)}{[f'(t)]^3}\right]\frac{\mathrm{d}t}{\mathrm{d}x}$$

$$=-\frac{f'''(t)\cdot[f'(t)]^3-f''(t)\cdot 3[f'(t)]^2\cdot f''(t)}{[f'(t)]^6}\cdot\frac{1}{f'(t)}$$

$$=\frac{3[f''(t)]^2-f'''(t)\cdot f'(t)}{[f'(t)]^5}.$$

(2) 任意阶导数的求法($n\geqslant 4$).

① 求具体函数在任意点的高阶导数,优先考虑高阶导数公式.

$$(a^x)^{(n)}=a^x\ln^n a,\quad (\mathrm{e}^x)^{(n)}=\mathrm{e}^x,$$

$$(x^m)^{(n)}=\begin{cases}m\cdot(m-1)\cdots(m-n+1)\cdot x^{m-n}\\ n!,\quad m=n\in\mathrm{N}^+\\ 0,\quad m<n\in\mathrm{N}^+\end{cases}.$$

注　对多项式求导,只需关注幂次大于等于求导阶次的项.

$$(\sin x)^{(n)}=\sin\left(x+n\cdot\frac{\pi}{2}\right),$$

$$(\cos x)^{(n)}=\cos\left(x+n\cdot\frac{\pi}{2}\right),$$

$$\left[\frac{1}{ax+b}\right]^{(n)}=\frac{(-1)^n\cdot a^n\cdot n!}{(ax+b)^{n+1}}.$$

② 求抽象函数在任意点的 n 阶导数,用数学归纳法求.

③ 求函数在具体点的 n 阶导数,用泰勒展开或幂级数求.

（十）抽象函数求导

(1) 优先考虑前面的求导法则.

(2) 用定义求抽象函数在任意点的导数用公式(1.3)求，在具体点的导数用公式(1.4)求.

第五节　微分中值定理

一、费马定理

（一）极值的定义

设函数 $y=f(x)$ 在 x_0 的某个邻域 $U(x_0)$ 有定义，

(1) 若 $\forall x\in \mathring{U}(x_0)$，恒有 $f(x)<f(x_0)$，则称 $f(x_0)$ 为极大值；

(2) 若 $\forall x\in \mathring{U}(x_0)$，恒有 $f(x)>f(x_0)$，则称 $f(x_0)$ 为极小值.

注　1° 研究 $f(x_0)$ 是否成为极值，只需要考虑 x_0 的充分小的邻域内，其他点的函数值与 $f(x_0)$ 是否满足恒定大小关系.

2° 对于同一函数，极大值与极小值没有严格的大小关系.

（二）最值的定义

若函数 $y=f(x)$ 在区间 I 上有定义，

(1) 若 $\forall x\in I$，恒有 $f(x)\leqslant f(x_0)$，则称 $f(x_0)$ 为 $f(x)$ 在区间 I 上的最大值；

(2) 若 $\forall x\in I$，恒有 $f(x)\geqslant f(x_0)$，则称 $f(x_0)$ 为 $f(x)$ 在区间 I 上的最小值.

注　区间内部的最值一定是极值，而区间端点绝对不会成为极值点.

（三）费马定理

若函数 $f(x)$ 在 x_0 点处取极值，且 $f'(x_0)$ 存在，则 $f'(x_0)=0$.

注　1° 可导极值点的导数为 0.

2° 使得 $f'(x_0)=0$ 的点称为 $f(x)$ 驻点.

3° 一阶导数不等于 0 的点不会成为函数的极值点.

4° 一元函数的极值点一定是在一阶导数为 0 或一阶导数不存在的点取得的，但一阶导数为 0 或一阶导数不存在的点不一定是极值点，例如 $y=x^3$，$y=x^{\frac{1}{3}}$ 在 $x=0$ 处.

5° 一元函数可能的最值点只有两种：极值点或端点.

二、罗尔定理

(一) 条件与结论

若函数 $f(x)$满足以下条件：

(1) $f(x)$在$[a,b]$上连续；

(2) $f(x)$在(a,b)内可导；

(3) 端点函数值相等，即 $f(a)=f(b)$，

则至少存在一点 $\xi\in(a,b)$，使得 $f'(\xi)=0$.

注　1° 罗尔定理的条件是结论成立的充分而非必要条件.

2° 若 $f'(x)=0$ 只有一个实根，则 $f(x)=0$ 最多有两个实根.

(二) 用途

(1) 证明方程实根的存在性；

(2) 反证方程实根的唯一性.

例 1.18　求证方程 $x^5+x-1=0$ 有且仅有一个实根.

证　(存在性)　令 $f(x)=x^5+x-1,x\in(-\infty,+\infty)$，则 $f(x)$在$[0,1]$上连续. 又 $f(0)=-1,f(1)=1$，即 $f(0)\cdot f(1)<0$，则根据零值定理，至少$\exists\,\xi\in(0,1)$使得 $f(\xi)=0$. 故方程 $f(x)=x^5+x-1$ 在$(-\infty,+\infty)$上至少有一个实根.

(唯一性)　假设 $f(x)=0$ 有两个不同实根 $x_1,x_2(x_1<x_2)$，则

(1) $f(x)$在$[x_1,x_2]$上连续；

(2) $f(x)$在(x_1,x_2)内可导；

(3) $f(x_1)=f(x_2)=0$，

则根据罗尔定理，至少$\exists\,\eta\in(x_1,x_2)$使得 $f'(\eta)=0$. 又$\forall x\in R$，有 $f'(x)=5x^4+1>0$，矛盾. 假设不成立，即方程 $f(x)=0$ 不可能有两个实数根，即最多只有一个实根.

综上，方程 $x^5+x-1=0$ 有且仅有一个实根.

(三) 方程实根存在性的证明

(1) 方法一：零值定理.

(2) 方法二：罗尔定理.

① 构造辅助函数(罗尔定理的辅助函数应为方程对应函数的原函数)；

② 验证罗尔定理的三个条件(闭区间上连续、开区间内可导、端点函数值相等).

(3) 费马定理.

(四) 原函数的确定方法

1. 方法一：常值 k 值法

(1) 使用条件：待证等式中含有端点和端点的函数值.

(2) 步骤：

① 将中值点 ξ 和常数分离到等式两端；

② 令常数端等于 k，并改为等式为 0 的情形；

③ 将非 0 端一个端点对应字母改为 x，即可得原函数.

2. 方法二：原函数法

步骤：

① 将待证等式中的 ξ 改为 x；

② 通过恒等变形，使得等式两端便于求解不定积分或微分方程；

③ 将不定积分的结果或微分方程的通解改为一端为常数，则非常数端即为辅助函数.

3. 方法三：变限积分函数

使用条件及步骤略.

三、拉格朗日中值定理

（一）条件与结论

若函数 $f(x)$ 满足以下条件：

(1) $f(x)$ 在 $[a,b]$ 上连续；

(2) $f(x)$ 在 (a,b) 内可导，

则至少存在一点 $\xi\in(a,b)$，使得 $f'(\xi)=\dfrac{f(b)-f(a)}{b-a}$.

注 1° 拉格朗日中值定理的条件是结论成立的充分而非必要条件.

2° $f(b)-f(a)=f'(\xi)(b-a),\xi\in(a,b)$.

3° $f(x+\Delta x)-f(x)=f'(x+\theta\cdot\Delta x)\cdot\Delta x,\theta\in(0,1)$→微分中值公式.

4° 当区间端点 x 固定时，中间点 ξ 是区间长度 Δx 的函数；当区间长度 Δx 固定时，中间点 ξ 是区间端点 x 的函数.

（二）用途

(1) 涉及同一函数在两个点的函数值之差的一元不等式证明，优先考虑拉格朗日中值定理.

例 1.19 求证：当 $0<\alpha<\beta<\dfrac{\pi}{2}$ 时，恒有 $\dfrac{\beta-\alpha}{\cos^2\alpha}<\tan\beta-\tan\alpha<\dfrac{\beta-\alpha}{\cos^2\beta}$.

证 令 $f(x)=\tan x$，则

① $f(x)$ 在 $[\alpha,\beta]$ 上连续；

② $f(x)$ 在 (α,β) 内可导.

根据拉格朗日中值定理，$\exists\,\xi\in(\alpha,\beta)$，使得 $f(\beta)-f(\alpha)=f'(\xi)(\beta-\alpha)$，即

$$\tan\beta-\tan\alpha=\sec^2\xi\cdot(\beta-\alpha)=\frac{\beta-\alpha}{\cos^2\xi}.$$

又 $y=\cos x$ 在$\left(0,\frac{\pi}{2}\right)$上严格单调减，有

$$\cos\alpha>\cos\xi>\cos\beta\quad\Rightarrow\quad\frac{\beta-\alpha}{\cos^2\alpha}<\frac{\beta-\alpha}{\cos^2\xi}<\frac{\beta-\alpha}{\cos^2\beta},$$

即

$$\frac{\beta-\alpha}{\cos^2\alpha}<\tan\beta-\tan\alpha<\frac{\beta-\alpha}{\cos^2\beta}.$$

(2) 涉及同一函数在两个点的函数值之差的极限可以用拉格朗日中值定理求解.

(三) 推论

(1) 若 $\forall x\in I$ 恒有 $f'(x)=0$，则 $f(x)$ 在区间 I 上恒为一常数.

注　这是证明函数为常数函数的首选方法.

(2) 若 $\forall x\in I$ 有 $f'(x)=g'(x)$，则 $f(x)$ 与 $g(x)$ 在区间 I 上至多相差一个常数 C.

四、柯西中值定理

若函数 $f(x)$，$g(x)$ 满足以下条件：

(1) $f(x)$，$g(x)$ 在 $[a,b]$ 上连续；

(2) $f(x)$，$g(x)$ 在 (a,b) 内可导；

(3) $\forall x\in(a,b)$，有 $g'(x)\neq 0$，

则至少存在一点 $\xi\in(a,b)$，使得 $\dfrac{f(b)-f(a)}{g(b)-g(a)}=\dfrac{f'(\xi)}{g'(\xi)}$.

注　1° 柯西中值定理中，分子与分母的 ξ 是同一个中值点.

2° 柯西中值定理中若取 $g(x)=x$，即为拉格朗日中值定理.

3° 同一个中值点 ξ 出现在两个不同的函数中，可以考虑用柯西中值定理.

五、泰勒中值定理

(一) 条件与结论

设函数 $f(x)$ 在含 x_0 的区间 I 内有直至 $n+1$ 阶导数，则 $\forall x\in I$，$f(x)$ 一定可以表示成一个关于 $(x-x_0)$ 的 n 次多项式和余项 $R_n(x)$ 之和. 即

$$f(x)=f(x_0)+f'(x_0)(x-x_0)+\frac{f''(x_0)}{2!}(x-x_0)^2+\cdots$$
$$+\frac{f^{(n)}(x_0)}{n!}(x-x_0)^n+R_n(x).$$

注 1° x_0 称为展开点,x 称为被展开点.

2° 当 $f(x)$具有 $n+1$ 阶导数时,$f(x)$有 n 阶泰勒展开式.

3° $R_n(x)=\dfrac{f^{(n+1)}(\xi)}{(n+1)!}(x-x_0)^{n+1}$,$\xi\in(x_0,x)$,称为 $f(x)$的 n 阶泰勒展开式的拉格朗日型余项;$R_n(x)=o[(x-x_0)^n]$,$(x\to x_0)$,称之为 $f(x)$的 n 阶泰勒展开式的佩亚诺型余项.

4° 当 $n=0$ 时,则 $f(x)=f(x_0)+f'(\xi)(x-x_0)$,$\xi\in(x_0,x)$,即为拉格朗日中值定理.

5° 当 $x_0=0$ 时,则

$$f(x)=f(0)+f'(0)x+\frac{f''(0)}{2!}x^2+\cdots+\frac{f^{(n)}(0)}{n!}x^n+R_n(x),$$

称之为 $f(x)$的 n 阶麦克劳林展开式.

6° 展开点 x_0 的选取原则:

(ⅰ) 函数值已知的点或导数值已知的点都可以作为展开点,其中导数值已知的点优先作为展开点;

(ⅱ) 若知道两个点的函数值(或导数值),通常取它们的中点作为展开点,或将中点的函数值在端点处作两次展开.

7° 常见函数的泰勒展开式:

(ⅰ) $\dfrac{1}{1+x}=1-x+x^2+\cdots+(-1)^n x^n+R_n(x)$;

(ⅱ) $e^x=1+x+\dfrac{x^2}{2!}+\cdots+\dfrac{x^n}{n!}+R_n(x)$;

(ⅲ) $\sin x=x-\dfrac{x^3}{3!}+\dfrac{x^5}{5!}+\cdots+(-1)^{n-1}\dfrac{x^{2n-1}}{(2n-1)!}+R_n(x)$;

(ⅳ) $\cos x=1-\dfrac{x^2}{2!}+\dfrac{x^4}{4!}+\cdots+(-1)^{n-1}\dfrac{x^{2n}}{(2n)!}+R_n(x)$.

(二) 用途

(1) 可以用泰勒中值定理求$\dfrac{0}{0}$型极限.

(2) 可以用泰勒中值定理证明一端为复杂函数,另一端为多项式的一元不等式.

六、微分中值定理证明总结

(1) 所有带导数和中值点的证明问题都可以归结为微分中值定理的证明问题.

(2) 微分中值定理每使用一次只能产生一个中值点,一般情况下,有几个中值点就用几次中值定理.

(3) 同一个中值点出现在两个不同的函数中，且以商的形式出现，一般用柯西中值定理证明.

(4) 如果同一个中值点出现在多个不同的函数中，且无法使用柯西中值定理证明的都可以归结为方程实根存在性证明问题.

(5) 涉及同一函数在两个点函数值之差，则可以考虑用拉格朗日中值定理证明.

(6) 高阶导数出现是使用泰勒中值定理的必要条件.

(7) 微分不等式一般用泰勒中值定理或拉格朗日中值定理证明.

七、洛必达法则

所谓洛必达法则就是将两个函数商的极限转化成它们导数之商的极限来求，即

$$\lim_{x\to x_0(\infty)}\frac{f(x)}{g(x)}=\lim_{x\to x_0(\infty)}\frac{f'(x)}{g'(x)}.$$

(一) 洛必达法则的使用条件

(1) 极限函数必须是$\frac{0}{0}$或$\frac{\infty}{\infty}$型.

(2) 极限函数的分子、分母在极限点以外可导.

(3) 以下两种情况禁止使用洛必达法则：

① 当 $x\to 0$ 时，极限函数中含有 $\sin\frac{1}{x}$，$\cos\frac{1}{x}$.

② 当 $x\to\infty$ 时，极限函数中含有 $\sin x$，$\cos x$.

(二) $\frac{0}{0}$型极限的常规求解方法

(1) 方法一　等价无穷小替换.

(2) 方法二　洛必达法则.

(3) 方法三　泰勒展开.

(三) $\frac{\infty}{\infty}$型极限的常规求解方法

(1) 方法一　分子、分母除以共同或最大的无穷大.

(2) 方法二　洛必达法则.

(四) 可化为$\frac{0}{0}$型和$\frac{\infty}{\infty}$型极限

(1) 对于 $0\cdot\infty$ 型和 $\infty-\infty$ 型经过适当的变换，即可化为$\frac{0}{0}$型和$\frac{\infty}{\infty}$型极限.

(2) 对于 1^{∞}, 0^{0}, ∞^{0},可先化为以 e 为底的指数函数的极限,再利用指数函数的连续性化为求指数部分的极限,而指数部分的极限可化为 $\frac{0}{0}$ 型或 $\frac{\infty}{\infty}$ 型.

八、函数的单调性

(一) 单调函数的判定

(1) 若函数 $f(x)$ 在区间 I 上恒有 $f'(x)\geqslant 0$,且等号只在有限点处取得,则函数 $f(x)$ 在区间 I 上单调递增.

(2) 若函数 $f(x)$ 在区间 I 上恒有 $f'(x)\leqslant 0$,且等号只在有限点处取得,则函数 $f(x)$ 在区间 I 上单调递减.

(二) 用途

(1) 若一阶导数不变号,可以利用单调性证明一元不等式.

(2) 可以利用一元函数的单调性证明对应方程至多一个实根.

九、一元函数极值的求解步骤

(1) 确定求值区间.若未给定,则默认在定义域内求函数极值.

(2) 找可能的极值点(即求一阶导数等于 0 的点和一阶导数不存在的点).

(3) 判定可能极值点是否取极值:

① 方法一(第一充分条件)　若可能的极值点两侧一阶导数异号,则必取极值.

② 方法二(第二充分条件)　若 x_0 为 $f(x)$ 的驻点,且 $f''(x_0)\neq 0$,则

(ⅰ) 当 $f''(x_0)>0$ 时, $f(x_0)$ 为极小值;

(ⅱ) 当 $f''(x_0)<0$ 时, $f(x_0)$ 为极大值.

③ 方法三　利用定义判定.

注　隐函数的极值一般用第二充分条件判定.

十、一元函数最值的求解

1. 闭区间上一元函数最值的求解

先求区间内部可能的极值点,然后将这些点的函数值和端点的函数值作比较,大的即为最大值,小的即作为最小值.

2. 开区间上一元函数最值的求解

先求区间内部可能的极值点,然后结合函数的单调性、凹凸性或对端点取极限来确定最值.

3. 半开半闭上一元函数最值的求解

先按开区间上一元函数最值的求解，再加上相应端点函数值的比较，即可求得函数的最值.

十一、函数曲线的凹凸性与拐点

（一）凹凸性的定义

若在区间 I 上，函数 $y=f(x)$ 的图像始终位于其上任意一点切线的上方，则称曲 $y=f(x)$ 在区间 I 上为凹弧（图 1.2）；函数 $y=f(x)$ 的图像始终位于其上任意一点切线的下方，则称曲 $y=f(x)$ 在区间 I 上为凸弧（图 1.3）.

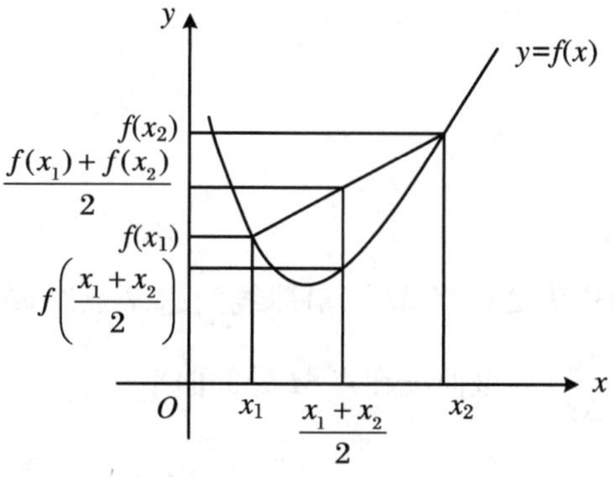

$f\left(\frac{x_1+x_2}{2}\right)<\frac{f(x_1)+f(x_2)}{2}\Rightarrow$ 凹弧

图 1.2

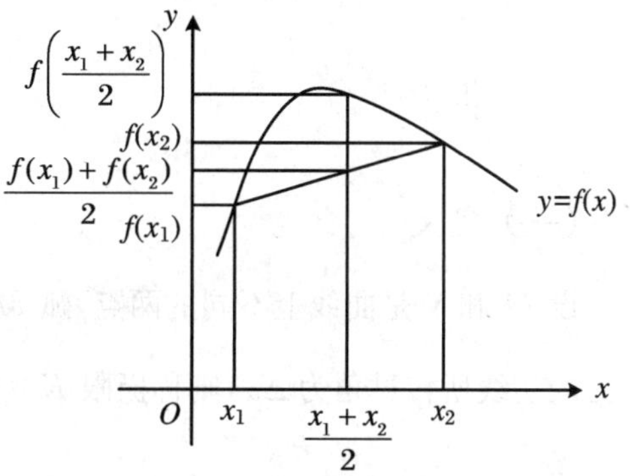

$f\left(\frac{x_1+x_2}{2}\right)>\frac{f(x_1)+f(x_2)}{2}\Rightarrow$ 凸弧

图 1.3

注　可以利用函数曲线的凹凸性证明涉及同一函数在两个点函数之和的不等式.

（二）函数曲线凹凸性的判定

(1) 若 $\forall x\in I, f''(x)>0$，则曲线 $f(x)$ 在区间 I 上为凹弧.

(2) 若 $\forall x\in I, f''(x)<0$，则曲线 $f(x)$ 在区间 I 上为凸弧.

（三）拐点

(1) 定义曲线上凹弧与凸弧的分界点称为拐点.

注　1° 拐点一定要写成二维坐标.

2° 拐点一定是在二阶导数等于 0 或二阶导数不存在的点对应的坐标点处取得；但二阶导数等于 0 或二阶导数不存在的点不一定是拐点，因为这两类点，只是可能的拐点.

(2) 拐点的求解步骤：

① 找出可能的拐点，即求二阶导数等于 0 或二阶导数不存在的点对应的坐标；

② 判定可能的拐点两侧二阶导数是否异号.

第六节 曲率与弧微分

一、弧微分

(1) 设 $y=f(x)$ 是平面内的光滑曲线,则弧微分 $ds=\sqrt{1+y'^2}dx$.

(2) 若曲线方程为 $\begin{cases}x=x(t)\\y=y(t)\end{cases}$,则弧微分 $ds=\sqrt{[x'(t)]^2+[y'(t)]^2}dt$.

二、曲率

(一) 定义

设 M 和 N 是曲线上不同的两点,弧 MN 的长为 Δs,当 M 点沿曲线到达 N 点时,M 点处的切线所转过角为 $\Delta\alpha$,则称极限 $K=\lim\limits_{\Delta s\to 0}\left|\dfrac{\Delta\alpha}{\Delta s}\right|$ 为该曲线在点 M 处的曲率.

(二) 曲率计算公式

若曲线方程为 $y=f(x)$,则曲率 $K=\dfrac{|y''|}{(1+y'^2)^{\frac{3}{2}}}$.

若曲线由参数方程 $\begin{cases}x=x(t)\\y=y(t)\end{cases}$ 给出,则曲率 $K=\dfrac{|x'_t y''_t-y'_t x''_t|}{(x_t'^2+y_t'^2)^{\frac{3}{2}}}$.

(三) 曲率半径

$$R=\frac{1}{K},\quad K\neq 0.$$

第七节 一元不等式的证明方法

一元不等式的证明方法如下:

(1) 若一阶导数不变号,可以利用单调性.

(2) 若一阶导数变号,可以利用一元函数的最值或极值证明.

(3) 涉及同一函数在两个点的函数值之差,可以优先考虑拉格朗日中值定理.

(4) 涉及同一函数在两个点的函数值之和,可以用凹凸性.

(5) 一端为复杂函数,另一端为多项式,可以用泰勒展开式.

(6) 知道一个点的极限值或导数值,可以用局部保号性.

例 1.20　求证 $x>0$ 时,$\frac{1}{1+x}<\ln\left(1+\frac{1}{x}\right)<\frac{1}{x}$.

证　令 $f(u)=\ln u$,则(ⅰ) $f(u)$在$[x,x+1]$上连续,(ⅱ) $f(u)$在$(x,x+1)$内可导.

由拉格朗日中值定理可得

$$\ln\left(1+\frac{1}{x}\right)=\ln(x+1)-\ln x=\frac{1}{\xi},\quad \xi\in(x,x+1),$$

$$\frac{1}{x+1}<\frac{1}{\xi}<\frac{1}{x},$$

即

$$\frac{1}{1+x}<\ln\left(1+\frac{1}{x}\right)<\frac{1}{x}.$$

例 1.21　$\forall x,y\in(-\infty,+\infty)$,求证

$$x\arctan x+y\arctan y>(x+y)\arctan\frac{x+y}{2}.$$

证　令 $f(u)=u\arctan u$,只需证明 $f(u)=u\arctan u$ 在$(-\infty,+\infty)$为凹弧.

$$f'(u)=\arctan u+\frac{u}{1+u^2},\quad u\in(-\infty,+\infty),$$

$$f''(u)=\frac{1}{1+u^2}+\frac{1+u^2-2u^2}{(1+u^2)^2}=\frac{2}{(1+u^2)^2},\quad u\in(-\infty,+\infty).$$

由 $\forall u\in(-\infty,+\infty)$时,$f''(u)>0$,可知 $f(u)=u\arctan u$ 在$(-\infty,+\infty)$为凹弧,即得

$$\frac{f(x)+f(y)}{2}>f\left(\frac{x+y}{2}\right).$$

亦即 $x\arctan x+y\arctan y>(x+y)\arctan\frac{x+y}{2}$.

第八节　渐　近　线

(一) 定义

若在自变量的某一变化过程中,曲线 $y=f(x)$和某一条直线无限接近,则称该直线

为曲线 $y=f(x)$的一条渐近线.

注 1° 若曲线有渐近线,则相应的方向上曲线一定光滑且不振荡.

2° 因为渐近线是针对自变量的变化过程而言的,所以求渐近线相当于求极限.

(二) 渐近线的类型

1. 铅垂渐近线

若 $\lim\limits_{x\to x_0^-}f(x)=\infty$或 $\lim\limits_{x\to x_0^+}f(x)=\infty$,则称 $x=x_0$ 为曲线 $y=f(x)$的一条铅垂渐近线.

注 铅垂渐近线即为函数无穷间断点对应的直线 $x=x_0$.

2. 水平渐近线

若函数 $y=f(x)$定义在无穷区间上,且 $\lim\limits_{x\to\infty}f(x)=b$,则称直线 $y=b$ 为曲线 $y=f(x)$的一条水平渐近线.

注 1° 一个函数图像最多只有两条水平渐近线.

2° 定义在有限区间上的函数图像不可能有水平渐近线.

3. 斜渐近线

若函数 $y=f(x)$定义在无穷区间上,且 $\lim\limits_{x\to\infty}[f(x)-(ax+b)]=0$,则称直线 $y=ax+b$ 为曲线 $y=f(x)$的一条斜渐近线.其中

$$a=\lim_{x\to\infty}\frac{f(x)}{x},\quad b=\lim_{x\to\infty}[f(x)-ax].$$

注 1° 水平渐近线和斜渐近线不可能在同一无穷大方向上共存.

2° 一条曲线的水平渐近线与斜渐近线的条数之和最多为 2 .

(三) 渐近线的求解步骤

步骤如下:

(1) 先看 $f(x)$渐近线的求解范围.

(2) 通过连续性研究,找出 $f(x)$无穷间断点,即可求出所有的铅垂渐近线.

(3) 求水平渐近线:

① 若求解范围包含$-\infty$,计算 $\lim\limits_{x\to-\infty}f(x)$,存在即有水平渐近线.

② 若求解范围包含$+\infty$,计算 $\lim\limits_{x\to+\infty}f(x)$,存在即有水平渐近线.

③ 若求解范围同时包含$-\infty$和$+\infty$,计算 $\lim\limits_{x\to-\infty}f(x)$和 $\lim\limits_{x\to+\infty}f(x)$,存在即有水平渐近线.

(4) 在水平渐近线的基础上求斜渐近线.

例 1.22 求曲线 $y=\dfrac{x^2}{x+1}$的渐近线.

解 由 $\lim\limits_{x\to-1^-}\dfrac{x^2}{x+1}=-\infty$, $\lim\limits_{x\to-1^+}\dfrac{x^2}{x+1}=+\infty$,可知 $x=-1$ 是曲线的铅垂渐近线.由

$$k = \lim_{x\to\infty}\frac{f(x)}{x} = \lim_{x\to\infty}\frac{x}{x+1} = 1,$$

$$b = \lim_{x\to\infty}[f(x) - kx] = \lim_{x\to\infty}\left(\frac{x^2}{x+1} - x\right) = \lim_{x\to\infty}\frac{-x}{x+1} = -1.$$

可知，$y=x-1$ 是曲线的斜渐近线.

习　　题

1．求下列极限：

(1) $\lim\limits_{x\to x_0}\dfrac{P_n(x)}{Q_m(x)}$，其中 $Q_m(x_0)\neq 0$；

(2) $\lim\limits_{x\to\infty}\dfrac{a_mx^m+a_{m-1}x^{m-1}+\cdots+a_1x+a_0}{b_nx^n+b_{n-1}x^{n-1}+\cdots+b_1x+b_0}$；

(3) $\lim\limits_{x\to -2}\dfrac{x^2+3x+2}{x^2+x-2}$；

(4) $\lim\limits_{x\to\infty}\dfrac{4+\sin x}{x}$；

(5) $\lim\limits_{x\to 4}\dfrac{\sqrt{1+2x}-3}{\sqrt{x}-2}$；

(6) $\lim\limits_{n\to\infty}\dfrac{\sqrt[3]{n^2}\sin n^2}{n}$；

(7) 设 $a_n=\sqrt{a+\sqrt{a+\sqrt{a+\cdots\sqrt{a}}}}$，$a>0$，求 $\lim\limits_{n\to\infty}a_n$；

(8) $\lim\limits_{x\to\infty}\left(\cos\dfrac{1}{x}\right)^{x^2}$；

(9) $\lim\limits_{x\to 0}\dfrac{\sqrt{1+x}-\sqrt{1+\tan x}}{x\ln(1+x^2)}$；

(10) $\lim\limits_{n\to\infty}\left[n-n^2\ln\left(1+\dfrac{1}{n}\right)\right]$；

(11) 设 $f(x)$ 在 x_0 处可导，求 $\lim\limits_{x\to x_0}\dfrac{xf(x_0)-x_0f(x)}{x-x_0}$；

(12) $\lim\limits_{x\to a}\dfrac{x^x-a^a}{x-a}$，$a>0$；

(13) $\lim\limits_{x\to 0}\dfrac{\cos x-e^{x^2/2}}{x^4}$.

2．设 $f(x)\in C^1$，且 $\lim\limits_{x\to 0}\dfrac{f(x)}{x}=0$，$f''(0)=4$，求：(1) $f'(0)$；(2) $\lim\limits_{x\to 0}\left[1+\dfrac{f(x)}{x}\right]^{\frac{1}{x}}$.

3. 设 $f(x)$在 a 点可导,且 $f'(a)\neq0$,求 $\lim\limits_{t\to0}\left[\dfrac{f(a-t)}{f(a)}\right]^{\frac{1}{t}}$.

4. 设 $f(x)=\begin{cases}a+bx, & x\geqslant0\\ \dfrac{1-\sqrt{1-x}}{x}, & x<0\end{cases}$,在$(-\infty,+\infty)$可导,求 a,b 的值.

5. 已知$\dfrac{\mathrm{d}x}{\mathrm{d}y}=\dfrac{1}{y'}$,求$\dfrac{\mathrm{d}^2x}{\mathrm{d}y^2}$,$\dfrac{\mathrm{d}^3x}{\mathrm{d}y^3}$.

6. 设 $y=x^{a^x}+(\ln x)^x$,求$\dfrac{\mathrm{d}y}{\mathrm{d}x}$.

7. 设 $f(x)=\dfrac{\ln(x+\sqrt{1+x^2})}{\sqrt{1+x^4}}\arctan\dfrac{1+x^2}{1+x^6}$,求 $f^{(4)}(0)$.

8. 设$\begin{cases}x=\ln\sqrt{1+t^2}\\ \mathrm{e}^{ty}-y^2+t=0\end{cases}$,确定 $y=y(x)$,求$\dfrac{\mathrm{d}y}{\mathrm{d}x}$.

9. $\forall a,b\in R$,且有 $f(a+b)=\mathrm{e}^af(b)+\mathrm{e}^bf(a)$,又 $f'(0)=\mathrm{e}$,求证 $f'(x)=f(x)+\mathrm{e}^{x+1}$.

10. 设 $y=(x+2)(2x+3)^2(3x+4)^3$,求 $y^{(6)}$.

11. 求 $\lim\limits_{x\to0}\dfrac{x-\sin x}{x^2(\mathrm{e}^x-1)}$.

12. 求 $\lim\limits_{x\to0^+}x\ln x$.

13. $\lim\limits_{x\to0^+}\dfrac{1-\mathrm{e}^{\frac{1}{x}}}{1+\mathrm{e}^{\frac{1}{x}}}$.

14. 已知 $y=\dfrac{x^3}{(x-1)^2}$,求:(1) 函数的增减区间及极值;(2) 函数图形的凹凸区间与拐点;(3) 函数图形的渐近线.

15. 设 $f(x)=nx(1-x)^n$,n 为自然数,求:(1) $f(x)$在$[0,1]$上的最大值 $M(n)$;(2) $\lim\limits_{n\to+\infty}M(n)$.

16. (1) 若 $\lim\limits_{x\to a}\dfrac{f(x)-f(a)}{(x-a)^2}=-1$,问:$f(a)$是否为极值?若是,是极大值还是极小值?(2)设 $f(x)\in CU(0;\delta)$且 $f'(0)$存在,$\lim\limits_{x\to0}\dfrac{f(x)}{1-\cos x}=2$,问:①$x=0$ 是否为 $f(x)$的驻点?② $f(0)$是否为极值?

17. 设 $f(x)$在$[0,1]$二阶可导,且 $f''(x)>0$,试比较 $f'(0)$,$f'(1)$,$f(1)-f(0)$的大小.

18. 试比较 π^{e} 与 e^{π} 的大小.

19. 设方程 $a_0+a_1x+a_2x^2+\cdots+a_nx^n=0$,其中 a_i 为不全为零的实数,问:在什么

条件时,方程在(0,1)至少有一实根?

20. 设 $f(x)$在$[0,1]$二阶可导,当 $x\in[0,1]$有 $0<f(x)<1$ 且 $f'(x)\neq 1$,求证在(0,1)内有且仅有一个 x_0,使 $f(x_0)=x_0$.

21. 设 $f(x)$在$[0,1]$可导,且 $f(1)=0$,求证至少$\exists\xi\in(0,1)$有 $3f(\xi)+\xi f'(\xi)=0$.

22. 设 $f(x)$ 在 $[a,b]$ 上可导,且 $f'(x)\neq 0$,求证 $\exists\xi,\eta\in(a,b)$,有 $f'(\xi)=\dfrac{(a+b)f'(\eta)}{2\eta}$.

23. 设 $f(x)$在$[a,b]$上可导,$ab>0$,求证$\exists\xi\in(a,b)$有$\dfrac{af(b)-bf(a)}{a-b}=f(\xi)-\xi f'(\xi)$

24. 设函数 $f(x)$在$[a,b]$上二阶可导,函数 $f(a)=f(b)=0$,$f(c)>0$,$c\in(a,b)$,求证$\exists\xi\in(a,b)$,$f''(\xi)<0$.

25. 设函数 $f(x)$在$[a,b]$上连续,在(a,b)内可导,A,B,C 在一条直线上(图1.4),求证至少$\exists\xi\in(a,b)$有 $f''(\xi)=0$.

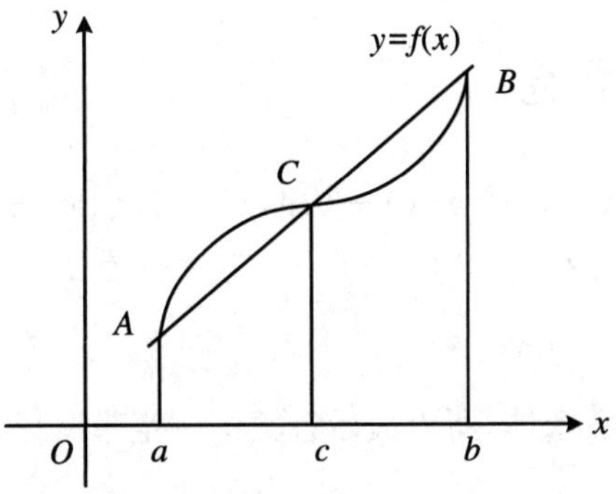

图 1.4

26. 设在$(-\infty,+\infty)$内 $f''(x)>0$,$f(0)=0$,试讨论 $\varphi(x)=\dfrac{f(x)}{x}$在$(-\infty,0)$,$(0,+\infty)$内的单调性.

27. 求证当 $0<x<\dfrac{\pi}{2}$时,有$\dfrac{2}{\pi}x<\sin x<x$.

第二章　一元函数积分学

一元函数的积分是高等数学中重要知识点之一. 在掌握了一元函数的有关理论与研究方法之后,就可以把它们推广到多元函数中去. 本章我们主要研究一元函数的不定积分,定积分及定积分的应用.

第一节　不定积分

一、不定积分的概念

若 $f(x)$ 有原函数 $g(x)$,显然 $g(x)+1, g(x)+2, g(x)+C$(其中 C 为任意常数)均为 $f(x)$ 的原函数. 事实上,$g(x)+C$ 是 $f(x)$ 的所有原函数. $f(x)$ 的全体原函数称为 $f(x)$ 的不定积分,记为 $\int f(x)\mathrm{d}x$.

由于不定积分是原函数全体,所以最后答案中一定带有任意常数.

二、基本积分公式与基本技巧

不定积分作为求导的逆运算,比求导难度大得多,计算不定积分需要掌握把导数公式反着应用的基本积分公式和一些基本技巧.

(一) 基本积分公式

基本积分公式总结如下:

$$\int 0\mathrm{d}x = C$$

$$\int \mathrm{d}x = x + C$$

$$\int x^{\alpha}\mathrm{d}x = \frac{x^{\alpha+1}}{\alpha+1} + C, \quad \alpha \neq -1$$

$$\int \cos ax\mathrm{d}x = \frac{1}{a}\sin ax + C, \quad a \neq 0$$

$$\int \sin ax\mathrm{d}x = -\frac{1}{a}\cos ax + C, \quad a \neq 0$$

$$\int \sec^2 x\mathrm{d}x = \tan x + C$$

$$\int \frac{1}{x}dx = \ln|x| + C,\quad x \neq 0$$

$$\int e^x dx = e^x + C$$

$$\int a^x dx = \frac{a^x}{\ln a} + C,\quad a > 0, a \neq 1$$

$$\int \frac{dx}{\sqrt{1-x^2}} = \arcsin x + C = -\arccos x + C_1$$

$$\int \frac{1}{\sqrt{x^2 \pm a^2}}dx = \ln\left|x + \sqrt{x^2 \pm a^2}\right| + C$$

$$\int \frac{dx}{1+x^2} = \arctan x + C = -\mathrm{arccot}\, x + C_1$$

$$\int \arcsin x dx = x\arcsin x + \sqrt{1-x^2} + C$$

$$\int \sec x dx = \ln|\sec x + \tan x| + C$$

$$\int \csc x dx = \ln|\csc x - \cot x| + C$$

$$\int \csc^2 x dx = -\cot x + C$$

$$\int \sec x \cdot \tan x dx = \sec x + C$$

$$\int \csc x \cdot \cot x dx = -\csc x + C$$

（二）基本技巧

1. 凑微分法

由基本积分公式$\int \sin x dx = -\cos x + C$，有$\int \sin u du = -\cos u + C$，不论其中 u 为单变量还是某个整体．所谓凑微分法就是把被积表达式中某一部分看成一个整体，而把被积表达式凑成关于这个整体的积分式子．至于应把哪个部分作为一个整体，要看被积函数 $f(x)$ 的表达式是以什么为整体，再把 dx 也凑成这个整体的微分．

2. 换元法

凑微分法是把被积表达式中的某个部分作为一个整体，而换元法则是把被积表达式中的积分变量换成一个函数，目的是向积分公式靠拢．即

$$\int f(x)dx \overset{x=g(t)}{=} \int f(g(t))dg(t)$$

当被积表达式含有根式，而又无法用凑微分法时，可利用换元技巧把根式去掉，一般有下面的规律：

① 当根式中是一次有理式时，就令整个根式为一个新的变量；

② 当根式中是二次多项式时，可利用三角恒等式：$\sin^2 t + \cos^2 t = 1$；$1 + \tan^2 t = \sec^2 t$．作适当变换，把被积表达式中的根号去掉．

3. 分部积分法

由微分关系式 $d(uv) = udv + vdu$，得到分部积分公式$\int udv = uv - \int vdu$．

当被积函数为两种不同类型函数的乘积形式,如幂函数和指数函数的乘积,指数函数和三角函数的乘积等;或是对数函数、反三角函数的积分,当无法用凑微分法时,都可运用分部积分法.

此方法的关键是 u,v 的选取,当被积函数是两类函数的乘积时,要考虑优先选取哪一类函数作为"u",优先顺序一般为"反对幂指三",即

反三角函数→对数函数→幂函数→指数函数→三角函数

例 2.1 求函数 $f(x)=\max\{1,x^2\}$ 在 $(-\infty,+\infty)$ 上满足 $F(0)=1$ 的一个原函数.

解 因为 $f(x)=\max\{1,x^2\}=\begin{cases}x^2, & x<-1\\ 1, & -1\leqslant x\leqslant 1\\ x^2, & x>1\end{cases}$ 在 $(-\infty,+\infty)$ 连续,所以

$$F(x)=\int f(x)\mathrm{d}x=\begin{cases}\dfrac{1}{3}x^3+C_1, & x<-1\\ x+C_2, & -1\leqslant x\leqslant 1,\\ \dfrac{1}{3}x^3+C_3, & x>1\end{cases}$$

$F(x)$ 在 $x=\pm 1$ 处连续,$F(1)=1+C_2$,$F(1+0)=\dfrac{1}{3}+C_3$,可得 $C_3=C_2+\dfrac{2}{3}$. $F(-1)=-1+C_2$,$F(-1-0)=-\dfrac{1}{3}+C_1$,可知 $C_1=C_2-\dfrac{2}{3}$,故

$$F(x)=\int f(x)\mathrm{d}x=\begin{cases}\dfrac{1}{3}x^3+C-\dfrac{2}{3}, & x<-1\\ x+C, & -1\leqslant x\leqslant 1,\\ \dfrac{1}{3}x^3+C+\dfrac{2}{3}, & x>1\end{cases}$$

又因为 $F(0)=1$,所以 $C=1$,故

$$F(x)=\int f(x)\mathrm{d}x=\begin{cases}\dfrac{1}{3}x^3+\dfrac{1}{3}, & x<-1\\ x+1, & -1\leqslant x\leqslant 1.\\ \dfrac{1}{3}x^3+\dfrac{5}{3}, & x>1\end{cases}$$

例 2.2 计算不定积分 $\int\sin(4x+1)\mathrm{d}x$.

解 $\int\sin(4x+1)\mathrm{d}x=\dfrac{1}{4}\int\sin(4x+1)\mathrm{d}(4x+1)=-\dfrac{1}{4}\cos(4x+1)+C$.

例 2.3 计算不定积分 $\int\sqrt{1-x^2}\mathrm{d}x$.

解 令 $x=\sin t$,$-\dfrac{\pi}{2}\leqslant t\leqslant\dfrac{\pi}{2}$,则

$$\int \sqrt{1-x^2}\mathrm{d}x = \int \sqrt{1-\sin^2 t}\mathrm{d}\sin t = \int \cos t \cdot \cos t\mathrm{d}t = \frac{1}{2}(t + \frac{1}{2}\sin 2t) + C.$$

使用换元法后,要求在最后的结果中把新变量换回至原来的变量.由 $x=\sin t$,得 $t=\arcsin x$,$\sin 2t = 2\cos t\sin t = 2x\sqrt{1-x^2}$,故

$$\int \sqrt{1-x^2}\mathrm{d}x = \frac{1}{2}(\arcsin x + x\sqrt{1-x^2}) + C.$$

例 2.4　计算不定积分 $\int x\sin^2 x\mathrm{d}x$.

解

$$\begin{aligned}\text{原式} &= \int x\frac{1-\cos 2x}{2}\mathrm{d}x = \frac{1}{2}\int x\mathrm{d}x - \frac{1}{4}\int x\mathrm{d}\sin 2x \\ &= \frac{x^2}{4} - \frac{1}{4}x\sin 2x + \frac{1}{4}\int \sin 2x\mathrm{d}x = \frac{x^2}{4} - \frac{1}{4}x\sin 2x - \frac{1}{8}\cos 2x + C.\end{aligned}$$

例 2.5　计算不定积分 $\int \sqrt{\frac{2-3x}{2+3x}}\mathrm{d}x$.

解

$$\begin{aligned}\text{原式} &= \int \frac{2-3x}{\sqrt{4-9x^2}}\mathrm{d}x = \int \frac{2}{\sqrt{4-9x^2}}\mathrm{d}x + \frac{3}{18}\int \frac{-18x}{\sqrt{4-9x^2}}\mathrm{d}x \\ &= \frac{2}{3}\arcsin\frac{3}{2}x + \frac{3}{18}\int \frac{\mathrm{d}(4-9x^2)}{\sqrt{4-9x^2}} = \frac{2}{3}\arcsin\frac{3}{2}x + \frac{1}{3}\sqrt{4-9x^2} + C.\end{aligned}$$

例 2.6　计算不定积分 $\int \frac{1}{x^2}\sqrt{\frac{1-x}{1+x}}\mathrm{d}x$.

解　(方法一)

$$\begin{aligned}\text{原式} &= \int \frac{1-x}{x^2\sqrt{1-x^2}}\mathrm{d}x \overset{x=\frac{1}{t}}{=} \int \frac{-1+\frac{1}{t}}{\sqrt{1-\frac{1}{t^2}}}\mathrm{d}t = \int \frac{1-t}{\sqrt{t^2-1}}\mathrm{d}t \\ &= -\int \frac{t}{\sqrt{t^2-1}}\mathrm{d}t + \int \frac{1}{\sqrt{t^2-1}}\mathrm{d}t = -\frac{1}{2}\int \frac{1}{\sqrt{t^2-1}}\mathrm{d}(t^2-1) + \int \frac{1}{\sqrt{t^2-1}}\mathrm{d}t \\ &= -\sqrt{t^2-1} + \ln\left|t + \sqrt{t^2-1}\right| + C = -\frac{\sqrt{1-x^2}}{x} + \ln\frac{\left|1+\sqrt{1-x^2}\right|}{x} + C.\end{aligned}$$

(方法二)

$$\begin{aligned}\text{原式} &= \int \frac{\sqrt{1-x}}{x^2\sqrt{1+x}}\mathrm{d}x \overset{x=\frac{1}{t}}{=} -\int \frac{\sqrt{t-1}}{\sqrt{t+1}}\mathrm{d}t = \int \frac{1}{\sqrt{t^2-1}}\mathrm{d}t - \int \frac{t}{\sqrt{t^2-1}}\mathrm{d}t \\ &= \ln\left|t + \sqrt{t^2-1}\right| - \frac{1}{2}\int \frac{1}{\sqrt{t^2-1}}\mathrm{d}(t^2-1)\end{aligned}$$

$$= \ln \left| t + \sqrt{t^2 - 1} \right| - \sqrt{t^2 - 1} + C$$

$$= \ln \frac{\left|1 + \sqrt{1 - x^2}\right|}{x} - \frac{\sqrt{1 - x^2}}{x} + C.$$

例 2.7 计算不定积分$\int \frac{x\tan x}{\cos^4 x}\mathrm{d}x$.

解

$$\text{原式} = \int \frac{x\sin x}{\cos^5 x}\mathrm{d}x = \frac{1}{4}\int x\mathrm{d}\left(\frac{1}{\cos^4 x}\right) = \frac{1}{4}\int x\mathrm{d}(\sec^4 x)$$

$$= \frac{1}{4}x\sec^4 x - \frac{1}{4}\int \sec^4 x\mathrm{d}x$$

$$= \frac{1}{4}x\sec^4 x - \frac{1}{4}\int \sec^2 x \cdot \sec^2 x\mathrm{d}x$$

$$= \frac{1}{4}x\sec^4 x - \frac{1}{4}\int (1 + \tan^2 x)\mathrm{d}\tan x$$

$$= \frac{1}{4}x\sec^4 x - \frac{1}{4}\left(\tan x + \frac{1}{3}\tan^3 x\right) + C.$$

例 2.8 计算不定积分$\int \sin(\ln x)\mathrm{d}x$.

解

$$\text{原式} = x\sin(\ln x) - \int x\mathrm{d}\sin(\ln x) = x\sin(\ln x) - \int \cos(\ln x)\mathrm{d}x$$

$$= x\sin(\ln x) - x\cos(\ln x) - \int \sin(\ln x)\mathrm{d}x.$$

$$\Rightarrow \quad \int \sin(\ln x)\mathrm{d}x = \frac{x[\sin(\ln x) - \cos(\ln x)]}{2} + C.$$

例 2.9 计算不定积分$\int \frac{x^2 \mathrm{e}^x}{(x+2)^2}\mathrm{d}x$.

解

$$\text{原式} = \int x^2\mathrm{e}^x \frac{1}{(x+2)^2}\mathrm{d}(x+2) = -\int x^2\mathrm{e}^x\mathrm{d}\left(\frac{1}{x+2}\right)$$

$$= -\frac{x^2\mathrm{e}^x}{x+2} + \int \frac{1}{x+2}\mathrm{d}(x^2\mathrm{e}^x) = -\frac{x^2\mathrm{e}^x}{x+2} + \int x\mathrm{e}^x\mathrm{d}x$$

$$= -\frac{x^2\mathrm{e}^x}{x+2} + \int x\mathrm{d}\mathrm{e}^x = -\frac{x^2\mathrm{e}^x}{x+2} + x\mathrm{e}^x - \int \mathrm{e}^x\mathrm{d}x$$

$$= -\frac{x^2\mathrm{e}^x}{x+2} + x\mathrm{e}^x - \mathrm{e}^x + C.$$

例 2.10 计算不定积分$\int \frac{\ln x}{(1-x)^2}\mathrm{d}x$.

解

$$\text{原式}=\int \ln x\mathrm{d}\left(\frac{1}{1-x}\right)=\frac{1}{1-x}\ln x-\int\frac{1}{1-x}\mathrm{d}(\ln x)$$
$$=\frac{1}{1-x}\ln x-\int\frac{1}{x(1-x)}\mathrm{d}x$$
$$=\frac{1}{1-x}\ln x-\int\left(\frac{1}{x}+\frac{1}{1-x}\right)\mathrm{d}x$$
$$=\frac{1}{1-x}\ln x-\ln|x|+\ln|1-x|+C$$
$$=\frac{\ln x}{1-x}-\ln\left|\frac{x}{1-x}\right|+C.$$

例 2.11　计算不定积分$\int\frac{\arctan x}{x^2(1+x^2)}\mathrm{d}x$.

解

$$\text{原式}=\int\arctan x\mathrm{d}(-\frac{1}{x}-\arctan x)$$
$$=-\frac{\arctan x}{x}-\arctan^2x-\int(-\frac{1}{x}-\arctan x)\mathrm{d}(\arctan x)$$
$$=-\frac{\arctan x}{x}-\arctan^2x+\int\frac{1}{x(1+x^2)}\mathrm{d}x+\frac{1}{2}\arctan^2x$$
$$=-\frac{\arctan x}{x}-\frac{1}{2}\arctan^2x+\int\frac{1}{x}\mathrm{d}x-\int\frac{x}{1+x^2}\mathrm{d}x$$
$$=-\frac{\arctan x}{x}-\frac{1}{2}\arctan^2x+\ln|x|-\frac{1}{2}\ln|x^2+1|+C$$
$$=-\frac{\arctan x}{x}-\frac{1}{2}\arctan^2x+\ln\left|\frac{x}{\sqrt{x^2+1}}\right|+C.$$

例 2.12　计算不定积分$\int\frac{\sin 2x}{1+\sin^2x}\mathrm{d}x$.

解

$$\text{原式}=\int\frac{2\sin x\cos x}{1+\sin^2x}\mathrm{d}x=\int\frac{1}{1+\sin^2x}\mathrm{d}(1+\sin^2x)=\ln(1+\sin^2x)+C.$$

例 2.13　计算不定积分$\int\frac{\sin x}{\sin x+\cos x}\mathrm{d}x$.

解　（方法一）

$$\text{原式}=\int\frac{\frac{1}{2}(\sin x+\cos x)-\frac{1}{2}(\cos x-\sin x)}{\sin x+\cos x}\mathrm{d}x$$

$$= \int \frac{1}{2}dx - \frac{1}{2}\int \frac{1}{\sin x + \cos x}d(\sin x + \cos x)$$
$$= \frac{1}{2}x - \frac{1}{2}\ln|\sin x + \cos x| + C.$$

（方法二）

$$\text{原式} = \int \frac{\sin\left[\left(x + \frac{\pi}{4}\right) - \frac{\pi}{4}\right]}{\sqrt{2}\sin\left(x + \frac{\pi}{4}\right)}dx = \int \frac{\cos\frac{\pi}{4}\sin\left(x + \frac{\pi}{4}\right) - \sin\frac{\pi}{4}\cos\left(x + \frac{\pi}{4}\right)}{\sqrt{2}\sin\left(x + \frac{\pi}{4}\right)}dx$$

$$= \int \frac{1}{2}dx - \frac{1}{2}\int \frac{\cos\left(x + \frac{\pi}{4}\right)}{\sin\left(x + \frac{\pi}{4}\right)}d\left(x + \frac{\pi}{4}\right) = \frac{1}{2}x - \frac{1}{2}\ln\left|\sin\left(x + \frac{\pi}{4}\right)\right| + C.$$

例 2.14 计算不定积分$\int \frac{3\sin x + \cos x}{\sin x + 2\cos x}dx$.

解

$$\text{原式} = \int \frac{(\sin x + 2\cos x) - (\cos x - 2\sin x)}{\sin x + 2\cos x}dx = \int dx - \int \frac{\cos x - 2\sin x}{\sin x + 2\cos x}dx$$
$$= x - \ln|\sin x + 2\cos x| + C$$

三、两类函数的不定积分

（一）有理函数的积分

分子、分母均为多项式的分式称为有理函数. 注意到下面两个积分：$\int \frac{dx}{ax + b}$，$\int \frac{(x + d)dx}{ax^2 + bx + c}$ 都是能积出的. 因此，有理函数 $f(x)$ 的积分技巧是首先把 $f(x)$ 分解为部分分式之和，再计算各部分分式的不定积分，最后的答案是各部分分式积分结果的代数和.

（二）三角有理式的积分

分子、分母均为三角函数多项式的分式称为三角有理式. 三角有理式的积分不一定都能积出，但有如下规律：

(1) 被积函数中同时有不同角度的三角函数，如$\int \cos x \cos 2x dx$，这个积分不能直接算出，可用积化和差的三角公式，化为两个积分，即 $\cos x \cos 2x = \frac{1}{2}(\cos x + \cos 3x)$.

(2) 被积函数是其他三角函数时，都先化为正弦函数、余弦函数.

(3) 用万能变换 $t=\tan\frac{x}{2}$，此时 $\cos x=\frac{1-t^2}{1+t^2}$，$\sin x=\frac{2t}{1+t^2}$，$\mathrm{d}x=\frac{2\mathrm{d}t}{1+t^2}$，把三角有理式的积分化为有理函数的积分.

(4) 对形如 $\int\frac{\sin^n x}{\cos^m x}\mathrm{d}x$ 的积分，若 m 和 n 中有一个为奇数，不妨设 n 为奇数，则利用 $\sin x\mathrm{d}x=-\mathrm{d}\cos x$，$\sin^{n-1}x=(1-\cos^2 x)^{\frac{n-1}{2}}$，再把 $\cos x$ 视为整体就成为有理函数的积分；若 m 和 n 均为偶数，则可利用半角公式 $\cos^2 x=\frac{1+\cos 2x}{2}$，$\sin^2 x=\frac{1-\cos 2x}{2}$ 进行降阶.

例 2.15　计算 $\int\frac{x+2}{x^3+2x^2-3x}\mathrm{d}x$.

解

$$\frac{x+2}{x^3+2x^2-3x}=\frac{x+2}{x(x+3)(x-1)}=\frac{A}{x}+\frac{B}{x+3}+\frac{C}{x-1},$$

把上式右边通分，合并后得分子为

$$\begin{aligned}&A(x+3)(x-1)+Bx(x-1)+Cx(x+3)\\&=(A+B+C)x^2+(2A-B+3C)x-3A.\end{aligned}$$

再利用 $(A+B+C)x^2+(2A-B+3C)x-3A=x+2$，得

$$\begin{cases}A+B+C=0\\2A-B+3C=1,\\-3A=2\end{cases}$$

解得 $A=-\frac{2}{3}$，$B=-\frac{1}{12}$，$C=\frac{3}{4}$. 故 $\frac{x+2}{x^3+2x^2-3x}=-\frac{2}{3x}-\frac{1}{12(x+3)}+\frac{3}{4(x-1)}$，则

$$\begin{aligned}\int\frac{x+2}{x^3+2x^2-3x}\mathrm{d}x&=-\frac{2}{3}\int\frac{\mathrm{d}x}{x}-\frac{1}{12}\int\frac{\mathrm{d}x}{x+3}+\frac{3}{4}\int\frac{\mathrm{d}x}{x-1}\\&=-\frac{2}{3}\ln|x|-\frac{1}{12}\ln|x+3|+\frac{3}{4}\ln|x-1|+C.\end{aligned}$$

例 2.16　计算不定积分 $\int\frac{\mathrm{d}x}{x^2(1-x^4)}$.

解　令 $\frac{1}{x^2(1-x^4)}=\frac{A}{x}+\frac{B}{x^2}+\frac{C}{1-x}+\frac{D}{1+x}+\frac{Ex+F}{1+x^2}$，仿照上例的方法，解得待定系数 $A=0$，$B=1$，$C=D=\frac{1}{4}$，$E=0$，$F=-\frac{1}{2}$.

$$\begin{aligned}\text{原式}&=\int\frac{1}{x^2}+\frac{1}{4(1-x)}+\frac{1}{4(1+x)}-\frac{1}{2(1+x^2)}\mathrm{d}x\\&=-\frac{1}{x}-\frac{1}{4}\ln|1-x|+\frac{1}{4}\ln|1+x|-\frac{1}{2}\arctan x+C\end{aligned}$$

$$= \frac{-1}{x} + \frac{1}{4}\ln\left|\frac{1+x}{1-x}\right| - \frac{1}{2}\arctan x + C.$$

例 2.17 计算不定积分$\int \frac{\tan x + \sec x + \sin^3 x\cot x}{\cos x}\mathrm{d}x$.

解

$$\begin{aligned}
\text{原式} &= \int \frac{\tan x}{\cos x}\mathrm{d}x + \int \frac{\sec x}{\cos x}\mathrm{d}x + \int \frac{\sin^3 x\cot x}{\cos x}\mathrm{d}x \\
&= \int \frac{\sin x}{\cos^2 x}\mathrm{d}x + \int \sec^2 x\mathrm{d}x + \int \sin^2 x\mathrm{d}x \\
&= \frac{1}{\cos x} + \tan x + \frac{1}{2}\left(x - \frac{1}{2}\sin 2x\right) + C.
\end{aligned}$$

例 2.18 计算不定积分$\int \frac{1}{\sin^2 x\cos^4 x}\mathrm{d}x$.

解 （方法一）

$$\begin{aligned}
\text{原式} &= \int \frac{\sec^6 x}{\tan^2 x}\mathrm{d}x = \int \frac{\sec^4 x}{\tan^2 x}\mathrm{d}\tan x = \int \frac{(1+\tan^2 x)^2}{\tan^2 x}\mathrm{d}\tan x \\
&= \int \left(\frac{1}{\tan^2 x} + 2 + \tan^2 x\right)\mathrm{d}\tan x \\
&= -\frac{1}{\tan x} + 2\tan x + \frac{1}{3}\tan^3 x + C.
\end{aligned}$$

（方法二）

$$\begin{aligned}
\text{原式} &= \int \frac{\sin^2 x + \cos^2 x}{\sin^2 x\cos^4 x}\mathrm{d}x = \int \sec^4 x\mathrm{d}x + \int \frac{1}{\sin^2 x\cos^2 x}\mathrm{d}x \\
&= \int (1+\tan^2 x)\mathrm{d}\tan x + 4\int \frac{\mathrm{d}x}{\sin^2 2x} = \tan x + \frac{1}{3}\tan^3 x - 2\cot 2x + C.
\end{aligned}$$

（方法三）

$$\begin{aligned}
\text{原式} &= \int \frac{(\sin^2 x + \cos^2 x)^2}{\sin^2 x\cos^4 x}\mathrm{d}x = \int \frac{\sin^4 x + \cos^4 x + 2\sin^2 x\cos^2 x}{\sin^2 x\cos^4 x}\mathrm{d}x \\
&= \int \tan^2 x\sec^2 x\mathrm{d}x + \int \csc^2 x\mathrm{d}x + 2\int \sec^2 x\mathrm{d}x \\
&= \frac{1}{3}\tan^3 x - \cot x + 2\tan x + C.
\end{aligned}$$

例 2.19 计算不定积分$\int \frac{1}{\sin 2x + 2\sin x}\mathrm{d}x$.

解

$$\text{原式} = \int \frac{1}{2\sin x\cos x + 2\sin x}\mathrm{d}x = \int \frac{1}{2\sin x(\cos x + 1)}\mathrm{d}x$$

$$\overset{\tan\frac{x}{2}=t}{=}\int\frac{\frac{2}{1+t^2}}{2\frac{2t}{1+t^2}\left(1+\frac{1-t^2}{1+t^2}\right)}dt=\int\frac{1+t^2}{4t}dt$$

$$=\int\frac{1}{4t}dt+\int\frac{t}{4}dt=\frac{1}{4}\ln|t|+\frac{1}{8}t^2+C$$

$$=\frac{1}{4}\ln\left|\tan\frac{x}{2}\right|+\frac{1}{8}\tan^2\frac{x}{2}+C.$$

第二节　定积分及其应用

一、定积分

（一）概念及性质

设函数 $f(x)$在闭区间$[a,b]$上有定义，在闭区间$[a,b]$内任意插入 $n-1$ 个分点：

$$a=x_0<x_1<\cdots<x_{n-1}<x_n=b$$

将$[a,b]$分成 n 个小区间$[x_{i-1},x_i]$，记$\Delta x_i=x_i-x_{i-1}(i=1,2,\cdots,n)$，$\forall\xi_i\in[x_{i-1},x_i]$，作和式$\sum_{i=1}^{n}f(\xi_i)\Delta x_i$，记 $\lambda=\max\{\Delta x_i:1\leqslant i\leqslant n\}$，若极限 $\lim_{\lambda\to0}\sum_{i=1}^{n}f(\xi_i)\Delta x_i$ 存在且该极限值与闭区间$[a,b]$的分法及点 ξ_i 的取法无关，则称函数 $f(x)$ 在闭区间$[a,b]$上可积，且该极限值为函数 $f(x)$ 在$[a,b]$上的定积分，记作$\int_a^b f(x)dx$，即

$$\int_a^b f(x)dx=\lim_{\lambda\to0}\sum_{i=1}^{n}f(\xi_i)\Delta x_i.$$

几何意义：若 $f(x)$ 在闭区间$[a,b]$上可积，且 $f(x)\geqslant0$，则$\int_a^b f(x)dx$ 表示由曲线 $y=f(x)$ 与直线 $y=0,x=a,x=b$ 所围成的曲边梯形的面积.

1. 可积条件

(1) 若函数 $f(x)$在闭区间$[a,b]$上可积，则 $f(x)$在$[a,b]$上有界；反之不成立.

如狄利克雷函数 $D(x)=\begin{cases}1, & x\in Q\\ 0, & x\in R/Q\end{cases}$ 在$[0,1]$上有界但不可积. 事实上，无论把$[0,1]$分割得多么细，在每个小区间$[x_{i-1},x_i]$中，总能找到有理数 η'_i，无理数 η''_i，使得

$$\lim_{\lambda\to0}\sum_{i=1}^{n}D(\eta'_i)\Delta x_i=\lim_{\lambda\to0}\sum_{i=1}^{n}\Delta x_i=\lim_{\lambda\to0}1=1,\lim_{\lambda\to0}\sum_{i=1}^{n}D(\eta''_i)\Delta x_i=\lim_{\lambda\to0}0=0.$$

知 $\lim\limits_{\lambda\to 0}\sum\limits_{i=1}^{n} D(\xi_i)\Delta x_i$ 不存在,即 $D(x)$ 在$[0,1]$上不可积.

(2) 若函数 $f(x)$ 在闭区间$[a,b]$上连续,则 $f(x)$ 在$[a,b]$上可积;反之不成立.

(3) 若函数 $f(x)$ 在闭区间$[a,b]$上只有有限个间断点且有界,则 $f(x)$ 在$[a,b]$上可积;反之不成立.

(4) 若函数 $f(x)$ 在闭区间$[a,b]$上单调,则 $f(x)$ 在$[a,b]$上可积;反之不成立.

定积分的性质中比较简单的有线性性质、区间可加性(主要用于定积分的计算)、不等式性、绝对不等式性(主要用于定积分不等式的证明)等,此外,还有以下性质:

(1)(**积分第一中值定理**) 若函数 $f(x)$ 在闭区间$[a,b]$上连续,则至少存在一点 $\xi\in[a,b]$,使得$\int_a^b f(x)\mathrm{d}x = f(\xi)(b-a)$.

注 $f(\xi)=\dfrac{\int_a^b f(x)\mathrm{d}x}{b-a}$ 称为$f(x)$在闭区间$[a,b]$上的平均值,即闭区间$[a,b]$上连续函数 $f(x)$ 平均值是$\dfrac{\int_a^b f(x)\mathrm{d}x}{b-a}$.

(2)(**推广的积分第一中值定理**) 设函数 $f(x)$ 在闭区间$[a,b]$上连续,$g(x)$ 在闭区间$[a,b]$上可积且不变号,则至少存在一点 $\xi\in[a,b]$,使得$\int_a^b f(x)g(x)\mathrm{d}x = f(\xi)\int_a^b g(x)\mathrm{d}x$.

(3)(**积分第二中值定理**) 设函数 $f(x)$ 在闭区间$[a,b]$上可积.

① 若函数 $g(x)$ 在闭区间$[a,b]$上单调递减,且 $g(x)\geqslant 0$,则存在 $\xi\in[a,b]$,使得

$$\int_a^b f(x)g(x)\mathrm{d}x = g(a)\int_a^{\xi} f(x)\mathrm{d}x;$$

② 若函数 $g(x)$在闭区间$[a,b]$上单调递增,且 $g(x)\geqslant 0$,则存在 $\eta\in[a,b]$,使得

$$\int_a^b f(x)g(x)\mathrm{d}x = g(b)\int_{\eta}^{b} f(x)\mathrm{d}x.$$

(4)(**柯西-施瓦兹不等式**) 设函数 $f(x),g(x)$ 在闭区间$[a,b]$上连续,则

① $\left[\int_a^b f(x)g(x)\mathrm{d}x\right]^2\leqslant\int_a^b f^2(x)\mathrm{d}x\cdot\int_a^b g^2(x)\mathrm{d}x$;

② $\int_a^b [f(x)+g(x)]^2\mathrm{d}x\leqslant\left\{\left[\int_a^b f^2(x)\mathrm{d}x\right]^{\frac{1}{2}}+\left[\int_a^b g^2(x)\mathrm{d}x\right]^{\frac{1}{2}}\right\}^2$.

(5)(**变上限积分求导定理**) 设 $f(x)$ 为连续函数,$u(x),v(x)$ 具有可导性,则

$$\frac{\mathrm{d}}{\mathrm{d}x}\int_{v(x)}^{u(x)} f(t)\mathrm{d}t = f(u(x))u'(x) - f(v(x))v'(x).$$

(二) 定积分的计算方法

方法如下:

(1) **牛顿-莱布尼茨公式**　若函数 $f(x)$ 在闭区间 $[a,b]$ 上连续,则

$$\int_a^b f(x)\mathrm{d}x \overset{F'(x)=f(x)}{=} F(x)\Big|_a^b = F(b)-F(a).$$

(2) **凑微分**

$$\int_a^b f(\varphi(x))\varphi'(x)\mathrm{d}x = \int_a^b f(\varphi(x))\mathrm{d}\varphi(x) \overset{F'(u)=f(u)}{=} F(\varphi(x))\Big|_a^b$$
$$= F(\varphi(b)) - F(\varphi(a)).$$

(3) **变量替换**

$$\int_a^b f(x)\mathrm{d}x \underset{a=\varphi(\alpha),\,b=\varphi(\beta)}{\overset{x=\varphi(t)}{=}} \int_\alpha^\beta f(\varphi(t))\mathrm{d}\varphi(t)$$
$$= \int_\alpha^\beta f(\varphi(t))\varphi'(t)\mathrm{d}t \overset{F'(t)=f(\varphi(t))\varphi'(t)}{=} F(t)\Big|_\alpha^\beta$$
$$= F(\beta) - F(\alpha).$$

(4) **分部积分**　设函数 $u(x),v(x)$ 在闭区间 $[a,b]$ 上连续可导,则

$$\int_a^b u(x)\mathrm{d}v(x) = u(x)v(x)\Big|_a^b - \int_a^b v(x)\mathrm{d}u(x).$$

若 $f(x)=u(x)v'(x)$,则

$$\int_a^b f(x)\mathrm{d}x = \int_a^b u(x)v'(x)\mathrm{d}x = \int_a^b u(x)\mathrm{d}v(x)$$
$$= u(x)v(x)\Big|_a^b - \int_a^b v(x)\mathrm{d}u(x)$$
$$= u(x)v(x)\Big|_a^b - \int_a^b v(x)u'(x)\mathrm{d}x.$$

定积分的凑微分、变量替换、分部积分与不定积分相应的三种方法适用的被积函数相同,即不定积分用三种方法的哪一种方法,定积分就用哪一种.

例 2.20　设函数 $f(x),g(x)$ 在闭区间 $[a,b]$ 上连续,证明至少存在一点 $\xi\in[a,b]$,使得

$$f(\xi)\int_\xi^b g(x)\mathrm{d}x = g(\xi)\int_b^\xi f(x)\mathrm{d}x.$$

证　要证原等式成立,只要证 $f(\xi)\int_\xi^b g(x)\mathrm{d}x - g(\xi)\int_b^\xi f(x)\mathrm{d}x = 0$ 成立,即证

$$\left[f(t)\int_t^b g(x)\mathrm{d}x - g(t)\int_a^t f(x)\mathrm{d}x\right]\Big|_{t=\xi} = 0$$

成立,亦即证 $\left[\int_a^t f(x)\mathrm{d}x\cdot\int_t^b g(x)\mathrm{d}x\right]'\Big|_{t=\xi} = 0.$

设 $F(t) = \int_a^t f(x)\mathrm{d}x\cdot\int_t^b g(x)\mathrm{d}x$,只要证 $F'(\xi)=0$ 成立.

因为 $F(t)$ 在闭区间 $[a,b]$ 上连续,在开区间 (a,b) 内可导且 $F(a)=F(b)=0$,由罗尔定理知,至少存在一点 $\xi\in(a,b)$,使 $F'(\xi)=0$ 成立,原命题得证.

例 2.21 设函数 $f(x)$是闭区间$[0,1]$上的任意一非负连续函数.

(1) 试证存在 $x_0\in(0,1)$,使在闭区间$[0,x_0]$上以 $f(x_0)$为高的矩形的面积等于在闭区间$[x_0,1]$上以 $y=f(x)$为曲边的曲边梯形面积.

(2) 设 $f(x)$在开区间$(0,1)$内可导,且 $f'(x)>-\dfrac{2f(x)}{x}$,证明(1)中的 x_0 是唯一的.

证 (1) 要证结论成立,只要证存在 $x_0\in(0,1)$,使得 $x_0f(x_0)=\int_{x_0}^1 f(x)\mathrm{d}x$ 成立,即证

$$\left[\int_t^1 f(x)\mathrm{d}x-tf(t)\right]_{t=x_0}=0$$

成立,亦即证

$$\left[\left(t\int_t^1 f(x)\mathrm{d}x\right)'\right]_{t=x_0}=0$$

成立.

设$F(t)=t\int_t^1 f(x)\mathrm{d}x$,只要证$F'(x_0)=0$成立. 由$F(t)$在闭区间$[0,1]$上连续,在开区间$(0,1)$内可导且$F(0)=F(1)=0$,由罗尔定理知,至少存在一点 $x_0\in(0,1)$,使$F'(x_0)=0$成立,原命题得证.

(2) 设 $\varphi(t)=\int_t^1 f(t)\mathrm{d}t-tf(t)$,则当 $t\in(0,1)$ 时

$$\varphi'(t)=-f(t)-f(t)-tf'(t)=-2f(t)-tf'(t),$$

由条件知

$$f'(x)>-\frac{2f(x)}{x}\iff -2f(x)-xf'(x)<0,$$

知 $\varphi'(t)<0$,所以 $\varphi(t)$在闭区间$[0,1]$上严格单调递减,故(1)中的 x_0 是唯一的.

例 2.22 设函数 $f(x)$ 在闭区间$[a,b]$上连续单调递增,证明$\int_a^b xf(x)\mathrm{d}x\geqslant\dfrac{a+b}{2}\int_a^b f(x)\mathrm{d}x$.

证 要证原不等式成立,只要证$\int_a^b xf(x)\mathrm{d}x-\dfrac{a+b}{2}\int_a^b f(x)\mathrm{d}x\geqslant 0$成立.

设$F(t)=\int_a^t xf(x)\mathrm{d}x-\dfrac{a+t}{2}\int_a^t f(x)\mathrm{d}x$,只要证$F(b)\geqslant F(a)$成立.

由$F(t)$在闭区间$[a,b]$上连续,在开区间(a,b)内可导,且

$$\begin{aligned}F'(t)&=tf(t)-\frac{1}{2}\int_a^t f(x)\mathrm{d}x-\frac{a+t}{2}f(t)=\frac{t-a}{2}f(t)-\frac{t-a}{2}f(\xi)\\&=\frac{t-a}{2}[f(t)-f(\xi)],\end{aligned}$$

其中,$a\leqslant\xi\leqslant t$.又 $f(x)$在$[a,b]$上单调递增,有 $f(\xi)\leqslant f(t)$,得 $F'(t)\geqslant 0$,从而 $F(t)$在

$[a,b]$上单调递增，由 $b>a$，得 $F(b)\geqslant F(a)$. 原命题得证.

例 2.23　计算定积分$\int_1^{16}\arctan\sqrt{\sqrt{x}-1}\mathrm{d}x$.

解　令$\sqrt{\sqrt{x}-1}=u$，则 $x=(u^2+1)^2$，故

$$\begin{aligned}\int_1^{16}\arctan\sqrt{\sqrt{x}-1}\mathrm{d}x &= \int_0^{\sqrt{3}}\arctan u\mathrm{d}(u^2+1)^2\\&=\left[(u^2+1)^2\arctan u\right]\Big|_0^{\sqrt{3}}-\int_0^{\sqrt{3}}(u^2+1)^2\mathrm{d}\arctan u\\&=\frac{16\pi}{3}-\int_0^{\sqrt{3}}\frac{(u^2+1)^2}{1+u^2}\mathrm{d}u=\frac{16\pi}{3}-\int_0^{\sqrt{3}}(u^2+1)\mathrm{d}u\\&=\frac{16\pi}{3}-\left(\frac{u^3}{3}+u\right)\Big|_0^{\sqrt{3}}=\frac{16\pi}{3}-2\sqrt{3}.\end{aligned}$$

例 2.24　设函数 $f(x)$ 满足 $f(x)=3x^2-x\int_0^1 f(x)\mathrm{d}x$，求 $f(x)$.

解　设 $a=\int_0^1 f(x)\mathrm{d}x$，知 $f(x)=3x^2-ax$，由于

$$a=\int_0^1 f(x)\mathrm{d}x=\int_0^1 3x^2\mathrm{d}x-\int_0^1 ax\mathrm{d}x=1-\frac{a}{2},$$

得 $a=\frac{2}{3}$. 故 $f(x)=3x^2-\frac{2}{3}x$.

例 2.25　已知函数 $f(x)$ 满足 $f(x)=3x-\sqrt{1-x^2}\int_0^1 f^2(x)\mathrm{d}x$，求 $f(x)$.

解　设 $I=\int_0^1 f^2(x)\mathrm{d}x$，得 $f(x)=3x-I\sqrt{1-x^2}$，两边平方后再积分，有

$$\begin{aligned}I&=\int_0^1 f^2(x)\mathrm{d}x=9\int_0^1 x^2\mathrm{d}x-6I\int_0^1 x\sqrt{1-x^2}\mathrm{d}x+I^2\int_0^1(1-x^2)\mathrm{d}x\\&=3-2I+\frac{2}{3}I^2,\end{aligned}$$

整理得 $2I^2-9I+9=0$，解得 $I=3$ 或$\frac{3}{2}$.

故 $f(x)=3x-3\sqrt{1-x^2}$或 $f(x)=3x-\frac{3}{2}\sqrt{1-x^2}$.

(三) 反常积分

1. 概念

由定积分的定义可知，定积分仅限于在有限区间$[a,b]$上讨论有界函数 $f(x)$. 反常积分就是把积分的概念推广到无穷区间和无界函数.

(1) 无穷区间反常积分$\int_a^{+\infty}f(x)\mathrm{d}x=\lim\limits_{A\to+\infty}\int_a^A f(x)\mathrm{d}x$，$\int_{-\infty}^b f(x)\mathrm{d}x=\lim\limits_{B\to-\infty}\int_B^b f(x)\mathrm{d}x$.

(2) 无界函数反常积分：

① 若 $f(x)$在$(a,b]$上连续，且 $\lim\limits_{x\to a^+}f(x)=\infty$(称点 $x=a$ 为函数$f(x)$的瑕点)，则

$$\int_a^b f(x)\mathrm{d}x=\lim_{\sigma\to 0^+}\int_{a+\sigma}^b f(x)\mathrm{d}x.$$

② 若 $f(x)$在$[a,b)$上连续，且 $\lim\limits_{x\to b^-}f(x)=\infty$(称点 $x=b$ 为$f(x)$的瑕点)，则

$$\int_a^b f(x)\mathrm{d}x=\lim_{\sigma\to 0^+}\int_a^{b-\sigma} f(x)\mathrm{d}x.$$

若极限存在，则称反常积分收敛，极限值就为反常积分值；否则就称反常积分发散.

注 1° 对于反常积分$\int_{-\infty}^{+\infty}f(x)\mathrm{d}x$，当且仅当$\int_{-\infty}^{a}f(x)\mathrm{d}x$ 和$\int_{a}^{+\infty}f(x)\mathrm{d}x$ 均收敛时，才称$\int_{-\infty}^{+\infty}f(x)\mathrm{d}x$ 收敛，否则就称$\int_{-\infty}^{+\infty}f(x)\mathrm{d}x$ 发散.

2° 因为 $-\infty$，$+\infty$ 不是严格意义上的对称，所以极限 $\lim\limits_{A\to+\infty}\int_{-A}^{A}f(x)\mathrm{d}x$ 存在并不能保证$\int_{-\infty}^{+\infty}f(x)\mathrm{d}x$ 收敛.

2. 反常积分收敛性的判定方法

(1) **定义法** 利用定义直接进行计算.

(2) **比较法** 若 $f(x)$在积分区间内保持同号，则可用比较法. 即在积分区间内，若 $f(x)\geqslant 0$，且 $g(x)$，$h(x)$满足 $0\leqslant h(x)\leqslant f(x)\leqslant g(x)$，则由 $g(x)$的反常积分收敛，知 $f(x)$的反常积分亦收敛；由 $h(x)$的反常积分发散，知 $f(x)$的反常积分亦发散，即“大的收敛则小的必收敛，小的发散则大的也发散.”

比较法的实施也可以利用极限的形式，如对于无穷区间的反常积分$\int_a^{+\infty}f(x)\mathrm{d}x$. 若 $\lim\limits_{x\to+\infty}\dfrac{f(x)}{g(x)}=c(c\neq 0)$，则$\int_a^{+\infty}f(x)\mathrm{d}x$ 和$\int_a^{+\infty}g(x)\mathrm{d}x$ 的收敛性相同；若 $c=0$，则由$\int_a^{+\infty}g(x)\mathrm{d}x$ 收敛可知$\int_a^{+\infty}f(x)\mathrm{d}x$ 亦收敛.

其他的反常积分同理.

例 2.26 计算积分$\int_1^3\dfrac{\mathrm{d}x}{\sqrt{(x-1)(3-x)}}$.

解

$$\int_1^3\frac{\mathrm{d}x}{\sqrt{(x-1)(3-x)}}=\int_1^3\frac{\mathrm{d}x}{\sqrt{1-(x-2)^2}}=\arcsin(x-2)\Big|_1^3=\pi.$$

注 1° 具体计算时可把下限 1 改成 $1+\delta_1$，把 3 改为 $3-\delta_2$，先分别计算两个极限：$\lim\limits_{\delta_1\to 0^+}\int_{1+\delta_1}^{2}\dfrac{\mathrm{d}x}{\sqrt{(x-1)(3-x)}}$ 和 $\lim\limits_{\delta_2\to 0^+}\int_{2}^{3-\delta_2}\dfrac{\mathrm{d}x}{\sqrt{(x-1)(3-x)}}$，再相加.

2° 若仅是判别收敛性，则可用比较法. 本例是一个无界函数的反常积分，且有两个

瑕点 $x=1$ 和 $x=3$. 当且仅当 $\int_1^2 \frac{\mathrm{d}x}{\sqrt{(x-1)(3-x)}}$ 和 $\int_2^3 \frac{\mathrm{d}x}{\sqrt{(x-1)(3-x)}}$ 均收敛时，原反常积分才是收敛的.

因在(1,2)内，$\frac{1}{\sqrt{(x-1)(3-x)}} \geqslant 0$ 且

$$\lim_{x\to 1^+} \frac{\frac{1}{\sqrt{(x-1)(3-x)}}}{\frac{1}{\sqrt{x-1}}} = \frac{1}{\sqrt{2}},$$

故 $\int_1^2 \frac{\mathrm{d}x}{\sqrt{(x-1)(3-x)}}$ 与 $\int_1^2 \frac{\mathrm{d}x}{\sqrt{x-1}}$ 的收敛性相同. 而 $\int_1^2 \frac{\mathrm{d}x}{\sqrt{x-1}} = 2\sqrt{x-1}\Big|_1^2 = 2$ 收敛，所以 $\int_1^2 \frac{\mathrm{d}x}{\sqrt{(x-1)(3-x)}}$ 收敛. 同理可得 $\int_2^3 \frac{\mathrm{d}x}{\sqrt{(x-1)(3-x)}}$ 收敛，所以反常积分 $\int_1^3 \frac{\mathrm{d}x}{\sqrt{(x-1)(3-x)}}$ 收敛.

例 2.27　讨论反常积分 $\int_0^{+\infty} \frac{\ln x}{1+x^2}\mathrm{d}x$ 的敛散性.

解　(方法一　定义法)　令 $x=\frac{1}{t}$，则

$$\int_0^{+\infty} \frac{\ln x}{1+x^2}\mathrm{d}x = \int_{+\infty}^0 \frac{-\ln t}{1+\frac{1}{t^2}}\left(-\frac{1}{t^2}\right)\mathrm{d}t = \int_{+\infty}^0 \frac{\ln t}{1+t^2}\mathrm{d}t = -\int_0^{+\infty} \frac{\ln x}{1+x^2}\mathrm{d}x,$$

所以 $\int_0^{+\infty} \frac{\ln x}{1+x^2}\mathrm{d}x = 0$，由定义知原反常积分收敛.

(方法二　比较法)　本例同时含两类反常积分，既有无界函数的反常积分($x=0$ 是瑕点)，又有无穷区间的反常积分.

因为 $\int_0^{+\infty} \frac{\ln x}{1+x^2}\mathrm{d}x = \int_0^1 \frac{\ln x}{1+x^2}\mathrm{d}x + \int_1^{+\infty} \frac{\ln x}{1+x^2}\mathrm{d}x$. 当且仅当 $\int_0^1 \frac{\ln x}{1+x^2}\mathrm{d}x$ 和 $\int_1^{+\infty} \frac{\ln x}{1+x^2}\mathrm{d}x$ 均收敛时，原反常积分才是收敛的.

在(0,1)内，$\frac{\ln x}{1+x^2} < 0$ 且有

$$\lim_{x\to 0^+} \frac{\frac{\ln x}{1+x^2}}{\frac{1}{\sqrt{x}}} = 0,$$

而$\int_0^1 \frac{1}{\sqrt{x}}dx = 2\sqrt{x}\Big|_1^1 = 2$收敛，所以$\int_0^1 \frac{\ln x}{1+x^2}dx$亦收敛.

在$(1,+\infty)$内，$\frac{\ln x}{1+x^2}>0$，且有

$$\lim_{x\to+\infty}\frac{\frac{\ln x}{1+x^2}}{\frac{1}{x^{\frac{3}{2}}}} = 0,$$

而$\int_1^{+\infty}\frac{1}{x^{\frac{3}{2}}}dx = \frac{-2}{\sqrt{x}}\Big|_1^{+\infty} = 2$收敛，所以$\int_1^{+\infty}\frac{\ln x}{1+x^2}dx$亦收敛. 因此$\int_0^{+\infty}\frac{\ln x}{1+x^2}dx$收敛.

例 2.28 计算反常积分$\int_1^{+\infty}\frac{dx}{x\sqrt{1+x^5+x^{10}}}$.

解

$$\int_1^{+\infty}\frac{dx}{x\sqrt{1+x^5+x^{10}}} \overset{x=\frac{1}{t}}{=} \int_1^0 \frac{1}{\frac{1}{t}\sqrt{1+\frac{1}{t^5}+\frac{1}{t^{10}}}}\left(-\frac{1}{t^2}\right)dt = \int_0^1\frac{t^4}{\sqrt{t^{10}+t^5+1}}dt$$

$$= \int_0^1\frac{t^4}{\sqrt{\left(t^5+\frac{1}{2}\right)^2+\frac{3}{4}}}dt = \frac{1}{5}\int_0^1\frac{1}{\sqrt{\left(t^5+\frac{1}{2}\right)^2+\frac{3}{4}}}d\left(t^5+\frac{1}{2}\right)$$

$$= \frac{1}{5}\ln\left[t^5+\frac{1}{2}+\sqrt{\left(t^5+\frac{1}{2}\right)^2+\frac{3}{4}}\right]\Bigg|_0^1$$

$$= \frac{1}{5}\left[\ln\left(\frac{3}{2}+\sqrt{3}\right)-\ln\frac{3}{2}\right] = \frac{1}{5}\ln\left(1+\frac{2\sqrt{3}}{3}\right).$$

例 2.29 计算反常积分$I = \int_1^{+\infty}\frac{\ln(1+x)}{x^2}dx$.

解

$$\int_1^{+\infty}\frac{\ln(1+x)}{x^2}dx = -\int_1^{+\infty}\ln(1+x)d\frac{1}{x} = -\frac{\ln(1+x)}{x}\Big|_1^{+\infty}+\int_1^{+\infty}\frac{1}{x(x+1)}dx$$

$$= \ln 2+\int_1^{+\infty}\left(\frac{1}{x}-\frac{1}{x+1}\right)dx = \ln 2+\ln 2 = 2\ln 2.$$

例 2.30 设$f(x) = \int_1^{\sqrt{x}} e^{-t^2}dt$，求$\int_0^1\frac{f(x)}{\sqrt{x}}dx$.

解 被积函数$\frac{f(x)}{\sqrt{x}}$在$x=0$处无定义，且$f(1)=0$，而

$$\lim_{x\to 0^+}\frac{f(x)}{\sqrt{x}} = \lim_{x\to 0^+}\frac{\int_1^{\sqrt{x}} e^{-t^2}\,dt}{\sqrt{x}} = \infty,$$

故 $x=0$ 为瑕点.

$$\int_0^1 \frac{f(x)}{\sqrt{x}}dx = 2\int_0^1 f(x)d\sqrt{x} = 2f(x)\sqrt{x}\Big| - 2\int_0^1 \sqrt{x}df(x)$$

$$= -2\int_0^1 \sqrt{x}\left(\int_0^{\sqrt{x}} e^{-t^2}dt\right)'dx = -2\int_0^1 \sqrt{x}e^{-x}\frac{1}{2\sqrt{x}}dx$$

$$= -\int_0^1 e^{-x}dx = e^{-x}\Big|_0^1 = e^{-1}-1.$$

第三节　定积分的应用

定积分的应用,主要采用元素法进行讨论.所谓的元素法就是所求量的部分量的近似值.

一、几何应用

(一) 平面图形的面积

设平面图形由上、下两条连续曲线 $y=f_2(x)$, $y=f_1(x)$ 以及两条直线 $x=a$, $x=b$ $(a<b)$ 所围成(图 2.1). 建立平面直角坐标系,选择 x 为积分变量,在 x 轴上 $[a,b]$ 段之间选取一小段,记为 $[x,x+dx]$,在两端点处作垂直于 x 轴的直线 $x=x$, $x=x+dx$,夹在这两条直线间的部分平面图形的面积可用矩形面积近似代替,该矩形一边长是 dx,另一边长是直线 $x=x$ 与上、下两条连续曲线 $y=f_2(x)$, $y=f_1(x)$ 的交点间的距离,则面积元素 $dA=(f_2(x)-f_1(x))dx$.

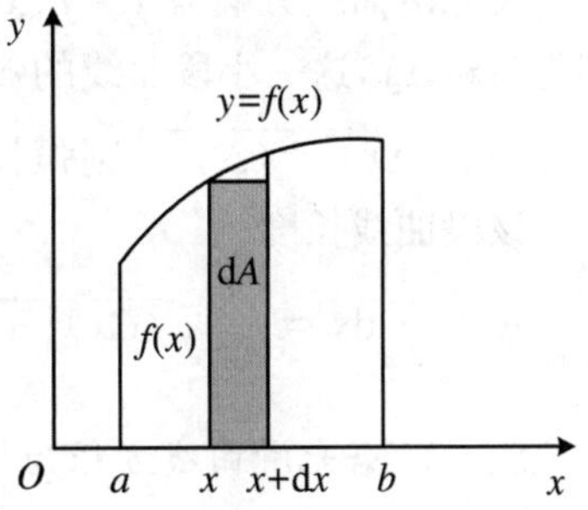

图 2.1

该平面图形的面积 $A=\int_a^b dA=\int_a^b (f_2(x)-f_1(x))dx$.

注　1° 若平面图形是由曲线 $y=f(x)\geqslant 0$,直线 $x=a$, $x=b$ 与 x 轴所围成的,该平面图形的面积 $A=\int_a^b dA=\int_a^b f(x)dx$.

2° 若平面图形是由曲线$\begin{cases} x = x(t) \\ y = y(t) \end{cases}$，$\alpha \leqslant t \leqslant \beta$，直线 $x = x(\alpha)$，$x = x(\beta)$ 与 x 轴所围成的区域，该平面图形的面积 $A = \int_\alpha^\beta \mathrm{d}A = \int_\alpha^\beta |y(t)x'(t)|\mathrm{d}t$.

（二）平行截面面积为已知的立体的体积

设 Ω 是三维空间中的一立体，它夹在垂直于 x 轴的两平面 $x=a$，$x=b$，$a<b$ 之间，在任意一点 $x\in[a,b]$处作垂直于 x 轴的平面，它截得 Ω 的截面面积记为$A(x)$，Ω 介于平面 $x=x$，$x=x+\mathrm{d}x$，$x<x+\mathrm{d}x$，x，$x+\mathrm{d}x\in[a,b]$之间部分的立体体积可用柱体体积近似代替，该柱体以 $x=x$ 处的截面为底，以 $\mathrm{d}x$ 为高. 则体积元素 $\mathrm{d}V=A(x)\mathrm{d}x$.

该立体体积

$$V = \int_a^b \mathrm{d}V = \int_a^b A(x)\mathrm{d}x.$$

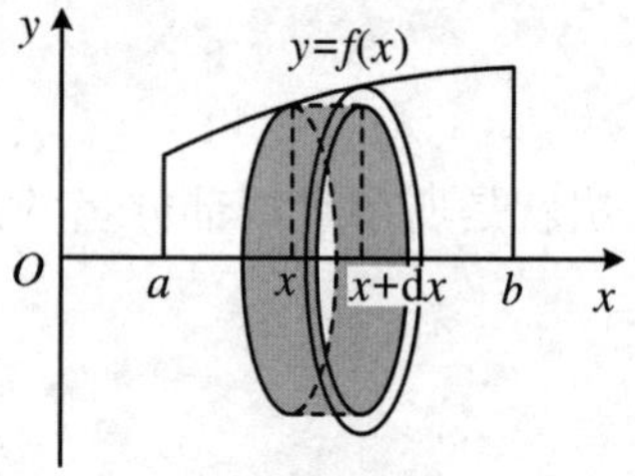

图 2.2

注 若立体是由曲线 $y=f(x)\geqslant 0$，直线 $x=a$，$x=b$ 与 x 轴所围成的平面图形绕 x 轴旋转一周而成的旋转体(图 2.2)，在任意一点 $x\in[a,b]$处作垂直于 x 轴的平面，它截得旋转体的截面面积

$$A(x) = \pi f^2(x).$$

该立体体积

$$V = \int_a^b \mathrm{d}V = \int_a^b A(x)\mathrm{d}x = \int_a^b \pi f^2(x)\mathrm{d}x.$$

（三）平面曲线的弧长

设光滑曲线方程为 $y=f(x)$，$a\leqslant x\leqslant b$，取一小段曲线，记两端点的横、纵坐标差分别为 Δx，Δy，这一小段曲线的弧长可用曲线两端点的直线段的长度近似代替，直线段的长度为$\sqrt{(\Delta x)^2+(\Delta y)^2}$，则弧长元素 $\mathrm{d}s=\sqrt{(\mathrm{d}x)^2+(\mathrm{d}y)^2}$.

该段曲线长度

$$s = \int_a^b \mathrm{d}s = \int_a^b \sqrt{(\mathrm{d}x)^2+(\mathrm{d}y)^2} = \int_a^b \sqrt{1+y'^2}\mathrm{d}x = \int_a^b \sqrt{1+[f'(x)]^2}\mathrm{d}x.$$

注 1° 若光滑曲线方程为$\begin{cases} x=\varphi(t) \\ y=\psi(t) \end{cases}$，$\alpha\leqslant t\leqslant\beta$，则弧长

$$s = \int_\alpha^\beta \sqrt{[x'(t)]^2+[y'(t)]^2}\mathrm{d}t.$$

2° 若光滑曲线方程为 $x=g(y)$，$c\leqslant y\leqslant \mathrm{d}$，则弧长

$$s = \int_c^{\mathrm{d}} \sqrt{1+[x'(y)]^2}\mathrm{d}y = \int_c^{\mathrm{d}} \sqrt{1+[g'(y)]^2}\mathrm{d}y.$$

3° 若光滑曲线方程为 $r=r(\theta)$，$\alpha\leqslant\theta\leqslant\beta$，即$\begin{cases} x=r(\theta)\cos\theta \\ y=r(\theta)\sin\theta \end{cases}$，则弧长

$$s=\int_{\alpha}^{\beta}\sqrt{[x'(\theta)]^2+[y'(\theta)]^2}\mathrm{d}\theta=\int_{\alpha}^{\beta}\sqrt{r^2(\theta)+[r'(\theta)]^2}\mathrm{d}\theta.$$

（四）旋转曲面的面积

设旋转曲面是由光滑曲线 $y=f(x),a\leqslant x\leqslant b$ 绕 x 轴旋转一周得到的. 在 x 轴上两点 $x,x+\mathrm{d}x,\mathrm{d}x>0$ 处作垂直于 x 轴的平面，它们在旋转曲面上截下一条夹在两个圆形截线间的狭带. 这部分旋转曲面(狭带)面积可用圆台侧面积近似代替，该圆台是由这两个圆所确定的，则旋转曲面面积元素 $\mathrm{d}S=2\pi y\mathrm{d}s=2\pi f(x)\sqrt{1+[f'(x)]^2}\mathrm{d}x$.

该旋转曲面的面积

$$S=\int_a^b\mathrm{d}S=\int_a^b 2\pi y\mathrm{d}s=\int_a^b 2\pi f(x)\sqrt{1+[f'(x)]^2}\mathrm{d}x.$$

注 如果光滑曲线 C 由参数方程 $\begin{cases}x=x(t)\\y=y(t)\end{cases},t\in[\alpha,\beta]$ 给出，且 $y(t)\geqslant 0$，则该曲线绕 x 轴旋转一周得到的旋转曲面面积 $S=2\pi\int_{\alpha}^{\beta}y(t)\sqrt{[x'(t)]^2+[y'(t)]^2}\mathrm{d}t$.

例 2.31 求摆线 $\begin{cases}x=a(t-\sin t)\\y=a(1-\cos t)\end{cases},a>0,0\leqslant t\leqslant 2\pi$，与 x 轴所围平面图形的面积(图 2.3).

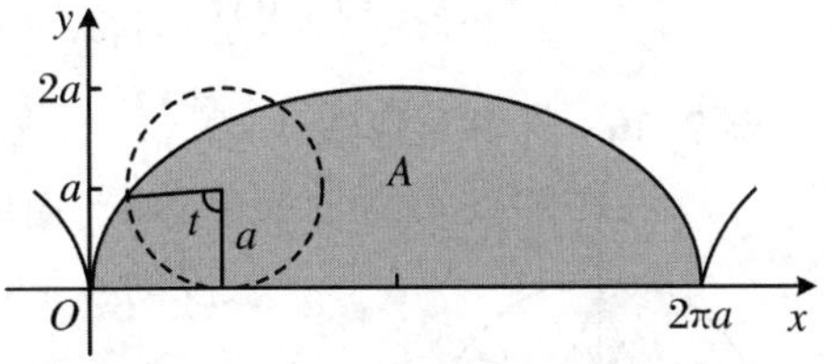

图 2.3

解 所求面积为

$$\begin{aligned}A&=\int_0^{2\pi}y(t)x'(t)\mathrm{d}t\\&=\int_0^{2\pi}a(1-\cos t)[a(t-\sin t)]'\mathrm{d}t\\&=a^2\int_0^{2\pi}(1-\cos t)^2\mathrm{d}t=3\pi a^2.\end{aligned}$$

例 2.32 求由曲线 $y^2=x$ 与直线 $x-2y-3=0$ 所围平面图形的面积.

解 两线的交点为 $P(1,-1),Q(9,3)$，两线方程为 $x=g_1(y)=y^2,x=g_2(y)=2y+3$，取 y 为积分变量，得平面图形的面积

$$A=\int_{-1}^{3}[g_2(y)-g_1(y)]\mathrm{d}y=\int_{-1}^{3}(2y+3-y^2)\mathrm{d}y=\frac{32}{3}.$$

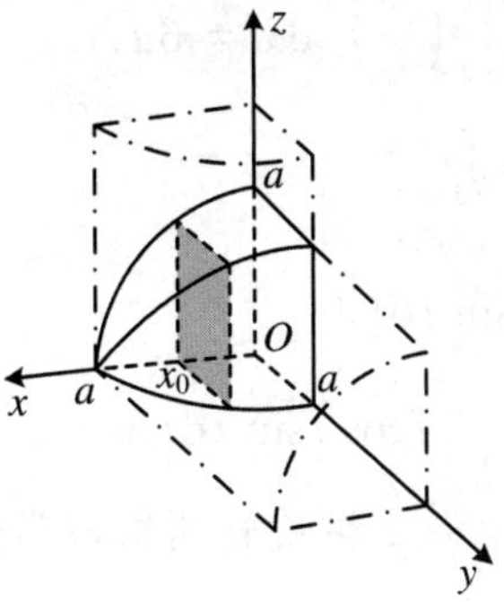

图 2.4

例 2.33 求由两个圆柱面 $x^2+y^2=a^2$ 与 $z^2+x^2=a^2$ 所围立体的体积(图 2.4).

解 由对称性，所求体积是第一卦限部分立体体积的 8 倍，对任一 $x\in[0,a]$，作平面 $x=x$，截第一卦限部分立体的截面是一个边长为 $\sqrt{a^2-x^2}$ 的正方形，所以截面面积 $A(x)=a^2-x^2$，故所围立体的体积

$$V = 8\int_0^a (a^2 - x^2)\mathrm{d}x = \frac{16}{3}a^3.$$

例 2.34 求由 $y=\sin x, y=0, 0\leqslant x\leqslant\pi$ 围成的平面图形分别绕 x 轴、y 轴旋转一周而成的旋转体的体积.

解

$$V_x = \int_0^{\pi}\pi f^2(x)\mathrm{d}x = \int_0^{\pi}\pi\sin^2 x\mathrm{d}x = 2\pi\int_0^{\frac{\pi}{2}}\sin^2 x\mathrm{d}x = 2\pi\cdot\frac{1}{2}\cdot\frac{\pi}{2} = \frac{\pi^2}{2}.$$

$$V_y = \pi\int_0^1(\pi - \arcsin y)^2\mathrm{d}y - \pi\int_0^1(\arcsin y)^2\mathrm{d}y = \pi\int_0^1(\pi^2 - 2\pi\arcsin y)\mathrm{d}y$$

$$= \pi^3 - 2\pi^2\int_0^1\arcsin y\mathrm{d}y = \pi^3 - 2\pi^2\left[y\arcsin y\Big|_0^1 - \int_0^1 y\cdot\frac{1}{\sqrt{1-y^2}}\mathrm{d}y\right]$$

$$= \pi^3 - 2\pi^2\left[\frac{\pi}{2} + \frac{1}{2}\int_0^1(1-y^2)^{-\frac{1}{2}}\mathrm{d}(1-y^2)\right] = -2\pi^2(1-y^2)^{\frac{1}{2}}\Big|_0^1 = 2\pi^2.$$

例 2.35 计算曲线 $x=\frac{1}{4}y^2-\frac{1}{2}\ln y, 1\leqslant y\leqslant \mathrm{e}$ 的弧长.

解 所求曲线的弧长为

$$s = \int_1^{\mathrm{e}}\sqrt{1+[x'(y)]^2}\mathrm{d}y = \int_1^{\mathrm{e}}\sqrt{1+\left(\frac{y}{2}-\frac{1}{2y}\right)^2}\mathrm{d}y = \int_1^{\mathrm{e}}\frac{1+y^2}{2y}\mathrm{d}y = \frac{1+\mathrm{e}^2}{4}.$$

例 2.36 计算星形线 $x^{\frac{2}{3}}+y^{\frac{2}{3}}=a^{\frac{2}{3}}, a>0$ 的周长(图 2.5).

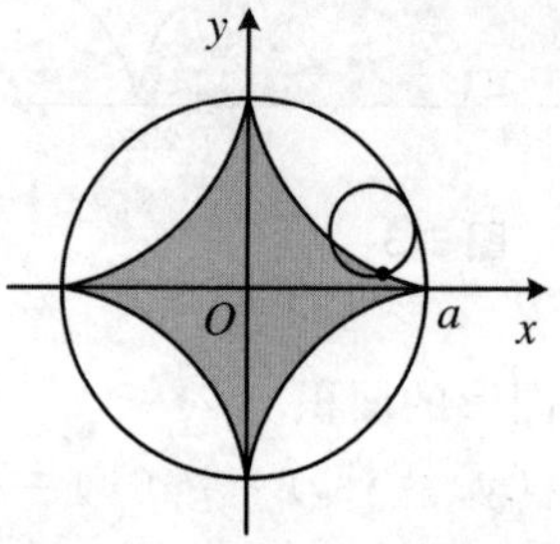

图 2.5

解 由曲线的对称性知,所求周长是第一象限内曲线段长度的 4 倍.

(方法一) 因为 $\sqrt{1+y'^2}=\left(\frac{a}{x}\right)^{\frac{1}{3}}$,弧长元素 $\mathrm{d}s=\sqrt{1+y'^2}\mathrm{d}x=\left(\frac{a}{x}\right)^{\frac{1}{3}}\mathrm{d}x$,故所求周长为

$$s = 4\int_0^a\sqrt{1+y'^2}\mathrm{d}x = 4\int_0^a\left(\frac{a}{x}\right)^{\frac{1}{3}}\mathrm{d}x = 6a.$$

(方法二) 星形线的参数方程为 $\begin{cases}x=a\cos^3 t\\ y=a\sin^3 t\end{cases}$,故弧长元素为

$$\mathrm{d}s = \sqrt{[x'(t)]^2+[y'(t)]^2}\mathrm{d}t = 3a\cos t\sin t\mathrm{d}t,$$

所求周长 $s = 4\int_0^{\frac{\pi}{2}}\mathrm{d}s = 4\int_0^{\frac{\pi}{2}}\sqrt{[x'(t)]^2+[y'(t)]^2}\mathrm{d}t = 4\int_0^{\frac{\pi}{2}}3a\cos t\sin t\mathrm{d}t = 6a.$

例 2.37 计算圆 $x^2+y^2=R^2$ 在 $[-R,R]$ 上的弧段绕 x 轴旋转所得球带的面积.

解 (方法一) 该旋转曲面相当于曲线 $y=\sqrt{R^2-x^2}, x\in[-R,R]$ 绕 x 轴旋转一周而成. 故所求旋转曲面面积为

$$S = 2\pi\int_{-R}^{R} y\sqrt{1+y'^2}\,dx = 2\pi\int_{-R}^{R}\sqrt{R^2-x^2}\cdot\sqrt{1+\frac{x^2}{R^2-x^2}}\,dx$$

$$= 2\pi R\int_{-R}^{R} dx = 2\pi R\cdot[R-(-R)] = 2\pi R\cdot 2R = 4\pi R^2.$$

（方法二）　该旋转曲面相当于曲线$\begin{cases}x = R\cos t\\ y = R\sin t\end{cases}$，$t\in[0,\pi]$绕 x 轴旋转一周而成．故所求旋转曲面面积为

$$S = 2\pi\int_0^{\pi} y(t)\sqrt{x'^2(t)+y'^2(t)}\,dt = 2\pi R\int_0^{\pi} R\sin t\,dt = 4\pi R^2.$$

二、物理应用

定积分在物理中有着广泛的应用，这里介绍几个有代表性的例子．

（一）液体静压力

在设计水库的闸门、管道的阀门时，常常需要计算油类或者水等液体对它们的静压力，这类问题可用定积分进行计算．

例 2.38　一圆柱形水管半径为 1 m（图 2.6），若管中装水一半，求水管闸门一侧所受的静压力．

解　建立适当坐标系，使变量 x 表示水中各点深度，它们的变化区间是$[0,1]$，圆的方程为 $x^2+y^2=1$．

由物理知识知，对于均匀受压的情况，压强 P 处处相等．要计算所求的压力，可按公式"压力 = 压强 × 面积"计算，但现在闸门在水中所受的压力是不均匀的，压强随着水的深度 x 增加而增加，根据物理学知识，有

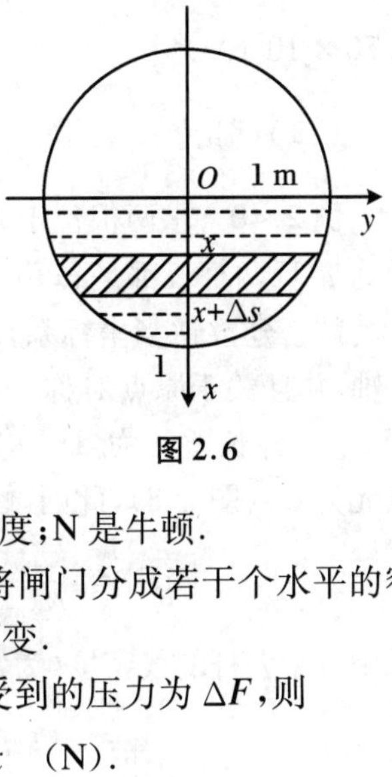

图 2.6

$$P = gwx \quad (\text{N/m}^2),$$

其中，$w=1000\ \text{kg/m}^3$，是水的密度；$g=9.8\ \text{m/s}^2$ 是重力加速度；N 是牛顿．

要计算闸门所受的水压力，不能直接用上述公式．如果将闸门分成若干个水平的窄条，由于窄条上各处深度 x 相差很小，压强 $P=gwx$ 可看成不变．

第一步选取深度小区间$[x, x+dx]$，在此小区间闸门所受到的压力为 ΔF，则

$$\Delta F \approx gwx\cdot 2y\,dx = gwx\cdot 2\sqrt{1-x^2}\,dx \quad (\text{N}).$$

第二步得静压力元素 $dF = gwx\cdot 2\sqrt{1-x^2}\,dx$．

第三步定积分 $F = \int_0^1 dF = \int_0^1 2gwx\sqrt{1-x^2}\,dx = \frac{2gw}{3} = 6533\ \text{N}$．

（二）功

例 2.39　设有一直径为 20 m 的半球形水池，池内贮满水，若要把水抽尽，至少做多

少功?

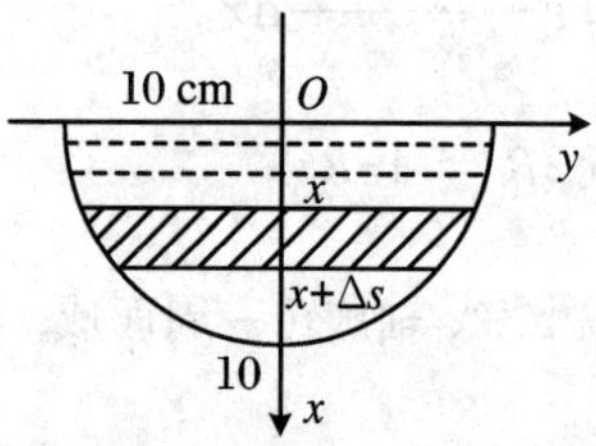

图 2.7

解 本题要计算克服重力所做的功.要将水抽出,池中水至少要升高到池的表面.由此可见对不同深度 x 的单位质点所需做的功不同,而对同一深度 x 的单位质点所需做的功相同.建立适当坐标系,使 y 轴取在水平面上,将原点置于球心处,而 x 轴向下(此时 x 表示深度)(图 2.7).这样,半球形可看作曲线 $x^2+y^2=100$ 在第一象限中部分绕 x 轴旋转而成的旋转体,深度 x 的变化区间是[0,10].

因同一深度的质点升高的高度相同,故计算功时,宜用平行于水平面的平面截半球面成许多小片来计算.

第一步选取区间$[x,x+\mathrm{d}x]$,相应的体积 $\Delta V\approx\pi y^2\mathrm{d}x=\pi(100-x^2)\mathrm{d}x\,(\mathrm{m}^3)$,所以抽出这层水需做的功

$$\Delta W\approx gwx\cdot\pi(100-x^2)\mathrm{d}x\ (\mathrm{J}),$$

其中,$w=1000\ \mathrm{kg/m^3}$,是水的密度;$g=9.8\ \mathrm{m/s^2}$,是重力加速度;J 是焦耳.

第二步得功元素 $\mathrm{d}W=gwx\cdot\pi(100-x^2)\mathrm{d}x$.

第三步定积分 $W=\int_0^{10}\mathrm{d}W=gw\pi\int_0^{10}x(100-x^2)\mathrm{d}x=\frac{gw\pi}{4}\times10^4=2500\pi wg\approx 7.70\times10^7(\mathrm{J})$.

(三) 引力

例 2.40 求两根位于同一直线上的质量均匀的细杆间的引力(设密度为 u_0,两杆相距为 a 且两杆长都是 τ,引力常数为 k).

解 建立适当坐标系,取原点使两杆位于 x 轴,并且关于原点对称,分左右两杆,右杆位于 x 处,杆长微元为 $\mathrm{d}x$,左杆位于 y 处,杆长微元为 $\mathrm{d}y$(图 2.8),此两微元间的引力为

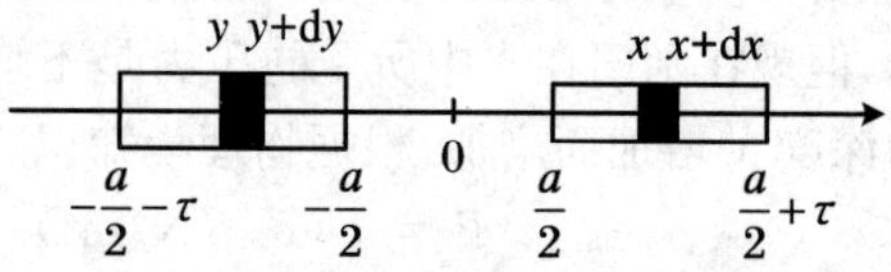

图 2.8

$$|\mathrm{d}F|=\frac{ku_0^2\mathrm{d}y\mathrm{d}x}{(x-y)^2}$$

其中,u_0 为杆的线密度(为常数).于是右杆对左杆上微元 $\mathrm{d}y$ 的引力为

$$\int_{\frac{a}{2}}^{\frac{a}{2}+\tau}\frac{ku_0^2\mathrm{d}y}{(x-y)^2}\mathrm{d}x=ku_0^2\mathrm{d}y\left(\frac{1}{\frac{a}{2}-y}-\frac{1}{\frac{a}{2}+\tau-y}\right).$$

再将上式 y 视为变量从 $-\frac{a}{2}-\tau$ 到 $-\frac{a}{2}$ 积分,使得两杆间的引力

$$|F|=ku_0^2\int_{-\frac{a}{2}-\tau}^{-\frac{a}{2}}\left(\frac{1}{\frac{a}{2}-y}-\frac{1}{\frac{a}{2}+\tau-y}\right)\mathrm{d}y=ku_0^2\ln\frac{(\tau+a)^2}{a\,(2\tau+a)^2}.$$

（四）转动惯量

例 2.41　求长为 τ，线密度（单位长度质量）u 为常数的均质细杆绕 y 轴转动的转动惯量.

解　适当建立坐标系，使得所求的转动惯量 J 分在区间 $[0,\tau]$ 上（图 2.9）.

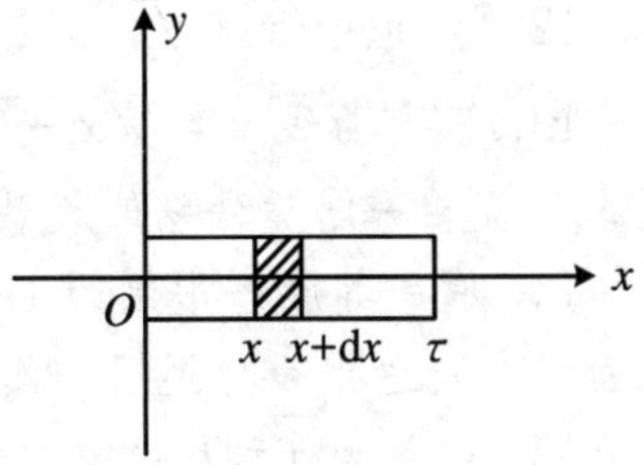

图 2.9

第一步选取 $[x,x+\mathrm{d}x]$，由转动惯量公式 $J=mx^2$，得转动惯量元素 $\mathrm{d}J=u\mathrm{d}x\cdot x^2=ux^2\mathrm{d}x$.

第二步定积分 $J=\int_0^\tau \mathrm{d}J=\int_0^\tau ux^2\mathrm{d}x=\dfrac{1}{3}u\tau^3$.

由于细杆的质量 $m=u\tau$，所以 $J=\dfrac{1}{3}m\tau^2$.

习　　题

1. 计算下列不定积分：

$\int x\cos 2x\mathrm{d}x$；　$\int \dfrac{\sin(\ln x)}{x}\mathrm{d}x$；　$\int \dfrac{x\mathrm{e}^x}{\sqrt{\mathrm{e}^x-1}}\mathrm{d}x$；　$\int \mathrm{e}^{\sqrt{x}}\mathrm{d}x$；　$\int \dfrac{x-2}{x^2-7x+12}\mathrm{d}x$；

$\int \dfrac{\sqrt{x}}{\sqrt{1-x}}f(x)\mathrm{d}x$，其中 $f(\sin^2 x)=\dfrac{x}{\sin x}$；

$\int_{-1}^1 \dfrac{x+|x|}{1+x^2}\mathrm{d}x$；　$\int_0^1 x\sqrt{1-x}\mathrm{d}x$.

2. 计算定积分 $\int_{\frac{\pi}{2}}^{\pi} xf'(x)\mathrm{d}x$，$\dfrac{\sin x}{x}$ 为 $f(x)$ 的一个原函数.

3. 设 $f(x)=\int_0^{a-x}\mathrm{e}^{y(2a-b)}\mathrm{d}y$，求 $\int_0^a f(x)\mathrm{d}x$.

4. 设 $f(x)$ 连续，且 $\int_6^{x^2-1} f(t)\mathrm{d}t=1+x^3$，求 $f(8)$.

5. 计算 $\dfrac{\mathrm{d}}{\mathrm{d}x}\int_0^x \sin[(x-t)^2]\mathrm{d}t$.

6. $f(x)$ 在闭区间 $[0,1]$ 上有连续的导函数，$f(1)-f(0)=1$，证明

$$\int_0^1 [f'(x)]^2\mathrm{d}x\geqslant 1.$$

7. 计算反常积分 $\int_0^1 \sin(\ln x)\mathrm{d}x$.

8. 判别反常积分 $\int_0^{\frac{\pi}{2}} \dfrac{1}{\sqrt{\sin x}}\mathrm{d}x$ 的敛散性.

9. 求由抛物线 $y = x^2$ 与 $y = 2 - x^2$ 所围图形的面积.

10. 求心形线 $r = a(1 + \cos\theta), a > 0$ 所围图形的面积.

11. 设平面图形 A 由 $x^2 + y^2 \leqslant 2x$ 与 $y \geqslant x$ 所确定,求图形 A 绕直线 $x = 2$ 旋转一周所得旋转体的体积.

12. 求曲线 $\sqrt{x} + \sqrt{y} = 1$ 的弧长.

13. 设有曲线 $y = \sqrt{x-1}$,过原点作切线,求由此曲线、切线及 x 轴围成的平面图形绕 x 轴旋转一周所得到的旋转体的表面积.

14. 有一等腰梯形闸门,它的上、下两条底边各长为 10 m 和 6 m,高为 20 m. 计算当水面与上底边相齐时闸门一侧所受的静压力.

15. 边长为 a 和 b 的矩形薄板,与液面成 $\alpha, 0 < \alpha < 90^\circ$ 角斜沉于液体中. 设 $a > b$,长边平行于液面,上沿位于深 h 处,液体的比重为 v. 试求薄板每侧所受的静压力.

16. 设有一半径为 R,中心角为 φ 的圆弧形细棒,其线密度为常数 ρ,在圆心处有一质量为 m 的质点,求细棒对该质点 M 的引力.

17. 设在坐标轴的原点有一质量为 m 的质点,在区间 $[a, a + l], a > 0$ 上有一质量为 M 的均匀细杆,试求质点与细杆之间的万有引力.

18. 一个半球形(直径为 20 m) 的容器内盛满了水. 试问:把水抽尽需做多少功?

19. 半径为 r 的球体沉入水中,其比重与水相同. 试问:将球体从水中捞出需做多少功?

第三章　常微分方程

常微分方程是数学中与应用密切相关的基础学科，已渗透到控制论、生态学、经济学等各个领域.本章主要介绍常微分方程的基本概念、一些特殊类型的一阶微分方程和高阶微分的求解方法、二阶常系数线性方程的解法及一些其他类型的方程解法.

第一节　基 本 概 念

一、微分方程的定义

含未知函数、未知函数的导数(或微分)的等式称为微分方程.

注　1° 微分方程中一定含未知函数的导数(或微分)，其他的可有可无；

2° 一个微分方程中只能有一个未知函数.

例 3.1　判断下列方程是否是微分方程.

(1) $y'+y=0$；　(2) $y''+2y'-3y=e^x$；　(3) $x\mathrm{d}x+\sin t\mathrm{d}t=0$；

(4) $\dfrac{\partial^2 z}{\partial x\partial y}=x+y$；　(5) $f'(x)+f(1-x)=0$.

解　(1)(2)(3)(4)为微分方程，(5)不是直接意义上微分方程.

二、微分方程的分类

(1) 常微分方程：未知函数为一元函数的微分方程；偏微分方程：未知函数为多元函数的微分方程.

(2) 线性微分方程：未知函数及其导数以线性组合的形式出现，且线性组合的系数已知；非线性微分方程：不是线性的微分方程.

三、微分方程的阶

微分方程中，未知函数的导数(或微分)的最高阶数称为微分方程的阶.

注 按阶分类:一阶微分方程指阶数是一阶的微分方程.高阶微分方程指二阶及二阶以上的微分方程.

四、微分方程的解

使微分方程成为恒等式的函数称为微分方程的解;若微分方程的解中含任意常数,且所含相互独立的任意常数的个数等于微分方程的阶数,则称之为通解.

确定任意常数以后的解称为特解(或定解).

注 1° 常微分方程的解一定可导.

2° 如何判定一个表达式能否成为一个微分方程的通解:

(ⅰ) 一定是解;

(ⅱ) 一定含任意常数;

(ⅲ) 任意常数的个数一定等于微分方程的阶数.

第二节 一阶微分方程的求解

一、可分离变量的微分方程

1. 标准形式

$$\frac{\mathrm{d}y}{\mathrm{d}x}=f(x)g(y).$$

即未知函数的导数可以表示成因变量的函数与自变量的函数的乘积.

2. 解法

$$\int\frac{\mathrm{d}y}{g(y)}=\int f(x)\mathrm{d}x \quad\Rightarrow\quad G(y)=F(x)+C.$$

即将上述标准形式分离成一端为因变量的函数与因变量的微分的乘积,另一端为自变量的函数与自变量的微分的乘积,然后两端同时积分,则积分结果构成的等式确定的隐函数即为微分方程的通解.

例 3.2 解方程$\begin{cases}\dfrac{\mathrm{d}y}{\mathrm{d}x}=-\dfrac{xy}{1+x^2}.\\ y(0)=2\end{cases}$

解

$$\int\frac{\mathrm{d}y}{y}=-\int\frac{x}{1+x}\mathrm{d}x \quad\Rightarrow\quad \ln|y|=-\frac{1}{2}\ln|1+x^2|+C_1 \quad\Rightarrow\quad \ln\left|y\sqrt{1+x^2}\right|=C_1,$$

$$\left|y\sqrt{1+x^2}\right| = e^{C_1} \quad\Rightarrow\quad y\sqrt{1+x^2} = \pm e^{C_1} \quad\Rightarrow\quad y = \frac{C}{\sqrt{1+x^2}},\quad C = \pm e^{C_1},$$

又 $y(0)=2$,得 $C=2$,原方程的解为

$$y = \frac{2}{\sqrt{1+x^2}}.$$

二、齐次方程

1. 标准形式

$$\frac{dy}{dx} = f\left(\frac{y}{x}\right).$$

即一端为因变量对自变量的导数,另一端为因变量除以自变量的函数.

2. 解法

令 $u=\dfrac{y}{x}$,则 $y=x\cdot u$

$$\frac{dy}{dx} = u + x\cdot\frac{du}{dx},$$

原方程可化为

$$u + x\frac{du}{dx} = f(u)$$

$$\Leftrightarrow\quad \frac{du}{dx} = \frac{f(u)-u}{x}$$ （以 u 为未知函数、x 为自变量的可分离变量的微分方程）

$$\Rightarrow\quad u = u(x).$$

从而得方程的解为 $y=x\cdot u(x)$.

例 3.3　求方程 $xydx-(x^2-y^2)dy=0$ 的通解.

解

$$\frac{dy}{dx} = \frac{xy}{x^2-y^2} \overset{\text{同除}x^2}{\Rightarrow} \frac{\frac{y}{x}}{1-\frac{y^2}{x^2}} = f\left(\frac{y}{x}\right)$$ （齐次方程）

令 $\dfrac{y}{x}=u$,则

$$\frac{dy}{dx} = u + x\frac{du}{dx} = \frac{u}{1-u^2} \quad\Rightarrow\quad \frac{du}{dx} = \frac{u^3}{1-u^2}\cdot\frac{1}{x} \quad\Rightarrow\quad \int\frac{1-u^2}{u^3}du = \int\frac{dx}{x},$$

$$-\frac{1}{2u^2} - \ln|u| = \ln|x| + C \quad\Rightarrow\quad \ln|xu| = \frac{1}{2u^2} + C_1 \quad\Rightarrow\quad \ln|y| = -\frac{x^2}{2y^2} + C_1,$$

原方程的通解为

$$\ln|y| = -\frac{x^2}{2y^2} + C_1.$$

三、可化为齐次的方程

1. 标准形式

$$\frac{\mathrm{d}y}{\mathrm{d}x} = f\left(\frac{a_1 x + b_1 y + c_1}{a_2 x + b_2 y + c_2}\right), \quad a_i, b_i, c_i \in R, i = 1,2.$$

(1) 当 $c_1 = c_2 = 0$ 时,

$$\frac{\mathrm{d}y}{\mathrm{d}x} = f\left(\frac{a_1 x + b_1 y}{a_2 x + b_2 y}\right) = F\left(\frac{y}{x}\right) \quad \text{(齐次方程)}.$$

(2) 当 $c_1 \neq 0$ 或 $c_2 \neq 0$ 时,不能化为齐次方程.

2. 解法

以下探讨当 $c_1 \neq 0$ 或 $c_2 \neq 0$ 时,该方程的解法.

令$\begin{cases} X = x - h \\ Y = y - k \end{cases}$,其中 $h, k \in R$,代入原方程得

$$\frac{\mathrm{d}Y}{\mathrm{d}X} = f\left[\frac{a_1 X + b_1 Y + (a_1 h + b_1 k + c_1)}{a_2 X + b_2 Y + (a_2 h + b_2 k + c_2)}\right] \tag{3.1}$$

令

$$\begin{cases} a_1 h + h_1 k + c_1 = 0 \\ a_2 h + b_2 k + c_2 = 0 \end{cases} \tag{3.2}$$

(1) 若方程组(3.2)有唯一解$\Leftrightarrow \begin{vmatrix} a_1 & b_1 \\ a_2 & b_2 \end{vmatrix} \neq 0$,则微分方程(3.1)可化为齐次方程.

$$\frac{\mathrm{d}Y}{\mathrm{d}X} = F\left(\frac{Y}{X}\right) \Rightarrow Y = Y(X) \Rightarrow y - k = Y(x - h).$$

(2) 若方程组(3.2)无解或有无穷多个解$\Leftrightarrow \begin{vmatrix} a_1 & b_1 \\ a_2 & b_2 \end{vmatrix} = 0$,则微分方程(3.1)不能化为齐次方程求解.

以下讨论方程组(3.2)无解或有无穷多个解的情形.

① 若 $a_1 b_2 = a_2 b_1 = 0$,不妨设 $a_2 = 0$,则 a_1, b_2 中至少有一个为零.

(i) 若 $a_1 = 0$ 且 $b_2 \neq 0$,则原方程为

$$\frac{\mathrm{d}y}{\mathrm{d}x} = f\left(\frac{b_1 x + c_1}{b_2 y + c_2}\right) \quad \text{(可分离变量的微分方程)}$$

(ii) 若 $b_2 = 0$ 且 $a_1 \neq 0$,则原方程为

$$\frac{\mathrm{d}y}{\mathrm{d}x} = f\left(\frac{a_1 x + b_1 y + c_1}{c_2}\right).$$

令 $z=a_1x+b_1y$，

$$\Rightarrow \quad \frac{\mathrm{d}z}{\mathrm{d}x}=a_1+b_1\frac{\mathrm{d}y}{\mathrm{d}x},$$

$$\Rightarrow \quad \frac{\mathrm{d}y}{\mathrm{d}x}=\frac{1}{b_1}\left(\frac{\mathrm{d}z}{\mathrm{d}x}-a_1\right),$$

代入原方程可得

$$\frac{1}{b_1}\left(\frac{\mathrm{d}z}{\mathrm{d}x}-a_1\right)=f\left(\frac{z+c_1}{c_2}\right) \quad \text{（可分离变量的微分方程）}$$

$$\Rightarrow \quad z=z(x) \quad \Rightarrow \quad y=y(x).$$

（ⅲ）若 $a_1=b_2=0$，则原方程为

$$\frac{\mathrm{d}y}{\mathrm{d}x}=f\left(\frac{b_1y+c_1}{c_2}\right) \quad \text{（可分离变量的微分方程）}$$

(2) 若 $a_1b_2=a_2b_1\neq 0\Leftrightarrow\frac{a_1}{a_2}=\frac{b_1}{b_2}=\lambda$，令 $a_2x+b_2y=z\Rightarrow\frac{\mathrm{d}y}{\mathrm{d}x}=\frac{1}{b_2}\left(\frac{\mathrm{d}z}{\mathrm{d}x}-a_2\right)$，则原方程可化为

$$\frac{\mathrm{d}y}{\mathrm{d}x}=\frac{1}{b_2}\left(\frac{\mathrm{d}z}{\mathrm{d}x}-a_2\right)=f\left(\frac{\lambda z+c_1}{z+c_2}\right) \quad \text{（可分离变量的微分方程）}$$

$$\Rightarrow \quad z=z(x) \quad \Rightarrow \quad y=y(x).$$

四、一阶线性微分方程

（一）一阶线性齐次微分方程

1. 标准形式

$$y'+P(x)y=0.$$

2. 解法

$y'+P(x)y=0$ 的通解为 $y=C\mathrm{e}^{-\int P(x)\mathrm{d}x}$.

注　1° 通解中带积分号的部分不是不定积分，而是表示 $P(x)$ 的任意一个原函数，在解题时，都取最简原函数；

2° $y=0$ 一定是 $y'+P(x)y=0$ 的解；

3° $y'+P(x)y=0$ 的任意两个解相差一个常数因子；

4° $y'+P(x)y=0$ 的解的任意线性组合仍然是它的解.

例 3.4　求 $y'+\frac{1}{x}y=0$ 的通解.

解　通解为 $y=C\mathrm{e}^{-\int\frac{1}{x}\mathrm{d}x}=C\mathrm{e}^{-\ln x}=\frac{C}{x}$.

（二）一阶线性非齐次微分方程

1. 标准形式

$$y' + P(x)y = Q(x).$$

2. 解法

$$\frac{\mathrm{d}y}{\mathrm{d}x} = Q(x) - P(x)y \quad \text{（可视为分离变量的微分方程）}$$

$$\Leftrightarrow \quad \frac{\mathrm{d}y}{y} = \left[\frac{Q(x)}{y} - P(x)\right]\mathrm{d}x,$$

$$\ln|y| = \int \frac{Q(x)}{y}\mathrm{d}x - \int P(x)\mathrm{d}x = v(x) - \int P(x)\mathrm{d}x,$$

$$y = \pm\, \mathrm{e}^{v(x)}\mathrm{e}^{-\int P(x)\mathrm{d}x} = u(x)\mathrm{e}^{-\int P(x)\mathrm{d}x}(u(x) = \pm\, \mathrm{e}^{v(x)}).$$

此时求 $y=y(x)\Leftrightarrow$求 $u=u(x)$.

又 $y' = u'(x)\mathrm{e}^{-\int P(x)\mathrm{d}x} - u(x)P(x)\mathrm{e}^{-\int P(x)\mathrm{d}x}$,将 y'、y 代入 $y' + P(x)y = Q(x)$ 中，有

$$u'(x)\mathrm{e}^{-\int P(x)\mathrm{d}x} = Q(x),$$

$$u'(x) = Q(x)\mathrm{e}^{\int P(x)\mathrm{d}x},$$

$$u(x) = C + \int Q(x)\mathrm{e}^{\int P(x)\mathrm{d}x}\mathrm{d}x,$$

从而得

$$y = u(x)\mathrm{e}^{-\int P(x)\mathrm{d}x} = \mathrm{e}^{-\int P(x)\mathrm{d}x}\left[C + \int Q(x)\mathrm{e}^{\int P(x)\mathrm{d}x}\mathrm{d}x\right].$$

（方法一） 公式法：

$$y = \mathrm{e}^{-\int P(x)\mathrm{d}x}\left[C + \int Q(x)\mathrm{e}^{\int P(x)\mathrm{d}x}\mathrm{d}x\right]y = \mathrm{e}^{-\int P(x)\mathrm{d}x}\left[C + \int Q(x)\mathrm{e}^{\int P(x)\mathrm{d}x}\mathrm{d}x\right].$$

（方法二） 常数变易法：

先求对应的齐次方程的通解，然后将其中的任意常数 C 改为函数 $u(x)$，再代入原方程求 $u(x)$，即可得非齐次方程的通解.

例 3.5 求 $y' + \frac{1}{x}y = \frac{\sin x}{x}$ 的通解.

解 （方法一） 公式法：

$$\begin{aligned} y &= \mathrm{e}^{-\int P(x)\mathrm{d}x}\left[C + \int Q(x)\mathrm{e}^{\int P(x)\mathrm{d}x}\mathrm{d}x\right] \\ &= \mathrm{e}^{-\int \frac{1}{x}\mathrm{d}x}\left(C + \int \frac{\sin x}{x}\mathrm{e}^{\int \frac{1}{x}\mathrm{d}x}\mathrm{d}x\right) \\ &= \mathrm{e}^{-\ln x}\left(C + \int \frac{\sin x}{x}\mathrm{e}^{\ln x}\mathrm{d}x\right) \end{aligned}$$

$$= \frac{1}{x}\left(C + \int \sin x \mathrm{d}x\right)$$
$$= \frac{C - \cos x}{x}.$$

（方法二） 常数变易法：

$y' + \frac{1}{x}y = \frac{\sin x}{x}$对应的齐次方程$y' + \frac{1}{x}y = 0$的通解为

$$\bar{y} = C\mathrm{e}^{-\int P(x)\mathrm{d}x} = C\mathrm{e}^{-\ln x} = \frac{C}{x}.$$

设$y' + \frac{1}{x}y = \frac{\sin x}{x}$的解为$y = \frac{u(x)}{x}$.

将$y = \frac{u(x)}{x}$代入$y' + \frac{1}{x}y = \frac{\sin x}{x}$中，有

$$\frac{xu'(x) - u(x)}{x^2} + \frac{u(x)}{x^2} = \frac{\sin x}{x} \quad \Rightarrow \quad u'(x) = \sin x,$$
$$\Rightarrow \quad u(x) = C - \cos x.$$

原方程的通解为

$$y = \frac{C - \cos x}{x}.$$

五、贝努利方程

1. 标准形式

$$y' + P(x)y = Q(x) \cdot y^n, \quad n \in R.$$

注 1° 当$n = 1$时，原方程为一阶线性齐次微分方程；

2° 当$n = 0$时，原方程为一阶线性非齐次微分方程；

3° 当$n \neq 0$且$n \neq 1$时，原方程为贝努利方程.

2. 解法

对$y' + P(x)y = Q(x) \cdot y^n$两端同时除以$y^n$，有

$$y^{-n}y' + P(x)y^{1-n} = Q(x),$$

令$z = y^{1-n} \Rightarrow \frac{\mathrm{d}z}{\mathrm{d}x} = (1-n)y^{-n} \cdot y'$，原方程可化为

$$\frac{1}{1-n}\frac{\mathrm{d}z}{\mathrm{d}x} + P(x) \cdot z = Q(x)$$

$$\Rightarrow \quad \frac{\mathrm{d}z}{\mathrm{d}x} + (1-n)P(x)z = (1-n)Q(x) \quad \text{（一阶线性非齐次微分方程）}$$

$$\Rightarrow \quad z = z(x) \quad \Rightarrow \quad y = y(x).$$

六、全微分方程

1. 标准形式

$$P(x,y)\mathrm{d}x+Q(x,y)\mathrm{d}y=0,$$

其中，$P(x,y)$，$Q(x,y)$具有一阶连续偏导数，且$\dfrac{\partial P}{\partial y}=\dfrac{\partial Q}{\partial x}$.

2. 解法

令 $P(x,y)=\dfrac{\partial u}{\partial x}$，$Q(x,y)=\dfrac{\partial u}{\partial y}\Rightarrow$

$$\mathrm{d}u(x,y)=\frac{\partial u}{\partial x}\mathrm{d}x+\frac{\partial u}{\partial y}\mathrm{d}y=0\quad\Rightarrow\quad u(x,y)=C$$

（方法一） 不定积分法：

$$u(x,y)=\int\frac{\partial u}{\partial x}\mathrm{d}x=\int P(x,y)\mathrm{d}x+\varphi(y),$$

$$\frac{\partial u(x,y)}{\partial y}=\frac{\partial}{\partial y}\int P(x,y)\mathrm{d}x+\varphi'(y)=Q(x,y),$$

$$\Rightarrow\quad\varphi'(y)=Q(x,y)-\frac{\partial}{\partial y}\int P(x,y)\mathrm{d}x,$$

$$\Rightarrow\quad\varphi(y)=\int\left[Q(x,y)-\frac{\partial}{\partial y}\int P(x,y)\mathrm{d}x\right]\mathrm{d}y$$

$$=\int Q(x,y)\mathrm{d}y-\int P(x,y)\mathrm{d}x+C_1,$$

通解为$\int Q(x,y)\mathrm{d}y=C$（或$\int P(x,y)\mathrm{d}x=C$）.

（方法二） 凑微分法：

$$P(x,y)\mathrm{d}x+Q(x,y)\mathrm{d}y=\cdots=\mathrm{d}u(x,y)=0$$

则原方程的通解为 $u(x,y)=C$.

（方法三） 利用平面上第二型曲线积分与路径无关.

例 3.6 解方程 $x\mathrm{d}y-y\mathrm{d}x-(1-x^2)\mathrm{d}x=0$.

解 因为$(y-1+x^2)\mathrm{d}x+x\mathrm{d}y=0$，$\dfrac{\partial P}{\partial y}=\dfrac{\partial Q}{\partial x}=1$，方程为全微分方程.所以

$$\mathrm{d}u(x,y)=\mathrm{d}xy+\mathrm{d}\left(\frac{x^3}{3}-x\right)=\mathrm{d}\left(\frac{x^3}{3}-x+xy\right),$$

$$\mathrm{d}u(x,y)=0,u(x,y)=C.$$

原方程的通解为

$$\frac{x^3}{3}-x+xy=C.$$

第三节　高阶微分方程的解法

一、可降阶的高阶微分方程

以下三种情形可将高阶微分方程转换成一阶微分方程求解.

1. 标准形式(1)

$$y^{(n)} = f(x),$$

其中,$f(x)$为已知函数.

解法:连续积分 n 次即可得原微分方程的通解.

2. 标准形式(2)

$$y'' = f(x, y').$$

解　令 $P = y' = \dfrac{\mathrm{d}y}{\mathrm{d}x}$,则 $y'' = \dfrac{\mathrm{d}P}{\mathrm{d}x}$.

$$\Rightarrow \quad \frac{\mathrm{d}P}{\mathrm{d}x} = f(x, P)$$ (以 P 为未知函数、x 为自变量的一阶微分方程).

3. 标准形式(3)

$$y'' = f(y, y').$$

解　令 $P = y' = \dfrac{\mathrm{d}y}{\mathrm{d}x}$,则

$$y'' = \frac{\mathrm{d}P}{\mathrm{d}x} = \frac{\mathrm{d}P}{\mathrm{d}y} \cdot \frac{\mathrm{d}y}{\mathrm{d}x} = P \cdot \frac{\mathrm{d}P}{\mathrm{d}y}.$$

$$\Rightarrow \quad P \cdot \frac{\mathrm{d}P}{\mathrm{d}y} = f(y, P)$$ (以 P 为未知函数、y 为自变量的一阶微分方程)

$$\Rightarrow \quad P = P(y) \quad \Leftrightarrow \quad \frac{\mathrm{d}y}{\mathrm{d}x} = P(y)$$ (以 y 为未知函数、x 为自变量的可分离的微分方程)

从而得其通解为 $y = y(x)$.

例 3.7　解初值问题 $\begin{cases} xy'' = y' \ln y' \\ y(1) = 0 \\ y'(1) = \mathrm{e} \end{cases}$.

解　令 $P = y' = \dfrac{\mathrm{d}y}{\mathrm{d}x}$,则 $y'' = \dfrac{\mathrm{d}P}{\mathrm{d}x}$,原方程可化为

$$x \cdot \frac{\mathrm{d}P}{\mathrm{d}x} = P \ln P \quad \Rightarrow \quad \int \frac{\mathrm{d}P}{P \ln P} = \int \frac{\mathrm{d}x}{x} \quad \Rightarrow \quad \ln|\ln P| = \ln|x| + C_1,$$

$$\ln\left|\frac{\ln P}{x}\right| = C_1 \quad \Rightarrow \quad \frac{\ln P}{x} = \pm \mathrm{e}^{C_1} \quad \Rightarrow \quad \ln P = C_2 x \quad \Rightarrow \quad P = \mathrm{e}^{C_2 x},$$

由 $y'(1)=e$ 得 $C_2=1$,即得到 $P=e^x$,亦即

$$\frac{dy}{dx}=e^x \Rightarrow y=y(x)=\int e^x dx=e^x+C_3,$$

又 $y(1)=0$ 得 $C_3=-e$,原方程的解为

$$y=e^x-e.$$

例 3.8 解方程 $\dfrac{d^2y}{dx^2}=\dfrac{1+\left(\dfrac{dy}{dx}\right)^2}{2y}$.

解

$$y''=\frac{1+(y')^2}{2y} \quad (\text{不显含 } x),$$

令 $y'=P$ 则 $\dfrac{d^2y}{dx^2}=P\dfrac{dP}{dy}$,则原方程可化为

$$P\frac{dP}{dy}=\frac{1+P^2}{2y},$$

两边积分 $\displaystyle\int\frac{2P}{1+P^2}dP=\int\frac{dy}{y}$,得

$$\ln|1+P^2|=\ln|y|+C_1,$$

$$1+P^2=C_1y \Rightarrow P=\pm\sqrt{C_1y-1},$$

即

$$\frac{dy}{dx}=\pm\sqrt{C_1y-1},$$

$$\int\frac{dy}{\sqrt{C_1y-1}}=\int(\pm 1)dx \Rightarrow \int\frac{dy}{\sqrt{C_1y-1}}=\pm x+C,$$

$$\int\frac{dy}{\sqrt{C_1y-1}}=\pm x+C,$$

$$\frac{2}{C_1}\sqrt{C_1y-1}=\pm x+C.$$

原方程的通解为

$$\frac{2}{C_1}\sqrt{C_1y-1}=\pm x+C.$$

二、二阶常系数线性微分方程

(一) 定义

我们称 $y''+py'+q=0$ 为二阶常系数线性齐次微分方程.

我们称 $y''+py'+q=f(x)$ 为二阶常系数线性非齐次微分方程.

(二) 线性微分方程解的结构定理

线性微分方程解的结构定理如下:

(1) 设 y_1,y_2 是 $y''+py'+q=0$ 的解, $\forall k_1,k_2\in R$ 则 $k_1y_1+k_2y_2$ 一定是 $y''+py'+qy=0$ 的解.

(2) 若 y_1,y_2 是 $y''+py'+qy=0$ 的解,且 y_1,y_2 线性无关 $\left(\text{即}\dfrac{y_1}{y_2}\neq\text{常数}\right)$,则 $k_1y_1+k_2y_2$ 一定是 $y''+py'+qy=0$ 的通解.

注 求 $y''+py'+qy=0$ 的通解,等价于求其两个线性无关的特解.

(3) 若 y_1,y_2 是 $y''+py'+qy=f(x)$ 的两个解,则 y_1-y_2 一定是其对应的齐次方程 $y''+py'+qy=0$ 的解.

(4) 若 y^* 是 $y''+py'+qy=f(x)$ 的解, $\bar{y}$ 是其对应的齐次方程 $y''+py'+qy=0$ 的解,则 $\bar{y}+y^*$ 一定是 $y''+py'+qy=f(x)$ 的解.

注 求 $y''+py'+qy=f(x)$ 的通解,等价于求其对应的齐次方程 $y''+py'+qy=0$ 的通解 $\bar{y}$,再加上其自身的一个特解 y^*.

(5) (叠加原理) 若 y_1 是 $y''+py'+qy=f_1(x)$ 的解, y_2 是 $y''+py'+qy=f_2(x)$ 的解,则 y_1+y_2 一定是 $y''+py'+qy=f_1(x)+f_2(x)$ 的解.

注 1° 上述五个定理对二阶变系数线性微分方程和三阶及其以上线性微分方程同样成立.

2° 在求 $y''+py'+qy=f(x)$ 的特解 y^* 时,若非齐次项 $f(x)$ 为不同类型函数的代数和时,应根据叠加原理,将其拆成若干个方程求解.

(三) 二阶常系数线性齐次微分方程的解法

由上述解的结构定理(2)可知,求二阶常系数线性齐次微分方程的通解等价于求其两个线性无关的特解.

1. 求解原理

设 $y=e^{rx}$ 是 $y''+py'+qy=0$ 的解,代入得

$$r^2e^{rx}+pre^{rx}+qe^{rx}=0 \Rightarrow r^2+pr+q=0 \quad (\text{特征方程}),$$

式中, r_1,r_2 为特征方程的特征根.

(1) 当 $\Delta=p^2-4q>0$ 时, $r_1,r_2\Rightarrow y_1=e^{r_1x},y_2=e^{r_2x}$,从而得方程的通解为

$$y=C_1e^{r_1x}+C_2e^{r_2x}.$$

(2) 当 $\Delta=p^2-4q=0$ 时, $r_1=r_2=\lambda=-\dfrac{p}{2}\Rightarrow y_1=e^{\lambda x}$,设 $y_2=u(x)\cdot e^{\lambda x}$ 为另一个解,则有

$$y_2'=u'(x)\cdot e^{\lambda x}+\lambda u(x)e^{\lambda x},$$

$$y_2'' = u''(x)\cdot e^{\lambda x} + 2\lambda u'(x)e^{\lambda x} + \lambda^2 u(x)e^{\lambda x},$$

代入得

$$[u''(x) + (2\lambda + p)u'(x) + (\lambda^2 + p\lambda + q)u(x)]\cdot e^{\lambda x} = 0$$

$$\Rightarrow\ u''(x) = 0\ \Rightarrow\ u(x) = x\ \Rightarrow\ y_2 = xe^{\lambda x}.$$

从而得方程的通解为

$$y = (C_1 + C_2 x)e^{\lambda x}.$$

(3) 当 $\Delta = p^2 - 4q < 0$ 时,特征方程有一对共轭复根 $r = \alpha \pm \beta i$,

$$y_1 = e^{(\alpha+\beta i)x} = e^{\alpha x}e^{i\beta x} = e^{\alpha x}(\cos\beta x + i\sin\beta x),$$

$$y_2 = e^{(\alpha-\beta i)x} = e^{\alpha x}e^{-i\beta x} = e^{\alpha x}(\cos\beta x - i\sin\beta x),$$

重新组合 $\bar{y}_1 = \dfrac{y_1 + y_2}{2} = e^{\alpha x}\cos\beta x$, $\bar{y}_2 = \dfrac{y_1 - y_2}{2} = e^{\alpha x}\sin\beta x$,从而得方程的通解为

$$y = e^{\alpha x}(C_1\cos\beta x + C_2\sin\beta x).$$

2. 二阶常系数线性齐次微分方程 $y'' + py' + qy = 0$ 的求解步骤

(1) 写出特征方程 $r^2 + pr + q = 0$.

(2) 根据特征方程根的情形,直接写出通解:

① 当 $\Delta > 0$ 时,特征方程有两个不等实根 $r = r_1, r_2$,此时通解为 $y = C_1e^{r_1 x} + C_2e^{r_2 x}$.

② 当 $\Delta = 0$ 时,特征方程有两个相等实根 $r_1 = r_2 = \lambda$,此时通解为 $y = (C_1 + C_2 x)e^{\lambda x}$.

③ 当 $\Delta < 0$ 时,特征方程有一对共轭复根 $r = \alpha \pm \beta i$,此时通解为 $y = e^{\alpha x}(C_1\cos\beta x + C_2\sin\beta x)$.

3. n 阶常系数线性微分方程的解法

$$y^{(n)} + p_1 y^{(n-1)} + \cdots + p_{n-1}y' + p_n y = 0.$$

(1) 写出特征方程 $r^n + p_1 r^{n-1} + \cdots + p_{n-1}r + p_n = 0$.

(2) 根据特征方程特征根的情形,直接写出通解:

① 当特征方程有 n 个互不相同的实根 $r_1, r_2, \cdots, r_n$ 时,通解为

$$y = C_1e^{r_1 x} + C_2e^{r_2 x} + \cdots + C_n e^{r_n x}.$$

② 当 λ 为特征方程的 k 重实根时,则通解中对应项为

$$(C_0 + C_1 x + \cdots + C_{k-1}x^{k-1})e^{\lambda x}.$$

③ 若 $\alpha \pm \beta i$ 为特征方程的 k 重共轭复根时,则通解中对应项为

$$e^{\alpha x}\cdot[(C_0 + C_1 x + \cdots + C_{k-1}x^{k-1})\cos\beta x + (D_0 + D_1 x + \cdots + D_{k-1}x^{k-1})\sin\beta x].$$

注 1° 高阶常系数线性齐次微分方程的解中一定含 $e^{\lambda x}$,其中 λ 为特征方程的特征根.

2° 若高阶常系数线性齐次微分方程的解中,$e^{\lambda x}$ 前面有 k 次多项式因子,则对应的 λ 一定是其特征方程的 $k+1$ 重根.

例 3.9 求 $y^{(8)} - 2y^{(4)} + y = 0$ 的通解.

解　其特征方程为

$$r^8-2r^4+1=0,$$

$$\Leftrightarrow\quad (r+1)^2(r-1)^2(r^2+1)^2=0,$$

$$\Rightarrow\quad r_1=-1(\text{二重}),r_2=1(\text{二重}),r_3=\pm i(\text{二重}),$$

原方程的通解为

$$y=(C_1+C_2x)e^{-x}+(C_3+C_4x)e^x+(C_5+C_6x)\cos x+(C_7+C_8x)\sin x.$$

（四）二阶常系数线性非齐次微分方程的解法

$y''+py'+qy=f(x)\Leftrightarrow$先求对应的齐次方程 $y''+py'+qy=0$ 的通解 $\bar{y}$，再加上自身的一个特解 y^*．

以下讨论二阶常系数线性非齐次微分方程的解法，应掌握两种特殊情形．

1．$y''+py'+qy=P_m(x)\cdot e^{\lambda x}$ 的求解步骤

(1) 求对应的齐次方程的通解 $\bar{y}$．

(2) 求 $y''+py'+qy=P_m(x)\cdot e^{\lambda x}$ 的一个特解 y^*，其中

$$y^*=x^kQ_m(x)e^{\lambda x},\quad k=\begin{cases}0, & \lambda\text{ 不是特征方程的根}\\ 1, & \lambda\text{ 是特征方程的单根}\\ 2, & \lambda\text{ 是特征方程的二重实根}\end{cases}.$$

然后将 y^* 代入原方程，通过比较系数法求 y^*．

(3) 写出通解 $y=\bar{y}+y^*$．

2．$y''+py'+qy=[P_m(x)\cos\omega x+P_n(x)\sin\omega x]e^{\lambda x}$ 的求解步骤

(1) 求对应的齐次方程的通解 $\bar{y}$．

(2) 求自身的一个特解 y^*，其中，$y^*=x^k[Q_l(x)\cos\omega x+R_l(x)\sin\omega x]e^{\lambda x}$，$l=\max\{m,n\}$，$k=\begin{cases}0, & \lambda\pm\omega i\text{ 不是特征方程的一对共轭复根}\\ 1, & \lambda\pm\omega i\text{ 是特征方程的一对共轭复根}\end{cases}$．

然后将 y^* 代入原方程，通过比较系数法求 y^*．

(3) 写出通解 $y=\bar{y}+y^*$．

例 3.10　求方程 $y''+y=x+\cos x$ 的通解．

解　① 求 $y''+y=0$ 的通解 $\bar{y}$，其特征方程为

$$r^2+1=0,\quad r=\pm i,$$

从而得其通解为 $\bar{y}=C_1\cos x+C_2\sin x$．

② 求 $y''+y=x+\cos x$ 的一个特解 y^*．

(i) $y''+y=x$ 的特解 y_1^*．设 $y_1^*=x^kQ_m(x)e^{\lambda x}=\lambda^0(ax+b)e^{ax}=ax+b$．将 $y_1^*=ax+b$ 代入 $y''+y=x$ 中，有 $ax+b=x\Rightarrow a=1,b=0$．从而

$$y_1^*=x.$$

(ii) $y''+y=\cos x$ 的特解 y_2^*．$e^{0x}[1\cdot\cos x+0\cdot\sin x]=\cos x$，$\lambda=0$，$\omega=1$，$\lambda\omega=\pm i$．设

$$y_2^* = x^k[Q_m(x)\cos\omega x + \bar{Q}_m(x)\sin\omega x]e^{\lambda x} = x[A\cos x + B\sin x],$$

将 $y_2^* = x[A\cos x + B\sin x]$代入 $y'' + y = \cos x$,即有

$$y'^*_2 = A\cos x - Ax\sin x + B\sin x + Bx\cos x = (A + Bx)\cos x + (B - Ax)\sin x.$$

$$y''^*_2 = (2B - Ax)\cos x - (2A + Bx)\sin x.$$

得到 $A = 0, B = \dfrac{1}{2}$.从而 $y_2^* = \dfrac{1}{2}x\sin x$.

原方程的通解为

$$y = C_1\cos x + C_2\sin x + x + \frac{1}{2}x\sin x.$$

三、欧拉方程

1. 标准形式

$$x^n\frac{d^n y}{dx^n} + a_1 x^{n-1}\frac{d^{n-1}y}{dx^{n-1}} + \cdots + a_{n-1}x\frac{dy}{dx} + a_n y = 0,$$

其中,$a_1, a_2, \cdots, a_n$ 为常数.

2. 解法

令 $x = e^t, t = \ln|x|$,得

$$\frac{dy}{dx} = \frac{dy}{dt}\cdot\frac{dt}{dx} = e^{-t}\frac{dy}{dt} \Rightarrow x\frac{dy}{dx} = \frac{dy}{dt},$$

$$\frac{d^2y}{dx^2} = \frac{d}{dx}\left(\frac{dy}{dx}\right) = \frac{d}{dt}\left(e^{-t}\frac{dy}{dt}\right)\cdot\frac{dt}{dx} = e^{-2t}\left(\frac{d^2y}{dt^2} - \frac{dy}{dt}\right) \Rightarrow x^2\frac{d^2y}{dx^2} = \frac{d^2y}{dt^2} - \frac{dy}{dt}.$$

由数学归纳可得

$$\frac{d^n y}{dx^n} = e^{-nt}\left(\frac{d^n y}{dt^n} + \beta_1\frac{d^{n-1}y}{dt^{n-1}} + \cdots + \beta_{n-1}\frac{dy}{dt}\right),$$

$$\Rightarrow x^n\frac{d^n y}{dx^n} = \frac{d^n y}{dt^n} + \beta_1\frac{d^{n-1}y}{dt^{n-1}} + \cdots + \beta_{n-1}\frac{dy}{dt},$$

其中,$\beta_1, \beta_2, \cdots, \beta_{n-1}$为常数.

代入到原方程得

$$\frac{d^n y}{dt^n} + b_1\frac{d^{n-1}y}{dt^{n-1}} + \cdots + b_{n-1}\frac{dy}{dt} + b_n y = 0 \quad (\text{常系数齐次线性微分方程}),$$

其中,$b_1, b_2, \cdots, b_n$ 为常数.

从而可求得其通解 $y = y(t)$.

回带变量 $t = \ln|x|$,可得原方程的通解 $y = y(x)$.

例 3.11 求方程 $x^2y'' + 2xy' - 6y = 0$ 的通解.

解 令 $x = e^t$,将原方程化为

$$\frac{d^2 y}{dt^2}+\frac{dy}{dt}-6y=0,$$

其特征方程为 $r^2+r-6=0\Rightarrow r_1=2, r_2=-3$. 从而得通解为 $y=C_1e^{2t}+C_2e^{-3t}$.

回带 $t=\ln|x|$,可得原方程的通解为

$$y=C_1x^2+C_2x^{-3}.$$

第四节　积 分 方 程

1. 定义

利用含积分的等式求未知函数的问题统称为积分方程.

2. 求解步骤

(1) 所有的积分方程都转化为微分方程.

(2) 所有含定积分的积分方程求出来的都是特解(定解).

(3) 定解条件从积分方程的第一部分自行挖掘.

例 3.12　设 $f(x)$ 有二阶连续导数,并满足方程 $f(x)=\int_0^x f(1-t)dt+1$,求 $f(x)$.

解　对 $f(x)=\int_0^x f(1-t)dt+1$,两端对 x 求导,

$$f'(x)=f(1-x)\Rightarrow f'(1-u)=f(u),$$
$$f''(x)=-f'(1-x).$$

两式合并

$$f''(x)+f(x)=0.$$

其特征方程为

$$r^2+1=0,\quad r=\pm i,$$

从而

$$f(x)=\int_0^x f(1-t)dt+1=C_1\cos x+C_2\sin x.$$

由题可得

$$f(0)=1,\quad f'(0)=1.$$

代入上式中可得

$$C_1=1,\quad C_2=\frac{1+\sin 1}{\cos 1}.$$

因此求得

$$f(x)=\cos x+\frac{1+\sin 1}{\cos 1}\sin x.$$

第五节 微分方程的反问题

1. 定义

已知微分方程的一些解，反过来求微分方程或微分方程另外一些解的问题.

2. 解法

(1) 利用线性微分方程解的结构定理求解.

(2) 利用微分方程及其解的定义求解.

例 3.13 设 $y_1 = xe^x + e^{2x}$，$y_2 = xe^x + e^{-x}$，$y_3 = xe^x + e^{2x} + e^{-x}$是某个二阶线性非齐次微分方程的三个解，求此微分方程，并求其通解.

解 设所求方程为 $y'' + py' + qy = f(x) \Leftrightarrow$求 $p, q, f(x)$.

由于 y_1, y_2, y_3 为 $y'' + py' + qy = f(x)$的三个解，根据线性微分方程解的结构定理可知

$$y_3 - y_1 = e^{-x}, \quad y_3 - y_2 = e^{2x}$$

是其对应的齐次方程 $y'' + py' + qy = 0$ 的解且线性无关.

可得 $y'' + py' + qy = 0$ 的通解为

$$y = C_1 e^{-x} + C_2 e^{2x}.$$

$r_1 = -1, r_2 = 2$ 为 $y'' + py' + qy = 0$ 的特征方程 $r^2 + pr + q = 0$ 的特征根.

$$(r+1)(r-2) = r^2 + pr + q \quad \Rightarrow \quad p = -1, q = -2.$$

由题意可知，$y^* = y_2 - e^{-x} = xe^x$ 是非齐次方程的一个解，代入 $y'' - y' - 2y = f(x)$中，得

$$(2 + x - 1 - x - 2x)e^x = f(x) \quad \Rightarrow \quad f(x) = (1 - 2x)e^x.$$

所求方程为

$$y'' - y' - 2y = (1 - 2x)e^x.$$

从而得所求方程的通解为

$$y = C_1 e^{-x} + C_2 e^{2x} + xe^x.$$

第六节 微分方程解的性质研究

1. 定义

微分方程解的性质研究问题，即为解对应函数的性质研究问题.

函数的性质包括：单调性、有界性、奇偶性、周期性、连续性、可导性、可微性.

2. 解法

求出微分方程的解，然后根据要求解答.

习　题

1. (1) 早在1798年，有人对生物种群的繁殖规律提出一种观点，认为一个种群的个体数目在任一时刻的增长率与该时刻种群数量成正比.(假定比例常数为正数 k)也就是说，设 $x(t)$ 是某种群在时刻 t 的个体数目，则 $\frac{\mathrm{d}x}{\mathrm{d}t}=kx$，试由此方程分析该生物种群的增长规律.

(2) 1838年有人对于上述观点做了如下修正：由于环境和资源对于生物种群增长速度的制约，种群的个体数目在任一时刻的增长率 $\frac{\mathrm{d}x}{\mathrm{d}t}$ 不是简单地与该时刻种群的个体数量 $x(t)$ 成正比，而是与 $x(1-ax)$ 成正比，即 $\frac{\mathrm{d}x}{\mathrm{d}t}=kx(a-x)$，$0<a<1$. 试由此修正后的方程分析该生物种群的增长规律，并与未修正前的结果比较，看哪一种更符合实际.

2. 解方程 $\frac{\mathrm{d}y}{\mathrm{d}x}+\frac{y}{x}=\frac{\sin x}{x}$.

3. 解方程 $x\mathrm{d}y-y\mathrm{d}x=y^2\mathrm{e}^y\mathrm{d}y$.

4. 求方程 $(1+y^2)\mathrm{d}x=(\arctan y-x)\mathrm{d}y$ 的解.

5. 求解方程 $(x^2+y^2)\mathrm{d}x+(x-2y)\mathrm{d}y=0$.

6. 解方程 $y\mathrm{d}x+(x-3x^3y^2)\mathrm{d}y=0$.

7. 解方程 $\begin{cases} y'\tan x+y=-3 \\ y\left(\frac{\pi}{2}\right)=0 \end{cases}$.

8. 解方程 $\begin{cases} (1-x^2)y''-xy'=0 \\ y(0)=0,\ y'(0)=1. \end{cases}$

9. 设 u 为实数，求方程 $x''+ux=0$ 的通解.

10. 已知二阶非齐次微分方程 $y''+p(x)y'+q(x)y=f(x)$ 的三个特解为 $y_1=x$，$y_2=\mathrm{e}^x$，$y_3=\mathrm{e}^{2x}$. 试求方程满足初值条件 $y(0)=1$，$y'(0)=3$ 的特解.

11. 设 $f(x)=x\sin x-\int_0^x(x-t)f(t)\mathrm{d}t$，其中 $f(x)$ 连续，求 $f(x)$.

第四章　级　　数

我们称$\sum_{i=1}^{\infty} u_i$为无穷级数，它是高等数学的一个重要组成部分，是表示函数、研究函数性质以及进行数值计算的一种工具.若u_i均为数字，则称为(常)数项级数；若u_i均为x的函数$u_i(x)$，则称为函数项级数.

第一节　常数项级数的基本性质与敛散性判断

一、敛散性定义

我们称$s_n = \sum_{i=1}^{n} u_i$为级数$\sum_{i=1}^{\infty} u_i$的部分和，若部分和数列$\{s_n\}$收敛于s，则称级数$\sum_{i=1}^{\infty} u_i$是收敛的，称s为级数的和，记为$\sum_{i=1}^{\infty} u_i = s$；若序列$\{s_n\}$发散，则称级数$\sum_{i=1}^{\infty} u_i$是发散的.

由定义知只有收敛的数项级数才有意义，才是其和s的一种表达形式.

二、级数收敛的必要条件

$\sum_{i=1}^{\infty} u_i$收敛的必要条件是$\lim\limits_{i\to\infty} u_i = 0$.根据该必要条件，若$\lim\limits_{i\to\infty} u_i \neq 0$，则可断定级数$\sum_{i=1}^{\infty} u_i$发散.

一般的常数项级数，各项可以是正数、负数或零，把各项为正或为零的级数称为正项级数.

三、正项级数的审敛法

正项级数非常重要，许多级数的收敛问题都可转化为正项级数的收敛问题来解决，正项级数敛散性判断的基本想法是——“靠外力”，即能否与已知敛散的级数比较(比较审敛法、极限判别法)；“靠自身”，即考察本身的发展趋势(比值审敛法、柯西判别法).

正项级数$\sum_{i=1}^{\infty} u_i, u_i \geqslant 0$，其部分和序列$\{s_n\}$明显是单调增加的，因此其极限情况只有两种可能：趋于无穷或有极限.

(一) 比较审敛法

(1) 设$\sum u_n$和$\sum v_n$都是正项级数且$u_n \leqslant v_n, n = 1,2,\cdots$，则：

若$\sum v_n$收敛，则$\sum u_n$必收敛；若$\sum u_n$发散，则$\sum v_n$必发散.

据此，如需判断正项级数$\sum u_n$的敛散性，可用已知敛散性的正项级数$\sum v_n$与之比较.常见的已知敛散性的正项级数有等比级数和p-级数.

等比级数为$\sum aq^n$，若公比$|q| < 1$，级数收敛；若公比$|q| \geqslant 1$，级数发散；p-级数$\sum_{n=1}^{\infty} \frac{1}{n^p}$，若$p > 1$，级数收敛；若$p \leqslant 1$，级数发散.

(2) 比较审敛法的极限形式如下：

设$\sum u_n$和$\sum v_n$都是正项级数，有

① 若$\lim\limits_{n\to\infty} \frac{u_n}{v_n} = a, a \neq 0$，则级数$\sum u_n$和$\sum v_n$的收敛性相同.

② 若$\lim\limits_{n\to\infty} \frac{u_n}{v_n} = 0$，则由$\sum v_n$收敛必有$\sum u_n$亦收敛.

③ 若$\lim\limits_{n\to\infty} \frac{u_n}{v_n} = \infty$，则由$\sum v_n$发散必有$\sum u_n$亦发散.

(二) 比值审敛法(达朗贝尔判别法)

比较审敛法其实是利用另一个已知敛散性的正项级数来进行.若是利用等比级数作为比较的对象，也可采用比值审敛法：

对于正项级数$\sum u_n$，若$\lim\limits_{n\to\infty} \frac{u_{n+1}}{u_n} = q$，则$q < 1$时，级数收敛；$q > 1$时，级数发散；$q = 1$时，此法失效，应改用其他方法.

当级数的一般项中出现阶乘或多项乘积时，可考虑使用比值审敛法.

(三) 根值审敛法

根值审敛法与比值审敛法类似.对于正项级数$\sum u_n$，若$\lim\limits_{n\to\infty} \sqrt[n]{u_n} = q$，则$q < 1$时，级数$\sum u_n$收敛；$q > 1$时，级数$\sum u_n$发散；$q = 1$时，此法失效.

当级数的一般项中出现幂次形式时,可考虑使用根值审敛法.

(四) 柯西判别法

对于正项级数$\sum u_n$,若有函数$f(x)$满足$f(n)=u_n$,$f(x)$单调下降,则$\sum u_n$的收敛性和广义积分$\int_1^{+\infty} f(x)\mathrm{d}x$的收敛性相同.

例 4.1 已知级数$\sum_{n=1}^{\infty}\frac{1}{n(n+1)}$.

(1) 写出级数的第五项u_5和第九项u_9.

(2) 计算出部分和s_3,s_{10}.

(3) 写出前n项部分和s_n的表达式.

(4) 用级数收敛的定义验证该级数收敛,并求和.

解 (1) 级数的一般项$u_n=\frac{1}{n(n+1)}$,因此,$u_5=\frac{1}{5\cdot 6}=\frac{1}{30}$,$u_9=\frac{1}{9\cdot 10}=\frac{1}{90}$.

(2) 前三项部分和$s_3=\frac{1}{1\cdot 2}+\frac{1}{2\cdot 3}+\frac{1}{3\cdot 4}=\left(1-\frac{1}{2}\right)+\left(\frac{1}{2}-\frac{1}{3}\right)+\left(\frac{1}{3}-\frac{1}{4}\right)=1-\frac{1}{4}=\frac{3}{4}$.

前十项部分和$s_{10}=\frac{1}{1\cdot 2}+\frac{1}{2\cdot 3}+\cdots+\frac{1}{10\cdot 11}=\left(1-\frac{1}{2}\right)+\left(\frac{1}{2}-\frac{1}{3}\right)+\cdots+\left(\frac{1}{10}-\frac{1}{11}\right)=1-\frac{1}{11}=\frac{10}{11}$.

(3) 前n项部分和$s_n=\sum_{k=1}^{n}\frac{1}{k(k+1)}=\sum_{k=1}^{n}\left(\frac{1}{k}-\frac{1}{k+1}\right)=1-\frac{1}{n+1}$.

(4) 由于$\lim_{n\to\infty}s_n=\lim_{n\to\infty}\left(1-\frac{1}{n+1}\right)=1$,所以级数收敛,其和是1.

要想做好本题,需正确掌握级数的基本概念.利用部分和判断级数的敛散性,常需要将一般项拆成若干项代数和,再消去中间项.

判别正项级数的敛散性,一般可按如下顺序进行:

(1) 先看$n\to\infty$时,级数的一般项u_n是否趋向于零(如果不易看出,也可跳过这一步),若不趋向于零,则级数必发散;若趋向于零,

(2) 再看级数是否为等比级数或p-级数,因为这两种级数的敛散性是已知的,如果不是等比级数或p级数,再

(3) 尝试用比值审敛法或根值审敛法进行判别,如果两种判别法均失效,则

(4) 再用比较判别法或极限形式进行判别,用比较判别法判别,一般应根据一般项特点猜测其敛散性,然后再找出作为比较的级数,常用来作为比较的级数主要有等比级数或p-级数等.

例 4.2　判别 p- 级数 $\sum_{n=1}^{\infty}\frac{1}{n^p}$ 的收敛性.

解　设 $f(x)=\frac{1}{x^p}$，显然 $f(n)=\frac{1}{n^p}$，且 $f(x)$ 单调下降.

因此考察广义积分

$$\int_1^{+\infty}\frac{1}{x^p}\mathrm{d}x=\begin{cases}\frac{1}{-p+1}x^{-p+1}\Big|_1^{+\infty}, & p\neq 1\\ \ln x\Big|_1^{+\infty}, & p=1\end{cases}$$

易见 $p>1$ 时，$\int_1^{+\infty}\frac{1}{x^p}\mathrm{d}x$ 收敛，故级数 $\sum_{n=1}^{\infty}\frac{1}{n^p}$ 亦收敛；$p\leqslant 1$ 时，$\int_1^{+\infty}\frac{1}{x^p}\mathrm{d}x$ 发散，故级数 $\sum_{n=1}^{\infty}\frac{1}{n^p}$ 亦发散.

例 4.3　分别判断级数：(1) $\sum\frac{n!}{10^n}\pi$，(2) $\sum\frac{2^n+1}{a^n}(a>2)$，(3) $\sum n\tan\frac{\pi}{2^n}$，(4) $\sum 2^n\sin\frac{\pi}{2^n}$ 的敛散性.

解　(1) 因为 $\lim\limits_{n\to\infty}\frac{u_{n+1}}{u_n}=\lim\limits_{n\to\infty}\frac{\frac{(n+1)!}{10^{n+1}}}{\frac{n!}{10^n}}=\lim\limits_{n\to\infty}\frac{n+1}{10}=+\infty$，所以级数 $\sum\frac{n!}{10^n}\pi$ 发散.

(2) 因为 $\lim\limits_{n\to\infty}\sqrt[n]{\frac{2^n+1}{a^n}}=\frac{2}{a}<1(a>2)$，所以级数 $\sum\frac{2^n+1}{a^n}$ 收敛.

(3) 因为 $\lim\limits_{n\to\infty}\frac{n\tan\frac{\pi}{2^n}}{\frac{n\pi}{2^n}}=1$，所以 $\sum n\tan\frac{\pi}{2^n}$ 和 $\sum\frac{n\pi}{2^n}$ 有相同的敛散性，而用比值法或根值法都易判断级数 $\sum\frac{n\pi}{2^n}$ 收敛，故级数 $\sum n\tan\frac{\pi}{2^n}$ 收敛.

(4) 由等价无穷小知，当 $n\to\infty$ 时级数 $\sum 2^n\sin\frac{\pi}{2^n}$ 和级数 $\sum 2^n\frac{\pi}{2^n}$ 有相同的敛散性，而 $u_n=\pi\nrightarrow 0,n\to\infty$，所以级数 $\sum 2^n\sin\frac{\pi}{2^n}$ 发散.

方法总结　比值法和根值法属于同一种类型的审敛法，都是由级数自身的极限性质（即 $\lim\limits_{n\to\infty}\frac{u_{n+1}}{u_n}$ 和 $\lim\limits_{n\to\infty}\sqrt[n]{u_n}$）来判别其敛散性. 本质上它们都是与等比级数作比较的审敛法；从实用上看，比值法比根值法应用广泛，亦即使用比值法判别的题目比使用根值法判别的题目要多，但从理论上分析，根值法的应用范围较比值法更大，也就是说用比值法能判别的题目，用根值法也能判别，但反之不真.

当比值法和根值法都失效时，一般应该考虑用比较审敛法. 一些很简单的级数如 $\sum\limits_{n=1}^{\infty}\dfrac{1}{n}, \sum\limits_{n=1}^{\infty}\dfrac{1}{n^2}$，用比值法和根值法都失效，由此可见比较审敛法也是不可忽视的方法.

（四）交错级数的莱布尼茨判别法

交错级数 $\sum(-1)^n u_n, u_n > 0$，若 $\{u_n\}$ 单调下降且 $\lim\limits_{i\to\infty} u_i = 0$，则交错级数收敛.

该判别方法仅适用交错级数敛散性的判断，不涉及绝对收敛性的判定.

（五）任意项级数的绝对收敛与条件收敛

级数各项可正、可负，亦可为零，这样的级数被称为任意项级数，对于这种级数敛散性的判别方法，一般认为超出了本科高等数学的教学要求. 在高等数学中，是按下述方式进行研究的.

任意项级数 $\sum u_n$，若 $\sum|u_n|$ 收敛，则 $\sum u_n$ 收敛，并称为绝对收敛；若 $\sum|u_n|$ 发散，而 $\sum u_n$ 收敛，则称 $\sum u_n$ 为条件收敛.

（六）级数的运算

若 $\sum u_n$ 和 $\sum v_n$ 为收敛级数，则：① $\sum u_n \pm \sum v_n = \sum(u_n \pm v_n)$；② $\lambda\sum u_n = \sum(\lambda u_n)$；③ $(\sum u_n)(\sum v_n)$ 定义为每个 u_i 逐个与 v_j 相乘，然后按某种顺序逐个相加.

由极限的运算法则，易知级数运算对收敛性的影响为：

①（收敛）+（收敛）仍收敛；（收敛）+（发散）必发散；（发散）+（发散）不一定.

② 级数乘以非零常数不改变敛散性.

③ 两个绝对收敛的级数无论按什么方式相乘，项的乘积累加起来均收敛，且其和即为两级数和的乘积. 由于级数相乘很繁杂，故尽量避免运用.

对于交错级数，首先用正项级数的审敛法判断是否绝对收敛，如果不是绝对收敛，再用莱布尼茨定理判别交错级数的敛散性.

例 4.4 判别级数：(1) $\sum(-1)^n \sin\dfrac{|x|}{n}$；(2) $\sum\dfrac{\sin n\alpha}{n^2}$ 的收敛性.

解 (1) 因为 $\sum\left|(-1)^n\sin\dfrac{|x|}{n}\right| = \sum\sin\dfrac{|x|}{n}$，且 $n\to\infty$ 时 $\sin\dfrac{|x|}{n}\sim\dfrac{|x|}{n}$，所以级数 $\sum\sin\dfrac{|x|}{n}$ 和 $\sum\dfrac{|x|}{n}$ 收敛性相同，而 $\sum\dfrac{|x|}{n}$ 为 $p=1$ 的 p- 级数，故发散，因为

$\sum(-1)^n\sin\frac{|x|}{n}$为交错级数，$\left\{\sin\frac{|x|}{n}\right\}$单调下降且$\lim\limits_{i\to\infty}\sin\frac{|x|}{n}=0$，所以，由莱布尼茨判别法知其收敛.

综上，$\sum(-1)^n\sin\frac{|x|}{n}$条件收敛.

(2) $\sum\frac{\sin n\alpha}{n^2}$为任意项级数，考虑$\sum\left|\frac{\sin n\alpha}{n^2}\right|$，显然$\left|\frac{\sin n\alpha}{n^2}\right|\leqslant\frac{1}{n^2}$，而$\sum\frac{1}{n^2}$为$p=2$的$p$-级数，故收敛，所以级数$\sum\frac{\sin n\alpha}{n^2}$绝对收敛.

例 4.5　判别级数$\sum\limits_{n=2}^{\infty}(-1)^n\frac{1}{\sqrt{n}+(-1)^n}$的敛散性.

分析　该级数为一交错级数，但并不满足莱布尼茨判别法的单调性条件，若把级数分解为

$$\sum_{n=2}^{\infty}(-1)^n\frac{1}{\sqrt{n}+(-1)^n}=\sum_{n=2}^{\infty}(-1)^{2n}\frac{1}{\sqrt{2n}+1}+\sum_{n=2}^{\infty}(-1)^{2n-1}\frac{1}{\sqrt{2n-1}-1}$$

则由正项级数比较法知，右边两个级数均为发散的，而作为两发散级数之和却得不出结论. 因此，应重新考虑如何分解.

解

$$\begin{aligned}\sum_{n=2}^{\infty}(-1)^n\frac{1}{\sqrt{n}+(-1)^n}&=\sum_{n=2}^{\infty}(-1)^n\frac{1}{\sqrt{n}-1}+\sum_{n=2}^{\infty}\left(\frac{1}{\sqrt{2n}+1}-\frac{1}{\sqrt{2n}-1}\right)\\&=\sum_{n=2}^{\infty}(-1)^n\frac{1}{\sqrt{n}-1}+\sum_{n=2}^{\infty}\frac{-2}{2n-1}\end{aligned}$$

而$\sum\limits_{n=2}^{\infty}(-1)^n\frac{1}{\sqrt{n}-1}$为交错级数，故由莱布尼茨判别法知其收敛，易见$\sum\limits_{n=2}^{\infty}\frac{-2}{2n-1}$是发散的.

综上，级数$\sum\limits_{n=2}^{\infty}(-1)^n\frac{1}{\sqrt{n}+(-1)^n}$发散.

例 4.6　判别级数$\sum\limits_{n=1}^{\infty}(-1)^n\frac{n^{n+1}}{(n+1)!}$的敛散性.

解　这是一个交错级数，$u_n=(-1)^n\frac{n^{n+1}}{(n+1)!}$，首先考虑它是否绝对收敛，对正项级数$\sum\limits_{n=1}^{\infty}|u_n|=\sum\limits_{n=1}^{\infty}\frac{n^{n+1}}{(n+1)!}$有

$$\begin{aligned}\lim_{n\to\infty}\frac{|u_{n+1}|}{|u_n|}&=\lim_{n\to\infty}\frac{(n+1)^{n+2}}{(n+2)!}\frac{(n+1)!}{n^{n+1}}=\lim_{n\to\infty}\left(\frac{n+1}{n}\right)^n\frac{(n+1)^2}{n(n+2)}\\&=\lim_{n\to\infty}\left(1+\frac{1}{n}\right)^n=\mathrm{e}>1,\end{aligned}$$

所以原级数肯定不是绝对收敛.

由 $\lim\limits_{n\to\infty}\dfrac{|u_{n+1}|}{|u_n|}>1$ 知，当 n 足够大时，$\dfrac{|u_{n+1}|}{|u_n|}>1$，即 $|u_{n+1}|>|u_n|$，所以 $\lim\limits_{n\to\infty}|u_n|\neq 0$,因为 $\lim\limits_{n\to\infty}u_n\neq 0$,所以级数 $\sum\limits_{n=1}^{\infty}(-1)^n\dfrac{n^{n+1}}{(n+1)!}$ 发散.

注 一般情况下,若级数 $\sum\limits_{n=1}^{\infty}|a_n|$ 发散,级数 $\sum\limits_{n=1}^{\infty}a_n$ 未必发散,但是如果用比值法判别出级数 $\sum\limits_{n=1}^{\infty}|a_n|$ 发散,则级数 $\sum\limits_{n=1}^{\infty}a_n$ 必发散.

第二节 幂 级 数

若级数中每一项均为 x 的函数,则称 $\sum u_n(x)$ 为函数项级数,它的收敛性是逐点讨论的.

当 $x=x_0$ 时,若数项级数 $\sum u_n(x_0)$ 收敛,则称函数项级数 $\sum u_n(x)$ 在 x_0 处是收敛的.

$\sum u_n(x)$ 的收敛点的集合称为函数项级数 $\sum u_n(x)$ 的收敛域.

高等数学中没有讨论一般的函数项级数,仅讨论两类应用较广泛的函数项级数:幂级数和三角级数.

形如 $\sum a_n(x-x_0)^n$,其中 a_n 和 x_0 均为常数的级数称为以 $x-x_0$ 为底的幂级数.

(一) 幂级数的收敛特性

若幂级数 $\sum a_n(x-x_0)^n$ 在 $\bar{x}$ 处收敛,则在比 $\bar{x}$ 更接近 x_0 的点 x 处($|x-x_0|<|\bar{x}-x_0|$),级数均绝对收敛.

根据上述收敛特性知幂级数 $\sum a_n(x-x_0)^n$ 的收敛域必为以 x_0 为中心的一个区间,称为其收敛区间,该区间的长度的一半称为收敛半径,记为 R.

至于收敛区间的两个端点是否为收敛点,则要按数项级数具体讨论,各种可能都有.

以下约定称区间 (x_0-R,x_0+R) 为级数 $\sum a_n(x-x_0)^n$ 的收敛区间,考虑端点 $x=x_0\pm R$ 处的收敛性以后所得的闭区间、半闭半开区间或开区间称为幂级数的收敛域.

(二) 收敛半径 R 的求法

对于幂级数 $\sum a_n(x-x_0)^n$,若 $\lim\limits_{n\to\infty}\left|\dfrac{a_{n+1}}{a_n}\right|=\rho$ 或 $\lim\limits_{n\to\infty}\sqrt[n]{|a_n|}=\rho$,如果 $\rho\neq 0$,

$+\infty$，则 $|x-x_0|<\frac{1}{\rho}$ 时，级数收敛，$|x-x_0|>\frac{1}{\rho}$ 时级数发散，也即 $R=\frac{1}{\rho}$.

（三）幂级数和函数的性质

性质 1　幂级数 $\sum a_n(x-x_0)^n$ 的和函数 $s(x)$ 在整个定义域上是连续的.

性质 2　幂级数 $\sum a_n(x-x_0)^n$ 的和函数 $s(x)$ 在定义域内是任意阶可微的，且 $s'(x)=\sum[a_n(x-x_0)^n]'$，简称幂级数可逐项求导.

幂级数逐项求导以后仍是幂级数，而且其收敛半径不变，但端点的收敛性可能会变化（可能会由收敛变为发散）.

性质 3　对任意属于收敛域的 a,b，均有 $\int_a^b s(x)\mathrm{d}x=\sum_{n=0}^{\infty}\int_a^b a_n(x-x_0)^n\mathrm{d}x$，简称幂级数可逐项求积.

（二）泰勒级数

由于幂级数易于计算、比较，因此其成为计算、分析的重要工具. 为此，有时要把初等函数也改成用幂级数表达.

设 $f(x)$ 为在 x_0 附近有定义且任意阶可微的函数，改用幂级数表达 $f(x)$，即要确定系数 a_n，使在 x_0 的某邻域内有 $f(x)=\sum_{n=0}^{\infty}a_n(x-x_0)^n$，则这时 a_n 和 $f(x)$ 必有关系 $a_n=\frac{f^{(n)}(x_0)}{n!}$.

称系数 a_n 和函数 $f(x)$ 之间有关系 $a_n=\frac{f^{(n)}(x_0)}{n!}$ 的幂级数 $\sum_{n=0}a_n(x-x_0)^n$ 为 $f(x)$ 在点 x_0 处的泰勒级数.

根据上面的结论，若函数 $f(x)$ 和一个幂级数相等，则这幂级数一定是 $f(x)$ 的泰勒级数. 但反过来，$f(x)$ 的泰勒级数是否一定收敛于 $f(x)$ 呢？不一定！

例如，$f(x)=\begin{cases}\mathrm{e}^{-1/x^2}, & x\neq 0\\ 0, & x=0\end{cases}$，则 $f(x)$ 在 $x=0$ 处有任意阶导数，且 $f^{(n)}(0)=0$，因此，$f(x)$ 在 $x=0$ 处的泰勒级数（在 $x=0$ 处的泰勒级数也可称为麦克劳林级数）为所有的系数均为 0（$a_n=0$）的幂级数，$x=0$ 处收敛.

因此，当要把 $f(x)$ 改成幂级数表达时（简称 $f(x)$ 展成幂级数），首先可求其泰勒级数，再确定在什么范围内收敛.

几个初等函数的幂级数展开式如下：

$$\mathrm{e}^x=\sum_{n=0}^{\infty}\frac{1}{n!}x^n,\quad -\infty<x<+\infty,$$

$$\sin x = \sum_{n=0}^{\infty} \frac{(-1)^n}{(2n+1)!} x^{2n+1}, \quad -\infty < x < +\infty,$$

$$\cos x = \sum_{n=0}^{\infty} (-1)^n \frac{x^{2n}}{(2n)!}, \quad -\infty < x < +\infty,$$

$$\ln(1+x) = \sum_{n=1}^{\infty} (-1)^{n-1} \frac{x^n}{n}, \quad x \in (-1,1],$$

$$(1+x)^k = 1 + kx + \frac{k(k-1)}{2!}x^2 + \cdots + \frac{k(k-1)\cdots(k-n+1)}{n!}x^n + \cdots,$$

k 为实数,其收敛半径 $R=1$,该级数在端点 $x=\pm 1$ 处的敛散性,视 k 而定.

特别地,当 $k=-1$ 时,有

$$\frac{1}{1+x} = 1 - x + x^2 - x^3 + \cdots + (-1)^n x^n + \cdots, \quad -1 < x < 1,$$

$$\frac{1}{1-x} = \sum_{n=0}^{\infty} x^n = 1 + x + x^2 + \cdots + x^n + \cdots, \quad -1 < x < 1.$$

例 4.7 设 $f(x)$ 二阶连续可微,且 $\lim\limits_{x\to 0} \frac{f(x)}{x} = 0$,证明 $\sum f\left(\frac{1}{n}\right)$ 收敛.

证 由 $\lim\limits_{x\to 0} \frac{f(x)}{x} = 0$ 推知,$\lim\limits_{x\to 0} f(x) = f(0) = 0$. 于是又有

$$\lim_{x\to 0} \frac{f(x)}{x} = \lim_{x\to 0} \frac{f(x) - f(0)}{x} = f'(0) = 0,$$

因此利用麦克劳林公式有

$$f\left(\frac{1}{n}\right) = f''(0) \frac{1}{n^2} + o\left(\frac{1}{n^2}\right), \quad n \to \infty,$$

则

$$\sum f\left(\frac{1}{n}\right) = \sum \left(f''(0) \frac{1}{n^2} + o\left(\frac{1}{n^2}\right)\right),$$

而

$$\lim_{n\to\infty} \frac{\left| f''(0) \frac{1}{n^2} + o\left(\frac{1}{n^2}\right) \right|}{\frac{1}{n^2}} = |f''(0)|,$$

因为 $\sum \frac{1}{n^2}$ 收敛,所以 $\sum f\left(\frac{1}{n}\right)$ 绝对收敛.

求幂级数的收敛域,一般先求出收敛半径及收敛区间,再考虑在区间端点处的敛散性,区间端点处可转化为数项级数敛散性的判定.

例 4.8 求幂级数 $\sum\limits_{n=1}^{\infty} \frac{1}{3^n + (-2)^n} \frac{x^n}{n}$ 的收敛区间,并讨论区间端点的敛散性.

解　由 $\lim\limits_{n\to\infty}\left|\dfrac{a_{n+1}}{a_n}\right| = \lim\limits_{n\to\infty}\dfrac{[3^n+(-2)^n]n}{[3^{n+1}+(-2)^{n+1}](n+1)} = \lim\limits_{n\to\infty}\dfrac{1}{3}\dfrac{1+\left(-\dfrac{2}{3}\right)^n}{1+\left(-\dfrac{2}{3}\right)^{n+1}} = \dfrac{1}{3}$,

所以收敛半径 $R=3$,收敛区间为 $(-3,3)$.

当 $x=-3$ 时,一般项为 $\dfrac{(-3)^n}{3^n+(-2)^n}\dfrac{1}{n} = (-1)^n\dfrac{1}{n} - \dfrac{2^n}{3^n+(-2)^n}\dfrac{1}{n} = (-1)^n\dfrac{1}{n}$ $-\dfrac{1}{3^n+(-2)^n}\dfrac{2^n}{n}$,原幂级数在 $x=2$ 时收敛,即 $\sum\limits_{n=1}^{\infty}\dfrac{(-3)^n}{3^n+(-2)^n}\dfrac{2^n}{n}$ 收敛.

因为 $\sum\limits_{n=1}^{\infty}\dfrac{(-3)^n}{3^n+(-2)^n}\dfrac{2^n}{n}$ 和 $\sum\limits_{n=1}^{\infty}(-1)^n\dfrac{1}{n}$ 均收敛,可知 $\sum\limits_{n=1}^{\infty}\dfrac{1}{3^n+(-2)^n}\dfrac{(-3)^n}{n}$ 收敛.

当 $x=3$ 时,一般项为 $\dfrac{3^n}{3^n+(-2)^n}\dfrac{1}{n} > \dfrac{3^n}{3^n+3^n}\dfrac{1}{n} = \dfrac{1}{2n}$,而 $\sum\limits_{n=1}^{\infty}\dfrac{1}{2n}$ 发散,故原级数在 $x=3$ 处发散.

例 4.9　求 $\sum\dfrac{x^{2n-1}}{n4^n}$ 的收敛域.

分析　相邻两项 x 的幂次增加 2,因此若 $\lim\limits_{n\to\infty}\left|\dfrac{a_{n+1}}{a_n}\right| = \rho$,则收敛半径 $R=\sqrt{\dfrac{1}{\rho}}$.

解　因为

$$\lim_{n\to\infty}\frac{\dfrac{1}{(n+1)4^{n+1}}}{\dfrac{1}{n4^n}} = \frac{1}{4},$$

所以 $R=2$.

当 $x=2$ 时,$\sum\dfrac{2^{2n-1}}{n4^n}$ 为正项级数,且 $\lim\limits_{n\to\infty}\left(\dfrac{\dfrac{2^{2n-1}}{n4^n}}{\dfrac{1}{n}}\right) = 1$,而 $\sum\dfrac{1}{n}$ 发散,所以 $\sum\dfrac{x^{2n-1}}{n4^n}$ 发散.同理,当 $x=-2$ 时,$\sum\dfrac{(-2)^{2n-1}}{n4^n}$ 发散.

综上,$\sum\dfrac{x^{2n-1}}{n4^n}$ 的收敛域为 $(-2,2)$.

(五) 函数的幂级数展开和幂级数求和的方法

1. 直接法

若 $f(x)$ 在点 $x=b$ 附近任意阶可微,按公式 $a_n=\dfrac{f^{(n)}(b)}{n!}$ 计算系数,就得到 $f(x)$

在 $x=b$ 处的泰勒级数 $\sum_{n=0}^{\infty} a_n (x-b)^n$，然后再由泰勒公式的余项

$$R_n(x)=\frac{f^{(n)}(\xi)}{(n+1)!}(x-b)^{n+1},\quad \xi \text{ 介于 } b \text{ 与 } x \text{ 之间},$$

检查 x 在什么范围内 $R_n(x)\to 0$，若得到 x 在区域 I 内使 $\lim\limits_{n\to\infty} R_n(x)=0$，则有 $f(x)=\sum_{n=0}^{\infty} a_n (x-x_0)^n, x\in I$.

直接法步骤较多，检查 $R_n(x)\to 0$ 也较为困难，故尽量避免使用.

用直接法求幂级数的和，需要先求 $S_n(x)$，然后计算 $\lim\limits_{n\to\infty} S_n(x)$，但是这种方法就更少使用了.

2. 间接法

这是函数展开幂级数与求和时常用的方法，即利用已知的函数幂级数表达式，并通过变量替换、四则运算(即分解法)或逐项求导、逐项积分、待定系数等方法来达到目的.

例 4.10 求函数 $f(x)=\frac{1}{1-x}\ln(1-x)$ 的麦克劳林展开式.

解 $f(x)$ 已分成两个简单函数之积，它们的幂级数展开是已知的.

$$\frac{1}{1-x}=\sum_{n=0}^{\infty} x^n=\sum_{n=0}^{\infty} a_n x^n,\quad |x|<1,$$

其中，$a_n=1, n=0,1,2,3,\cdots$.

$$\ln(1-x)=\sum_{n=1}^{\infty}\frac{(-1)^{n-1}(-x)^n}{n}=-\sum_{n=1}^{\infty}\frac{x^n}{n}=\sum_{n=0}^{\infty} b_n x^n,\quad -1<x\leqslant 1,$$

其中，$b_0=0, b_n=-\frac{1}{n}, n=1,2,3,\cdots$.

由幂级数相乘的规则

$$\begin{aligned} f(x)&=\left(\sum_{n=0}^{\infty} a_n x^n\right)\left(\sum_{n=0}^{\infty} b_n x^n\right)=\sum_{n=0}^{\infty}(a_0 b_n+a_1 b_{n-1}+\cdots+a_n b_0)x^n \\ &=-\sum_{n=1}^{\infty}\left(1+\frac{1}{2}+\frac{1}{3}+\cdots+\frac{1}{n}\right)x^n,\quad x\in(-1,1). \end{aligned}$$

例 4.11 将 $f(x)=\frac{1}{x^2-5x+6}$ 展成 $x-5$ 的幂级数.

解

$$\begin{aligned} f(x)&=\frac{1}{x^2-5x+6}=\frac{1}{2-x}-\frac{1}{3-x}=\frac{1}{(-3)-(x-5)}-\frac{1}{(-2)-(x-5)} \\ &=-\frac{1}{3}\frac{1}{1+\left(\frac{x-5}{3}\right)}+\frac{1}{2}\frac{1}{1+\left(\frac{x-5}{2}\right)} \end{aligned}$$

$$= -\frac{1}{3}\sum_{n=0}^{\infty}\left(-\frac{x-5}{3}\right)^n + \frac{1}{2}\sum_{n=0}^{\infty}\left(-\frac{x-5}{2}\right)^n$$

$$= \sum_{n=0}^{\infty}(-1)^n\left(\frac{1}{2^{n+1}} - \frac{1}{3^{n+1}}\right)(x-5)^n, \quad |x-5| < 2.$$

例 4.12 将函数 $f(x) = \arctan\dfrac{1-2x}{1+2x}$ 展开成 x 的幂级数,并求级数 $\sum\limits_{n=0}^{\infty}\dfrac{(-1)^n}{2n+1}$ 的和.

分析 本题可先求导,再利用函数 $\dfrac{1}{1-x}$ 的幂级数展开式 $\dfrac{1}{1-x} = 1 + x + x^2 + \cdots + x^n + \cdots$,取 x 为某特殊值即得所求级数的和.

解 因为 $f'(x) = -\dfrac{2}{1+4x^2} = -2\sum\limits_{n=0}^{\infty}(-1)^n 4^n x^{2n}, x \in \left(-\dfrac{1}{2}, \dfrac{1}{2}\right)$ 又 $f(0) = \dfrac{\pi}{4}$,所以

$$f(x) = f(0) + \int_0^x f'(t)\mathrm{d}t = \frac{\pi}{4} - 2\int_0^x \left[\sum_{n=0}^{\infty}(-1)^n 4^n t^{2n}\right]\mathrm{d}t$$

$$= \frac{\pi}{4} - 2\sum_{n=0}^{\infty}\frac{(-1)^n 4^n}{2n+1}x^{2n+1}, \quad x \in \left(-\frac{1}{2}, \frac{1}{2}\right).$$

因为级数 $\sum\limits_{n=0}^{\infty}\dfrac{(-1)^n}{2n+1}$ 收敛,函数 $f(x)$ 在 $x = \dfrac{1}{2}$ 处连续,所以

$$f(x) = \frac{\pi}{4} - 2\sum_{n=0}^{\infty}\frac{(-1)^n 4^n}{2n+1}x^{2n+1}, x \in \left(-\frac{1}{2}, \frac{1}{2}\right].$$

令 $x = \dfrac{1}{2}$,得 $f\left(\dfrac{1}{2}\right) = \dfrac{\pi}{4} - 2\sum\limits_{n=0}^{\infty}\left[\dfrac{(-1)^n 4^n}{2n+1} \cdot \dfrac{1}{2^{2n+1}}\right] = \dfrac{\pi}{4} - \sum\limits_{n=0}^{\infty}\dfrac{(-1)^n}{2n+1}$,再由 $f\left(\dfrac{1}{2}\right) = 0$,得 $\sum\limits_{n=0}^{\infty}\dfrac{(-1)^n}{2n+1} = \dfrac{\pi}{4} - f\left(\dfrac{1}{2}\right) = \dfrac{\pi}{4}$.

例 4.13 求函数 $f(x) = \int_0^x \mathrm{e}^{-t^2}\mathrm{d}t$ 的麦克劳林展开式.

解 由 e^x 的展开式 $\mathrm{e}^x = \sum\limits_{n=0}^{\infty}\dfrac{x^n}{n!}, |x| < +\infty$ 得 $\mathrm{e}^{-t^2} = \sum\limits_{n=0}^{\infty}\dfrac{(-1)^n t^{2n}}{n!}$,逐项积分得

$$\int_0^x \mathrm{e}^{-t^2}\mathrm{d}t = \sum_{n=0}^{\infty}\int_0^x \frac{(-1)^n t^{2n}}{n!}\mathrm{d}t = \sum_{n=0}^{\infty}\frac{(-1)^n}{n!(2n+1)}x^{2n+1}, \quad |x| < +\infty.$$

例 4.14 求 $\dfrac{\mathrm{d}y}{\mathrm{d}x} = x + y^2$ 满足 $y\big|_{x=0} = 0$ 的特解.

解 因为 $x_0 = 0, y_0 = 0$,设

$$y = a_1 x + a_2 x^2 + a_3 x^3 + \cdots + a_n x^n + \cdots,$$

则

$$y' = a_1 + 2a_2 x^1 + 3a_3 x^2 + \cdots + na_n x^{n-1} + \cdots.$$

将 y,y' 的幂级数展开式代入原方程

$$a_1x+2a_2x+3a_3x^2+\cdots+a_nx^n+\cdots=x+(a_1x+a_2x^2+a_3x^3+\cdots)^2$$
$$=x+a_1^2x^2+2a_1a_2x^3+(a_2^2+2a_1a_3)x^4+\cdots.$$

比较恒等式两端 x 的同次幂的系数，得 $a_1=0,a_2=\frac{1}{2},a_3=0,a_4=0,a_5=\frac{1}{20},\cdots$. 所以所求解为 $y=\frac{1}{2}x^2+\frac{1}{20}x^5+\cdots$.

第三节 Fourier 级数

幂级数具有计算简单等许多优点，但是也有一些缺点：函数能够表为幂级数要求的条件较高（$f(x)$ 至少应有任意阶可微）；幂级数的截断（即取有限项作为函数的近似），会使得像 $\sin x$ 这类函数丢失原有性质（如周期性等）. 因此在实际应用中，三角级数也是被广泛应用的函数项级数.

一、三角函数系

$1,\cos x,\sin x,\cos 2x,\sin 2x,\cdots\cos nx,\sin nx,\cdots$，称为以 2π 为周期的三角函数系.

三角函数系具有如下的性质：

(1) 三角函数系都是以 2π 为周期.

(2) 任何两个互异函数的乘积在区间 $[-\pi,\pi]$ 上的积分等于零，即任意 $n\neq m$ 有

$$\int_{-\pi}^{\pi}1\cdot\cos nx\mathrm{d}x=0,\quad \int_{-\pi}^{\pi}1\cdot\sin nx\mathrm{d}x=0,\quad \int_{-\pi}^{\pi}\cos mx\sin nx\mathrm{d}x=0,$$
$$\int_{-\pi}^{\pi}\cos nx\cos mx\mathrm{d}x=0,\quad \int_{-\pi}^{\pi}\sin nx\sin mx\mathrm{d}x=0.$$

(3) $\int_{-\pi}^{\pi}\cos^2 mx\mathrm{d}x=\int_{-\pi}^{\pi}\sin^2 mx\mathrm{d}x=\pi,\int_{-\pi}^{\pi}1^2\mathrm{d}x=2\pi.$

二、函数的 Fourier 系数与 Fourier 级数

周期函数反映了客观世界的周期运动，同前面用函数的幂级数展开式表示与讨论函数类似，也希望能够将周期函数展开成由简单的周期函数（如三角函数）组成的级数.

（一）周期为 2π 的周期函数的 Fourier 级数

设 $f(x)$ 是以 2π 为周期的可积函数，若 $f(x)=\frac{a_0}{2}+\sum_{n=1}^{\infty}(a_n\cos nx+b_n\sin nx)$，可

用待定系数法求出系数 $a_0, a_1, b_1, \cdots$.

$$a_n = \frac{1}{\pi}\int_{-\pi}^{\pi} f(x)\cos nx\mathrm{d}x, \quad n = 0,1,2,\cdots,$$

$$b_n = \frac{1}{\pi}\int_{-\pi}^{\pi} f(x)\sin nx\mathrm{d}x, \quad n = 1,2,\cdots,$$

此系数称为Fourier系数,满足上述关系的三角级数 $f(x) = \frac{a_0}{2} + \sum_{n=1}^{\infty}(a_n\cos nx + b_n\sin nx)$ 就是 $f(x)$ 的 Fourier 级数.

一个函数的 Fourier 级数里既含有正弦项又含有余弦项.

由 Fourier 系数性质知,若 $f(x)$ 是奇函数,则

$$a_n = 0, \quad b_n = \frac{2}{\pi}\int_0^{\pi} f(x)\sin nx\mathrm{d}x, \quad n = 1,2,\cdots.$$

奇函数 $f(x)$ 的 Fourier 级数里只含有正弦项,形如 $\sum_{n=1}^{\infty} b_n\sin nx$,称为正弦级数;

若 $f(x)$ 为偶函数,则 $b_n = 0, a_n = \frac{2}{\pi}\int_0^{\pi} f(x)\cos n\pi x\mathrm{d}x, n = 0,1,2,3,\cdots$,偶函数 $f(x)$ 的 Fourier 级数里只含有常数项和余弦项,形如 $\frac{a_0}{2} + \sum_{n=1}^{\infty} a_n\cos nx$,称为余弦级数.

(二) 周期为 $2l$ 的周期函数的 Fourier 级数

实际问题中所遇到的周期函数,它的周期不一定是 2π. 通过自变量的变量代换得下面的定理.

设 $f(x)$ 是周期为 $2l$ 的周期函数,且在 $[-l, l]$ 上可积,则它的 Fourier 级数展开式为

$$f(x) = \frac{a_0}{2} + \sum_{n=1}^{\infty}\left(a_n\cos\frac{n\pi x}{l} + b_n\sin\frac{n\pi x}{l}\right),$$

其中

$$a_n = \frac{1}{l}\int_{-l}^{l} f(x)\cos\frac{n\pi x}{l}\mathrm{d}x, \quad n = 0,1,2,\cdots,$$

$$b_n = \frac{1}{l}\int_{-l}^{l} f(x)\sin\frac{n\pi x}{l}\mathrm{d}x, \quad n = 1,2,3,\cdots.$$

当 $f(x)$ 为奇函数时, $f(x) = \sum_{n=1}^{\infty} b_n\sin\frac{n\pi x}{l}$,其中

$$b_n = \frac{2}{l}\int_0^{l} f(x)\sin\frac{n\pi x}{l}\mathrm{d}x, \quad n = 1,2,3,\cdots.$$

当 $f(x)$ 为偶函数时, $f(x) = \frac{a_0}{2} + \sum_{n=1}^{\infty} a_n\cos\frac{n\pi x}{l}$,其中

$$a_n = \frac{2}{l}\int_0^l f(x)\cos\frac{n\pi x}{l}\mathrm{d}x, \quad n = 0,1,2,3,\cdots.$$

三、Fourier 级数的收敛性定理

收敛定理(Dirichlet 充分条件)　设 $f(x)$ 是周期为 $2l$ 的周期函数,如果它满足:

(1) 在一个周期内连续或只有有限个第一类间断点;

(2) 在一个周期内至多只有有限个极值点,

那么 $f(x)$ 的 Fourier 级数收敛,并且

① 当 x 是 $f(x)$ 的连续点时,级数收敛于 $f(x)$.

② 当 x 是 $f(x)$ 的间断点时,级数收敛于 $\frac{1}{2}[f(x-0)+f(x+0)]$,即左、右极限的平均值.

③ 端点处,即当 $x=\pm l$ 时,级数收敛于 $\frac{1}{2}[f(-l+0)+f(l-0)]$.

对于这个定理只要会应用就可以了,但有两点是必须说明.

首先,一个函数在某点展开为收敛于本身的泰勒级数,需要函数在该点无穷阶可导且在 x 趋于该点时其泰勒余项要趋向于 0,而这里,一个函数要展开为收敛于本身的 Fourier 级数,条件很"轻松"地就能满足——此定理中"$f(x)$ 在 $[-l,l]$ 上连续或只有有限个第一类间断点且至多只有有限个(真正的)极值点",此条件把极为广泛的函数都囊括在内了.将一个函数展开成 Fourier 级数,在各个领域都有极为广泛的应用.

其次,此定理明确指出,当 x 为连续点时一定可写为 $f(x)=\frac{a_0}{2}+\sum_{n=1}^{\infty}(a_n\cos nx+b_n\sin nx)$,其他情况下等式不一定成立,故科学的写法为 $f(x)\sim\frac{a_0}{2}+\sum_{n=1}^{\infty}(a_n\cos nx+b_n\sin nx)$,其中"$\sim$"读作"展开为".

例 4.15　设 $f(x)=\begin{cases}1, & -\pi<x\leqslant 0\\ 2+x^2, & 0<x\leqslant\pi\end{cases}$,则其以 2π 为周期的 Fourier 级数:① 在 $x=\pi$ 处收敛于什么;② 在 $x=0$ 处收敛于什么;③ 在 $x=1$ 处收敛于什么.

分析　给出函数及其 Fourier 级数,若要研究其收敛情形,通常用 Dirichlet 定理判断函数是否满足定理条件,以及该点是连续点还是间断点.

解　$f(x)$ 在 $[-\pi,\pi]$ 分段连续,满足收敛定理的条件:

① $x=\pi$ 是区间的端点,在 $x=\pi$ 处收敛于 $\frac{1}{2}[f(\pi-0)+f(-\pi+0)]=\frac{1}{2}(2+\pi^2+1)=\frac{3}{2}+\frac{\pi^2}{2}$;

② $x=0$ 是 $f(x)$ 的间断点,在 $x=0$ 处收敛于 $\frac{1}{2}[f(0-0)+f(0+0)]=\frac{1}{2}[2+1]=\frac{3}{2}$;

③ $x=1$ 是 $f(x)$ 的连续点,在 $x=1$ 处收敛于 $f(1)=1+2=3$.

例 4.16 设 $f(x)$ 是周期为 2 的矩形波,且在 $(-1,1]$ 上表达式为

$$f(x)=\begin{cases}-1, & -1<x\leqslant 0\\ 1, & 0<x\leqslant 1\end{cases},$$

将 $f(x)$ 展成 Fourier 级数.

分析 一方面 $l=1$,另一方面 $f(x)$ 为奇函数,因此

$$a_n=\frac{1}{l}\int_{-l}^{l}f(x)\cos\frac{n\pi x}{l}\mathrm{d}x=0,\quad n=0,1,2,\cdots,$$

故 Fourier 级数中只有正弦函数项,即为正弦级数.

解

$$a_n=0,\quad n=0,1,2,\cdots,$$

$$b_n=\frac{1}{l}\int_{-1}^{1}f(x)\sin\frac{n\pi x}{l}\mathrm{d}x=2\int_0^1\sin(n\pi)\mathrm{d}x=\frac{-2}{n\pi}[\cos(n\pi)-1],\quad n=1,2,\cdots,$$

所以

$$f(x)=\sum_{n=1}^{\infty}\frac{2}{n\pi}[1-\cos(n\pi)]\sin(n\pi x),\quad 2k<x<2k+1,k=0,\pm1,\pm2,\cdots.$$

例 4.17 将函数 $f(x)=2+|x|,-1\leqslant x\leqslant 1$ 展开成以 2 为周期的 Fourier 级数,并由此求级数 $\sum\limits_{n=1}^{\infty}\frac{1}{n^2}$ 的和.

解 由于 $f(x)=2+|x|,-1\leqslant x\leqslant 1$ 是偶函数,因此有 $b_n=0,n=1,2,\cdots$.而 $a_0=2\int_0^1(2+x)\mathrm{d}x=5$,有

$$a_n=2\int_0^1(2+x)\cos(n\pi x)\mathrm{d}x=2\int_0^1 x\cos(n\pi x)\mathrm{d}x=\frac{2[\cos(n\pi)-1]}{n^2\pi^2},\quad n=1,2,\cdots.$$

因为所给函数在区间 $[-1,1]$ 上满足收敛定理的条件,故

$$\begin{aligned}2+|x|&=\frac{5}{2}+\sum_{n=1}^{\infty}\frac{2[\cos(n\pi)-1]}{n^2\pi^2}\cos(n\pi x)\\&=\frac{5}{2}-\frac{4}{\pi^2}\sum_{k=0}^{\infty}\frac{\cos[(2k+1)n\pi]}{(2k+1)^2},\quad -1\leqslant x\leqslant 1.\end{aligned}$$

当 $x=0$ 时,有 $2=\frac{5}{2}-\frac{4}{\pi^2}\sum\limits_{k=0}^{\infty}\frac{1}{(2k+1)^2}$,于是

$$\sum_{k=0}^{\infty}\frac{1}{(2k+1)^2}=\frac{\pi^2}{8}.$$

又因为

$$\sum_{n=1}^{\infty}\frac{1}{n^2}=\sum_{k=0}^{\infty}\frac{1}{(2k+1)^2}+\sum_{k=1}^{\infty}\frac{1}{(2k)^2}=\frac{\pi^2}{8}+\frac{1}{4}\sum_{n=1}^{\infty}\frac{1}{n^2},$$

故

$$\sum_{n=1}^{\infty}\frac{1}{n^2}=\frac{4}{3}\cdot\frac{\pi^2}{8}=\frac{\pi^2}{6}.$$

习　题

1. 按定义判断下列级数是否收敛,若收敛求其和.

(1) $\sum\limits_{n=1}^{\infty}\dfrac{n}{(n+1)!}$; (2) $\sum\limits_{n=1}^{\infty}\ln\left(1+\dfrac{1}{n}\right)$; (3) $\sum\limits_{n=1}^{\infty}\dfrac{1}{(n+1)\sqrt{n}+n\sqrt{n+1}}$.

2. 设 $\sum\limits_{n=1}^{\infty}a_n$ 为正项级数,下列结论中正确的是(　　).

A. 若 $\lim\limits_{n\to\infty}na_n=0$,则级数 $\sum\limits_{n=1}^{\infty}a_n$ 收敛

B. 若存在非零常数 λ,使得 $\lim\limits_{n\to\infty}na_n=\lambda$,则级数 $\sum\limits_{n=1}^{\infty}a_n$ 发散

C. 若级数 $\sum\limits_{n=1}^{\infty}a_n$ 收敛,则 $\lim\limits_{n\to\infty}n^2a_n=0$

D. 若级数 $\sum\limits_{n=1}^{\infty}a_n$ 发散,则存在非零常数 λ 使得 $\lim\limits_{n\to\infty}na_n=\lambda$

3. 设有下列命题:

(1) 若 $\sum\limits_{n=1}^{\infty}(u_{2n-1}+u_{2n})$ 收敛,则 $\sum\limits_{n=1}^{\infty}u_n$ 收敛;

(2) 若 $\sum\limits_{n=1}^{\infty}u_n$ 收敛,则 $\sum\limits_{n=1}^{\infty}u_{n+1000}$ 收敛;

(3) 若 $\lim\limits_{n\to\infty}\dfrac{u_{n+1}}{u_n}>1$,则 $\sum\limits_{n=1}^{\infty}u_n$ 发散;

(4) 若 $\sum\limits_{n=1}^{\infty}(u_n+v_n)$ 收敛,则 $\sum\limits_{n=1}^{\infty}u_n$,$\sum\limits_{n=1}^{\infty}v_n$ 都收敛.

则以上命题中正确的是(　　).

A. (1)(2)　　B. (2)(3)　　C. (3)(4)　　D. (1)(4)

4. 判断下列级数的敛散性:

(1) $\sum\limits_{n=1}^{\infty}\left(\dfrac{3n}{3n+1}\right)^n$; (2) $\sum\limits_{n=1}^{\infty}\sin n\alpha$.

5. 用比较原理判断下列级数的敛散性:

(1) $\sum_{n=1}^{\infty} \frac{2\sqrt[n]{n}}{3^n}$； (2) $\sum_{n=1}^{\infty} \frac{\sqrt{n}}{\sqrt{2n-1}\sqrt{n+1}}$.

6. 用比值或根值判别法判断下列级数的敛散性.

(1) $\sum_{n=1}^{\infty} n!\left(\frac{x}{n}\right)^n, x > 0$； (2) $\sum_{n=1}^{\infty} \frac{2+(-1)^n}{2^n}$.

7. 判断下列级数的敛散性：

(1) $\sum_{n=1}^{\infty} (-1)^{n-1} \frac{1}{n - \ln n}$； (2) $\sum_{n=1}^{\infty} \sin\left(n\pi + \frac{1}{\ln n}\right)$.

8. 判断下列级数是条件收敛还是绝对收敛或发散：

(1) $\sum_{n=1}^{\infty} (-1)^n \frac{n+k}{n^2}, k > 0$ 为常数.

(2) $\sum_{n=1}^{\infty} \left(\frac{\sin an}{n^2} - \frac{1}{\sqrt{n}}\right), a > 0$ 为常数.

(3) $\sum_{n=1}^{\infty} (-1)^n \frac{a_n}{\sqrt{n^2+\lambda}}$，其中 $\lambda > 0$ 为常数，$\sum_{n=1}^{\infty} a_n^2$ 收敛.

9. 级数 $\sum (-1)^n\left(1 - \cos\frac{\alpha}{n}\right), \alpha > 0$(　　).

A. 发散　B. 条件收敛　C. 绝对收敛　D. 收敛性与 α 的值有关

10. 设常数 $k > 0$，则级数 $\sum_{n=1}^{\infty} (-1)^n \frac{k+n}{n^2}$(　　).

A. 发散　B. 绝对收敛　C. 条件收敛　D. 收敛性与 k 的值有关

11. 将函数 $f(x) = \frac{x}{2+x-x^2}$ 展开成 x 的幂级数.

12. 用幂级数求解方程 $y'' - xy' + y = 0$.

13. 设 $x^2 = \sum_{n=0}^{\infty} a_n \cos(nx), -\pi \leqslant x \leqslant \pi$，则 $a_2 =$ ________.

14. 设 $f(x)$ 是周期为 2 的周期函数，它在区间 $(-1,1]$ 上的定义为 $f(x) = \begin{cases} 2, & -1 < x \leqslant 0 \\ x^3, & 0 < x \leqslant 1 \end{cases}$，则 $f(x)$ 的 Fourier 级数在 $x = 1$ 处收敛于________.

15. 设 $f(x) = \begin{cases} x, & 0 \leqslant x \leqslant \frac{1}{2} \\ 2-2x, & \frac{1}{2} < x \leqslant 1 \end{cases}$，$s(x) = \frac{a_0}{2} + \sum_{n=1}^{\infty} a_n \cos(n\pi x), -\infty < x < +\infty$，其中 $a_n = 2\int_0^1 f(x)\cos(n\pi x)\mathrm{d}x, n = 0,1,2,\cdots$，则 $s\left(-\frac{5}{2}\right)$ 等于(　　).

A. $\frac{1}{2}$　B. $-\frac{1}{2}$　C. $\frac{3}{4}$　D. $-\frac{3}{4}$.

第五章　向量代数与解析几何

本章需要掌握向量的概念、运算及运算性质，会求各种形式的直线及平面方程，记住常见的几种曲面方程以及它们在各坐标面上的投影.

此部分内容在考试中很少单独出题，但并不是说该内容不重要，因为重积分、曲线积分和曲面积分的题目有许多涉及空间解析几何，多元函数微分学在几何中应用的题目也涉及向量代数和平面、直线方程.

第一节　向量及其坐标表示

（一）向量

既有大小又有方向的量称为向量.

（二）向量的相等

两个向量，只要它们的大小相等、方向相同，就是相等向量，与它们在空间中的位置无关.

（三）向量的表达形式

$$\boldsymbol{a}=\{a_x,a_y,a_z\}=a_x\boldsymbol{i}+a_y\boldsymbol{j}+a_z\boldsymbol{k}.$$

（四）向量的方向角和方向余弦

分别用长度$|\boldsymbol{a}|$及方向来表示向量$\boldsymbol{a}$，而表示 $\boldsymbol{a}$ 的方向又有三种常见方法：方向角、方向余弦和方向数.

(1) $\boldsymbol{a}$ 与x轴、y 轴和z 轴正向的夹角α,β,γ 称为$\boldsymbol{a}$ 的方向角，$\cos\alpha,\cos\beta,\cos\gamma$ 称为$\boldsymbol{a}$ 的方向余弦，且 $\cos\alpha=\dfrac{a_x}{|\boldsymbol{a}|},\cos\beta=\dfrac{a_y}{|\boldsymbol{a}|},\cos\gamma=\dfrac{a_z}{|\boldsymbol{a}|}$.

(2) $\boldsymbol{a}^0=\dfrac{\boldsymbol{a}}{|\boldsymbol{a}|}=\{\cos\alpha,\cos\beta,\cos\gamma\}$称为与 $\boldsymbol{a}$ 同向的单位向量，$\cos^2\alpha+\cos^2\beta+\cos^2\gamma=1$.

(3) 向量 $\boldsymbol{a}$ 的方向数即为$\lambda\cos\alpha,\lambda\cos\beta,\lambda\cos\gamma$,其中 λ 为任一常数.

第二节　向量的运算及其应用

(一) 向量的加减法与数乘向量

(1) 向量的加法可以用三角形法或平行四边形法求解.
(2) 向量的减法是加法的逆运算 $\boldsymbol{a}-\boldsymbol{b}=\boldsymbol{a}+(-\boldsymbol{b})$.
(3) 实数 λ 与向量$\boldsymbol{a}$ 的乘积是一个向量,记为 $\lambda\boldsymbol{a}$,它的模是$|\lambda\boldsymbol{a}|=|\lambda||\boldsymbol{a}|$.
(4) 当 $\lambda>0$ 时 $\lambda\boldsymbol{a}$ 与$\boldsymbol{a}$ 方向相同,当 $\lambda<0$ 时 $\lambda\boldsymbol{a}$ 与$\boldsymbol{a}$ 方向相反,当 $\lambda=0$ 时 $\lambda\boldsymbol{a}=\boldsymbol{0}$.

(二) 数量积(点乘积)

(1)$\boldsymbol{a}\cdot\boldsymbol{b}=|\boldsymbol{a}||\boldsymbol{b}|\cos<\boldsymbol{a},\boldsymbol{b}>=|\boldsymbol{a}|\mathrm{Pr}\,j_{\boldsymbol{a}}\boldsymbol{b}=|\boldsymbol{b}|\mathrm{Pr}\,j_{\boldsymbol{b}}\boldsymbol{a}$.
(2) $\boldsymbol{a}$ 与$\boldsymbol{b}$ 的数量积有以下性质:
① $\boldsymbol{a}\cdot\boldsymbol{a}\geqslant 0,\boldsymbol{a}\cdot\boldsymbol{a}=0\Leftrightarrow\boldsymbol{a}=\boldsymbol{0}$.
② $\boldsymbol{a}\cdot\boldsymbol{b}=\boldsymbol{b}\cdot\boldsymbol{a}$.
③ $(\lambda\boldsymbol{a})\cdot\boldsymbol{b}=\lambda(\boldsymbol{a}\cdot\boldsymbol{b})$,$\lambda$ 为任意实数.
④ $(\boldsymbol{a}+\boldsymbol{b})\cdot\boldsymbol{c}=\boldsymbol{a}\cdot\boldsymbol{c}+\boldsymbol{b}\cdot\boldsymbol{c}$.
(3) 用坐标计算向量的数量积:
设 $\boldsymbol{a}=\{a_x,a_y,a_z\},\boldsymbol{b}=\{b_x,b_y,b_z\}$,则 $\boldsymbol{a}\cdot\boldsymbol{b}=a_xb_x+a_yb_y+a_zb_z$.

(三) 向量的向量积(叉乘积)

(1) $\boldsymbol{a}$ 与$\boldsymbol{b}$ 的向量积规定为一个向量,记为 $\boldsymbol{a}\times\boldsymbol{b}$,它的大小为$|\boldsymbol{a}\times\boldsymbol{b}|=|\boldsymbol{a}||\boldsymbol{b}|\cdot\sin\langle\boldsymbol{a},\boldsymbol{b}\rangle$,它的方向同时垂直 $\boldsymbol{a}$ 与$\boldsymbol{b}$ 且$\boldsymbol{a},\boldsymbol{b},\boldsymbol{a}\times\boldsymbol{b}$ 符合右手法则.
(2) 向量积的运算性质
$\boldsymbol{a}$ 与$\boldsymbol{b}$ 的向量积有以下性质:
① $\boldsymbol{a}\times\boldsymbol{b}=-\boldsymbol{b}\times\boldsymbol{a}$.
② $(\lambda\boldsymbol{a})\times\boldsymbol{b}=\lambda(\boldsymbol{a}\times\boldsymbol{b})=\boldsymbol{a}\times(\lambda\boldsymbol{b})$.
③ $(\boldsymbol{a}+\boldsymbol{b})\times\boldsymbol{c}=\boldsymbol{a}\times\boldsymbol{c}+\boldsymbol{b}\times\boldsymbol{c}$.
(3) 用坐标计算向量的向量积

设 $\boldsymbol{a}=\{a_x,a_y,a_z\},\boldsymbol{b}=\{b_x,b_y,b_z\}$,则 $\boldsymbol{a}\times\boldsymbol{b}=\begin{vmatrix}\boldsymbol{i}&\boldsymbol{j}&\boldsymbol{k}\\a_x&a_y&a_z\\b_x&b_y&b_z\end{vmatrix}$.

(4) $\boldsymbol{a}/\!/\boldsymbol{b}\Leftrightarrow\boldsymbol{a}\times\boldsymbol{b}=\boldsymbol{0}$.

（四）混合积

(1) $\boldsymbol{a}\times\boldsymbol{b}\cdot\boldsymbol{c}$ 称为向量$\boldsymbol{a},\boldsymbol{b},\boldsymbol{c}$ 的混合乘积，记为$(\boldsymbol{a},\boldsymbol{b},\boldsymbol{c})$.

混合积$(\boldsymbol{a},\boldsymbol{b},\boldsymbol{c})$为一数，其数值为由 $\boldsymbol{a},\boldsymbol{b},\boldsymbol{c}$ 作为相邻三边所构成的平行六面体的体积.

(2) 混合积的性质：

① 若混合积中有两个向量相同，则其值为零，即$(\boldsymbol{a},\boldsymbol{a},\boldsymbol{c})=(\boldsymbol{a},\boldsymbol{b},\boldsymbol{a})=(\boldsymbol{a},\boldsymbol{b},\boldsymbol{b})=\boldsymbol{0}$.

② 若混合积中相邻两向量的位置互换一次，则混合积变号，即

$(\boldsymbol{a},\boldsymbol{b},\boldsymbol{c})=-(\boldsymbol{b},\boldsymbol{a},\boldsymbol{c})=(\boldsymbol{b},\boldsymbol{c},\boldsymbol{a})=-(\boldsymbol{c},\boldsymbol{b},\boldsymbol{a})=(\boldsymbol{c},\boldsymbol{a},\boldsymbol{b})=-(\boldsymbol{a},\boldsymbol{c},\boldsymbol{b})$.

(3) 用坐标计算向量的混合积

设 $\boldsymbol{a}=\{a_x,a_y,a_z\},\boldsymbol{b}=\{b_x,b_y,b_z\},\boldsymbol{c}=\{c_x,c_y,c_z\}$，则

$$(\boldsymbol{a}\times\boldsymbol{b})\cdot\boldsymbol{c}=\begin{vmatrix} a_x & a_y & a_z \\ b_x & b_y & b_z \\ c_x & c_y & c_z \end{vmatrix}.$$

(4) $(\boldsymbol{a},\boldsymbol{b},\boldsymbol{c})=0\Leftrightarrow\boldsymbol{a},\boldsymbol{b},\boldsymbol{c}$ 共面.

例 5.1 判断下列各命题是否正确：

(1) 若 $\boldsymbol{a}\cdot\boldsymbol{c}=\boldsymbol{b}\cdot\boldsymbol{c},\boldsymbol{c}\neq\boldsymbol{0}$，则 $\boldsymbol{a}=\boldsymbol{b}$.

(2) 若 $\boldsymbol{a}\times\boldsymbol{c}=\boldsymbol{b}\times\boldsymbol{c},\boldsymbol{c}\neq\boldsymbol{0}$，则 $\boldsymbol{a}=\boldsymbol{b}$.

(3) 若 $\boldsymbol{a}\cdot\boldsymbol{b}=0$，则 $\boldsymbol{a}=\boldsymbol{0}$或 $\boldsymbol{b}=\boldsymbol{0}$.

(4) 若 $\boldsymbol{a}\times\boldsymbol{b}=\boldsymbol{0}$，则 $\boldsymbol{a}=\boldsymbol{0}$ 或 $\boldsymbol{b}=\boldsymbol{0}$.

(5) 若 $\boldsymbol{a}\neq\boldsymbol{0}$，则$\dfrac{\boldsymbol{a}}{\boldsymbol{a}}=1$.

(6) 若 $\boldsymbol{a}\neq\boldsymbol{0}$，则 $\boldsymbol{a}>\boldsymbol{0}$或 $\boldsymbol{a}<\boldsymbol{0}$.

(7) $\boldsymbol{a}\cdot\boldsymbol{a}=|\boldsymbol{a}|^2$.

(8) $(\boldsymbol{a}\cdot\boldsymbol{b})^2=|\boldsymbol{a}|^2|\boldsymbol{b}|^2$.

(9) $(\boldsymbol{a}\cdot\boldsymbol{b})^2+|\boldsymbol{a}\times\boldsymbol{b}|=|\boldsymbol{a}|^2|\boldsymbol{b}|^2$.

(10) $[(\boldsymbol{a}\cdot\boldsymbol{b})\boldsymbol{a}]\cdot(\boldsymbol{a}\times\boldsymbol{b})=0$.

(11) 若 $\boldsymbol{a}\times\boldsymbol{b}=\boldsymbol{b}-\boldsymbol{a}$，则 $\boldsymbol{a}=\boldsymbol{b}$.

解 (1) 不正确，例如 $\boldsymbol{i}\cdot\boldsymbol{j}=\boldsymbol{k}\cdot\boldsymbol{j}$，但 $\boldsymbol{i}\neq\boldsymbol{k}$.

(2) 不正确，例如取 $\boldsymbol{a}=\boldsymbol{i},\boldsymbol{b}=2\boldsymbol{i},\boldsymbol{c}=3\boldsymbol{i}$，则有 $\boldsymbol{a}\times\boldsymbol{c}=\boldsymbol{b}\times\boldsymbol{c}$，但 $\boldsymbol{a}\neq\boldsymbol{b}$.

(3) 不正确，例如取 $\boldsymbol{a}=\boldsymbol{i},\boldsymbol{b}=\boldsymbol{j}$，则有 $\boldsymbol{a}\cdot\boldsymbol{b}=0$，但 $\boldsymbol{a}\neq\boldsymbol{0},\boldsymbol{b}\neq\boldsymbol{0}$.

(4) 不正确，例如取 $\boldsymbol{a}=\boldsymbol{i},\boldsymbol{b}=2\boldsymbol{i}$，则有 $\boldsymbol{a}\times\boldsymbol{b}=\boldsymbol{0}$，但 $\boldsymbol{a}\neq\boldsymbol{0},\boldsymbol{b}\neq\boldsymbol{0}$.

(5) 不正确，无向量除法运算.

(6) 不正确，没有向量“大小”的比较.

(7) 正确，因为 $\boldsymbol{a}\cdot\boldsymbol{a}=|\boldsymbol{a}|\cdot|\boldsymbol{a}|\cos\langle\boldsymbol{a},\boldsymbol{a}\rangle=|\boldsymbol{a}|^2$.

(8) 不正确，例如取 $\boldsymbol{a}=\boldsymbol{i},\boldsymbol{b}=\boldsymbol{j}$，则有$(\boldsymbol{a}\cdot\boldsymbol{b})^2=0$，但$|\boldsymbol{a}|^2|\boldsymbol{b}|^2=1$.

(9) 正确,左边 $=|\boldsymbol{a}|^2|\boldsymbol{b}|^2\cos^2\langle\boldsymbol{a},\boldsymbol{b}\rangle+|\boldsymbol{a}|^2|\boldsymbol{b}|^2\sin^2\langle\boldsymbol{a},\boldsymbol{b}\rangle=|\boldsymbol{a}|^2|\boldsymbol{b}|^2$.

(10) 正确,左边 $=(\boldsymbol{a}\cdot\boldsymbol{b})[\boldsymbol{a}\cdot(\boldsymbol{a}\times\boldsymbol{b})]=(\boldsymbol{a}\cdot\boldsymbol{b})[(\boldsymbol{a}\times\boldsymbol{a})\cdot\boldsymbol{b}]=0$.

(11) 正确,$|\boldsymbol{b}-\boldsymbol{a}|^2=(\boldsymbol{b}-\boldsymbol{a})\cdot(\boldsymbol{b}-\boldsymbol{a})=(\boldsymbol{b}-\boldsymbol{a})\cdot(\boldsymbol{a}\times\boldsymbol{b})=\boldsymbol{b}\cdot(\boldsymbol{a}\times\boldsymbol{b})-\boldsymbol{a}\cdot(\boldsymbol{a}\times\boldsymbol{b})=0$.

向量与数量是截然不同的量,因此其运算法则有很大区别.在推理或计算中要严格遵守向量运算法则和性质,不能随意套用数的运算法则.

例 5.2　证明四点(1,0,1),(4,4,6),(2,2,3),(10,14,17)共面.

证　设以(1,0,1)为起点,另三点为终点的向量分别为 $\boldsymbol{a}=\{3,4,5\}$,$\boldsymbol{b}=\{1,2,2\}$,$\boldsymbol{c}=\{9,14,16\}$,

$$(\boldsymbol{a},\boldsymbol{b},\boldsymbol{c})=\begin{vmatrix}3&4&5\\1&2&2\\9&14&16\end{vmatrix}=0.$$

所以 $\boldsymbol{a},\boldsymbol{b},\boldsymbol{c}$ 共面,即四点共面.

第三节　空间直角坐标系

为了确定空间点的位置,引进空间直角坐标系.这样,点与三个有序实数所构成的数组就有一一对应的关系,进而曲面、曲线可建立方程,对它们几何性质的研究就可转化为对方程的研究.

在空间中选一定点 O,过 O 点作三条互相垂直的数轴 Ox,Oy,Oz,它们都以 O 为原点,通常具有相同的长度单位,就构成空间直角坐标系.O 为坐标系的原点,数轴 Ox,Oy,Oz 称为坐标轴,任意两个坐标轴所确定的平面 xOy,yOz,zOx 称为坐标平面,三个坐标平面把空间分成八个部分,每一部分称为一个卦限.

空间直角坐标系有两类:右手系和左手系,通常用右手系.

第四节　空间平面与直线的基本方程

平面与直线分别是最简单的面和线,最简单的通常也是最重要、应用最广的.

(一) 平面的方程

平面方程的一般形式 $Ax+By+Cz+D=0$,四个参数 A,B,C,D 中 A,B,C 不全为 0.此方程式中至少有一个参数能化为 1,故一个平面方程只有三个参数,也即只要给定三个条件就能确定一个平面.

称 $\boldsymbol{n}=\{A,B,C\}$为平面 $Ax+By+Cz+D=0$ 的法向量.

（二）空间直线方程

（1）直线的参数方程$\begin{cases}x=x_0+mt\\ y=y_0+nt\\ z=z_0+pt\end{cases}$，$t$ 为参数，过点(x_0,y_0,z_0)，$\boldsymbol{s}=\{m,n,p\}$为直线的方向向量.

（2）直线的标准方程 $L:\dfrac{x-x_0}{m}=\dfrac{y-y_0}{n}=\dfrac{z-z_0}{p}$，$L$ 过点(x_0,y_0,z_0)，$\boldsymbol{s}=\{m,n,p\}$为方向向量.

（3）直线的一般方程 $L:\begin{cases}A_1x+B_1y+C_1z+D_1=0\\ A_2x+B_2y+C_2+D_2=0\end{cases}$，其中 $\boldsymbol{n}_1=\{A_1,B_1,C_1\}$，$\boldsymbol{n}_2=\{A_2,B_2,C_2\}$，$\boldsymbol{n}_1\parallel\boldsymbol{n}_2$，$L$ 的方向向量$\boldsymbol{s}=\boldsymbol{n}_1\times\boldsymbol{n}_2$.

第五节　点、线、面之间的关系

（一）两平面间的相互关系

设有平面 $\Pi_i:A_ix+B_iy+C_iz+D_i=0$，法向量 $\boldsymbol{n}_i=\{A_i,B_i,C_i\}$，$i=1,2$，则

（1）Π_1 与 Π_2 重合$\Leftrightarrow\dfrac{A_1}{A_2}=\dfrac{B_1}{B_2}=\dfrac{C_1}{C_2}=\dfrac{D_1}{D_2}$.

（2）Π_1 与 Π_2 平行$\Leftrightarrow\dfrac{A_1}{A_2}=\dfrac{B_1}{B_2}=\dfrac{C_1}{C_2}\neq\dfrac{D_1}{D_2}$.

（3）Π_1 与 Π_2 垂直$\Leftrightarrow A_1A_2+B_1B_2+C_1C_2=0$.

（4）$\cos\theta=\dfrac{|\boldsymbol{n}_1\cdot\boldsymbol{n}_2|}{|\boldsymbol{n}_1|\cdot|\boldsymbol{n}_2|}=\dfrac{|A_1A_2+B_1B_2+C_1C_2|}{\sqrt{A_1^2+B_1^2+C_1^2}\sqrt{A_2^2+B_2^2+C_2^2}}$，其中 θ 是平面Π_1 与 Π_2 的夹角.

（二）两条直线间的相互关系

设有直线 $L_i:\dfrac{x-x_i}{m_i}=\dfrac{y-y_i}{n_i}=\dfrac{z-z_i}{p_i}$，方向向量 $\boldsymbol{s}_i=\{m_i,n_i,p_i\}$，点 $M_i=(x_i,y_i,z_i)$，$i=1,2$. 则

（1）L_1 与 L_2 平行$\Leftrightarrow\dfrac{m_1}{m_2}=\dfrac{n_1}{n_2}=\dfrac{p_1}{p_2}$（$\boldsymbol{s}_1$ 与 $\boldsymbol{s}_2$ 平行）且点 $M_1(x_1,y_1,z_1)$不满足 L_2 的

方程.

(2) L_1 与 L_2 垂直$\Leftrightarrow m_1m_2+n_1n_2+p_1p_2=0$.

$$\cos\theta=\frac{|\boldsymbol{s}_1\cdot\boldsymbol{s}_2|}{|\boldsymbol{s}_1|\cdot|\boldsymbol{s}_2|}=\frac{m_1m_2+n_1n_2+p_1p_2}{\sqrt{m_1^2+n_1^2+p_1^2}\sqrt{m_2^2+n_2^2+p_2^2}},$$

其中,θ 是L_1 与 L_2 的夹角.

$$L_1\text{ 与 }L_2\text{ 共面}\quad\Leftrightarrow\quad\begin{vmatrix}x_2-x_1 & y_2-y_1 & z_2-z_1\\ m_1 & n_1 & p_1\\ m_2 & n_2 & p_2\end{vmatrix}=0.$$

(三) 直线与平面间的相互关系

设有直线 $L:\dfrac{x-x_0}{m}=\dfrac{y-y_0}{n}=\dfrac{z-z_0}{p}$,方向向量为 $\boldsymbol{s}=\{m,n,p\}$,平面 $\Pi:Ax+By+Cz+D=0$ 的法向量为 $\boldsymbol{n}=\{m,n,p\}$,则

(1) L 与Π 平行$\Leftrightarrow Am+Bn+Cp=0$ 且 $Ax_0+By_0+Cz_0+D\neq0$.

(2) L 落在Π 上$\Leftrightarrow Am+Bn+Cp=0$ 且 $Ax_0+By_0+Cz_0+D=0$.

(3) L 与Π 垂直$\Leftrightarrow\dfrac{A}{m}=\dfrac{B}{n}=\dfrac{C}{p}$.

$$\sin\theta=|\cos<\boldsymbol{s},\boldsymbol{n}>|=\frac{|Am+Bn+Cp|}{\sqrt{A^2+B^2+C^2}\sqrt{m^2+n^2+p^2}},$$

其中,θ 是L 与Π 的夹角.

(四) 距离公式

(1) 两点 $P_1(x_1,y_1,z_1)$,$P_2(x_2,y_2,z_2)$间的距离

$$d=|\boldsymbol{P}_1\boldsymbol{P}_2|=\sqrt{(x_1-x_2)^2+(y_1-y_2)^2+(z_1-z_2)^2}.$$

(2) 点 $P_0(x_0,y_0,z_0)$到平面 $\Pi:Ax+By+Cz+D=0$ 的距离

$$d=\frac{|Ax_0+By_0+Cz_0+D|}{\sqrt{A^2+B^2+C^2}}.$$

(3) 点 $P_0(x_0,y_0,z_0)$到直线 $L:\dfrac{x-x_1}{m}=\dfrac{y-y_1}{n}=\dfrac{z-z_1}{p}$的距离 $d=|\boldsymbol{P}_1\boldsymbol{P}_0|\sin\langle\boldsymbol{s},\boldsymbol{P}_1\boldsymbol{P}_0\rangle=\dfrac{|\boldsymbol{P}_1\boldsymbol{P}_0\times\boldsymbol{n}|}{|\boldsymbol{s}|}$,其中 P_1 是 L 上坐标为(x_1,y_1,z_1)的定点,用坐标表示距离公式

$$d=\frac{\left\|\begin{matrix}\boldsymbol{i} & \boldsymbol{j} & \boldsymbol{k}\\ x_1-x_0 & y_1-y_0 & z_1-z_0\\ m & n & p\end{matrix}\right\|}{\sqrt{m^2+n^2+p^2}}.$$

(4) 异面直线的距离:

设平面 Π 经过点 P_1，$\boldsymbol{a}$ 与 $\boldsymbol{b}$ 是平面 Π 上两个不平行的向量，P_2 是平面 Π 之外的一点，以 $\boldsymbol{a},\boldsymbol{b},\boldsymbol{P_1P_2}$ 为棱构成平行六面体，则底面 Π 上的高就是点 P_2 到平面 Π 的距离 d. 同时，若直线 L_1 经过点 P_1，其方向向量是 $\boldsymbol{a}$，直线 L_2 经过点 P_2，其方向向量是 $\boldsymbol{b}$，那么 L_1,L_2 是异面直线，d 是公垂线段的长，则 L_1,L_2 的距离 $d=\dfrac{|(\boldsymbol{P_1P_2},\boldsymbol{a},\boldsymbol{b})|}{|\boldsymbol{a}\times\boldsymbol{b}|}$，异面直线公垂线的一般方程为

$$\begin{cases}(\boldsymbol{P_1P},\boldsymbol{a},\boldsymbol{a}\times\boldsymbol{b})=0\\(\boldsymbol{P_2P},\boldsymbol{b},\boldsymbol{a}\times\boldsymbol{b})=0\end{cases},$$

其中，P 为空间任意一点.

例 5.3 求通过点 $M_0(2,-1,3)$ 且与直线 $L_1:\dfrac{x-1}{2}=\dfrac{y}{-1}=\dfrac{z+2}{1}$ 相交，又平行于平面 $\Pi:3x-2y+z+5=0$ 的直线方程.

解 （方法一） 所求直线应在过点 M_0 及过直线 L_1 的平面 Π_1 内，又应在过 M_0 且平行于 Π 的平面 Π_2 内，在 L_1 上任取两点 $(1,0,-2)$ 和 $(3,-1,-1)$，则 Π_1 方程为 $\begin{vmatrix}x-2 & y+1 & z-3\\1-2 & 0+1 & -2-3\\3-2 & -1+1 & -1-3\end{vmatrix}=0$，即 $4(x-2)+9(y+1)+(z-3)=0$，化简得 $4x+9y+z-2=0$.

Π_2 的方程为 $3(x-2)-2(y+1)+(z-3)=0$，化简得 $3x-2y+z-11=0$.

所求直线为 $\begin{cases}4x+9y+z-2=0\\3x-2y+z-11=0\end{cases}$.

（方法二） 先求出所求直线与 L_1 的交点 M_1，则 M_0,M_1 的连线即为所求.

求点 M_1，可利用平面 π_2 与 L_1 的交点 $\begin{cases}3(x-2)-2(y+1)+(z-3)=0\\\dfrac{x-1}{2}=\dfrac{y}{-1}=\dfrac{z+2}{1}\end{cases}$，得交点为 $\left(\dfrac{2}{9},-\dfrac{10}{9},-\dfrac{8}{9}\right)$. 所求直线为 $\dfrac{x-2}{\dfrac{29}{9}-2}=\dfrac{y+1}{-\dfrac{10}{9}+1}=\dfrac{z-3}{-\dfrac{8}{9}-3}$，即 $\dfrac{x-2}{11}=\dfrac{y+1}{-1}=\dfrac{z-3}{-35}$.

（方法三） 在 L_1 上找一点 $(1+2t,-t,-2+t)$，使其与 M_0 的连线垂直于 Π 的法线，得 $3(1+2t-2)-2(-t+1)+(-2+t-3)=0$，所以 $t=\dfrac{10}{9}$，所求的点为 $\left(\dfrac{29}{9},-\dfrac{10}{9},-\dfrac{8}{9}\right)$，所求直线为 $\dfrac{x-2}{11}=\dfrac{y+1}{-1}=\dfrac{z-3}{-35}$.

例 5.4 证明 $L_1:\dfrac{x}{1}=\dfrac{y}{2}=\dfrac{z}{3}$，$L_2:\dfrac{x-1}{1}=\dfrac{y+1}{1}=\dfrac{z-2}{1}$ 是异面直线，并求公垂线方程及公垂线段的长.

证 L_1 的方向向量 $\boldsymbol{s}_1=\{1,2,3\}$，经过点 $P_1(0,0,0)$，L_2 的方向向量 $\boldsymbol{s}_2=\{1,1,1\}$，

经过点 $P_2(1,-1,2)$，因为

$$(\boldsymbol{P_1P_2},\boldsymbol{l}_1,\boldsymbol{l}_2)=\begin{vmatrix}1&-1&2\\1&2&3\\1&1&1\end{vmatrix}=-5\neq 0,$$

所以，L_1，L_2 是异面直线.

公垂线 L 与 L_1，L_2 都垂直，令

$$\boldsymbol{s}=\boldsymbol{s}_1\times\boldsymbol{s}_2=\begin{vmatrix}\boldsymbol{i}&\boldsymbol{j}&\boldsymbol{k}\\1&2&3\\1&1&1\end{vmatrix}=-\boldsymbol{i}+2\boldsymbol{j}-\boldsymbol{k},$$

经过 L_1 并且与 $\boldsymbol{s}$ 平行的平面 Π 的方程 $\begin{vmatrix}x-0&y-0&z-0\\1&2&3\\-1&2&-1\end{vmatrix}=0$，整理得 $4x+y-2z=0$. 经过 L_2 并且与 $\boldsymbol{s}$ 平行的平面 Π_2 的方程 $\begin{vmatrix}x-1&y+1&z-2\\1&1&1\\-1&2&-1\end{vmatrix}=0$，整理得 $x-z+1=0$. 则平面 Π_1，Π_2 的交线就是 L_1，L_2 的公垂线 $\begin{cases}4x+y-2z=0\\x-z+1=0\end{cases}$，公垂线段的长 $d=\dfrac{|(\boldsymbol{P_1P_2},\boldsymbol{s}_1,\boldsymbol{s}_2)|}{|\boldsymbol{s}_1\times\boldsymbol{s}_2|}=\dfrac{5}{\sqrt{6}}$.

第六节　空间曲线与曲面

(一) 空间曲线、曲面方程的一般方程

曲面的一般方程为

$$z=f(x,y)\quad 或\quad F(x,y,z)=0.$$

曲线的一般方程为

$$\begin{cases}x=x(t)\\y=y(t)\\z=z(t)\end{cases}\quad 或\quad \begin{cases}F(x,y,z)=0\\G(x,y,z)=0\end{cases}.$$

(二) 平面曲线的旋转曲面

设曲线 C：$\begin{cases}f(x,y)=0\\z=0\end{cases}$ 为 xOy 平面内的曲线，则

(1) 曲线 C 绕 x 轴旋转而成的曲面为 $\sum_x: f(x, \pm\sqrt{y^2+z^2}) = 0$.

(2) 曲线 C 绕 y 轴旋转而成的曲面为 $\sum_y: f(\pm\sqrt{x^2+z^2}, y) = 0$.

(三) 空间直线的旋转曲面

设 $L: \dfrac{x-a}{m} = \dfrac{y-b}{n} = \dfrac{z-c}{p}$ 为一条空间直线,直线 L 绕 z 轴旋转而成曲面方程的求法如下:

任取 $M(x,y,z) \in \Sigma$,则 M 必在 L 上某点 $M_0(x_0,y_0,z_0)$ 的旋转轨迹上. 故点 M, M_0 到旋转轴距离相等,即 $x^2+y^2=x_0^2+y_0^2$,因为 $M_0(x_0,y_0,z_0) \in L$,所以

$$L: \frac{x_0-a}{m} = \frac{y_0-b}{n} = \frac{z_0-c}{p},$$

解得

$$x_0 = \frac{m}{p}z + a - \frac{mc}{p}, \quad y_0 = \frac{n}{p}z + b - \frac{nc}{p}.$$

所求的曲面方程为

$$\sum: x^2+y^2 = \left(\frac{m}{p}z + a - \frac{mc}{p}\right)^2 + \left(\frac{n}{p}z + b - \frac{nc}{p}\right)^2.$$

(四) 空间曲线在坐标面上的投影

曲线 $C: \begin{cases} F_1(x,y,z)=0 \\ F_2(x,y,z)=0 \end{cases}$ 中消去 z,得 $H(x,y)=0$,则 C 在 xOy 面上的投影曲线为 $\begin{cases} H(x,y)=0 \\ z=0 \end{cases}$.

例 5.5 设 $L: \dfrac{x-1}{2} = \dfrac{y+1}{-1} = \dfrac{z}{1}$,求直线 L 绕 z 轴旋转而成的曲面方程.

解 设 L 绕 z 轴旋转而成的曲面为 $\sum$. 任取 $M(x,y,z) \in \sum$,M 所在的圆位于 L 上的点为 $M_0(x_0,y_0,z_0) \in L$,圆心为 $T(0,0,z)$. 由 $|\boldsymbol{MT}| = |\boldsymbol{M_0T}|$,得 $x^2+y^2=x_0^2+y_0^2$,因为 $M_0(x_0,y_0,z_0) \in L$,所以 $L: \dfrac{x_0-1}{2} = \dfrac{y_0+1}{-1} = \dfrac{z}{1}$,解得 $x_0 = 1+2z$, $y_0 = -1-z$,所求的曲面方程为

$$\sum: x^2+y^2 = (1+2z)^2 + (-1-z)^2,$$

即所求曲面方程为:$x^2+y^2=5z^2+6z+2$.

例 5.6 已知曲线 $C: \begin{cases} (x+2)^2 - z^2 = 4 & ① \\ (x-2)^2 + y^2 = 4 & ② \end{cases}$,求其在 yOz 平面上的投影曲线.

分析 曲线方程即曲线上所有点的 x, y, z 坐标所具有的共性,其在 yOz 平面投影

即为曲线上所有点的y,z坐标(不考虑x坐标)的共性.因此,从方程中消去x即为投影方程.

解　(方法一)　由$(x-2)^2+y^2=4$得$x=2+\sqrt{4-y^2}$代入第一个方程有$(4+\sqrt{4-y^2})^2-z^2=4$.整理为$(y^2+z^2)^2+32(y^2-z^2)=0$,所以所求投影曲线为$\begin{cases}(y^2+z^2)^2+32(y^2-z^2)=0\\x=0\end{cases}$.

(方法二)　①+②,①-②消去x得所求投影曲线为$\begin{cases}(y^2+z^2)^2+32(y^2-z^2)=0\\x=0\end{cases}$.

例 5.7　一锥面的顶点在原点,且准线是$\begin{cases}\dfrac{x^2}{a^2}+\dfrac{y^2}{b^2}=1\\z=c\end{cases}$,建立锥面方程.

分析　锥面是由顶点出发,过准线上每一点所作的射线构成.

解　取准线上任一点(x_0,y_0,z_0),有关系式$\begin{cases}\dfrac{x_0^2}{a^2}+\dfrac{y_0^2}{b^2}=1\\z_0=c\end{cases}$,由顶点$(0,0,0)$过点$(x_0,y_0,z_0)$的射线$\begin{cases}x=tx_2\\y=ty_0\\z=tz_0\end{cases}$,整理成$\begin{cases}\dfrac{x^2}{a^2}+\dfrac{y^2}{b^2}=t^2\\z=ct\end{cases}$.即为所求锥面方程.

例 5.8　求下列各曲线的参数方程,并指出它们是什么曲面的交线?

(1) $\begin{cases}x^2+y^2+z^2=a^2\\x^2+y^2=b^2\end{cases}$, $a\geqslant b>0$;　(2) $\begin{cases}x^2+y^2+z^2=5\\4x+2y=9\end{cases}$.

解　(1) 这是球面$x^2+y^2+z^2=a^2$与圆柱面$x^2+y^2=b^2$的交线,是一条空间圆周.

由圆周的参数方程得

$$\begin{cases}x=b\cos t\\y=b\sin t\end{cases},\quad 0\leqslant t\leqslant 2\pi.$$

将$x^2+y^2=b^2$代入球面方程得$z^2=a^2-b^2$,于是得交线的参数方程

$$\begin{cases}x=b\cos t\\y=b\sin t\\z=\pm\sqrt{a^2-b^2}\end{cases},\quad 0\leqslant t\leqslant 2\pi.$$

(2) 这是球面$x^2+y^2+z^2=5$与平面$4x+2y=9$的交线,是空间中的一个圆周以t为参数,令$x=t$,则由平面方程得$y=\dfrac{9}{2}-2t$,将x,y代入球面方程得$z^2=5-t^2-\left(\dfrac{9}{2}-2t\right)^2=18t-5t^2-\dfrac{61}{4}$,即

$$z=\pm\sqrt{18t-5t^2-\frac{61}{4}}18t-5t^2-\frac{61}{4}\geqslant 0$$

$$\Leftrightarrow\quad \frac{8-\sqrt{19}}{10}\leqslant t\leqslant\frac{18+\sqrt{19}}{10}.$$

因此得交线的参数方程为

$$\begin{cases}x=t\\ y=\dfrac{9}{2}-2t\\ z=\pm\sqrt{18t-5t^2-\dfrac{61}{4}}\end{cases}.$$

注 该题求的是曲线 C：$\begin{cases}F(x,y,z)=0\\ G(x,y)=0\end{cases}$ 的参数方程，其中一个方程只含两个自变量，常用的方法有：

1° 若把 $G(x,y)=0$ 看作是 xOy 平面上的曲线方程，其参数方程已知，再将它们代入 $F(x,y,z)=0$，解出 z，就可得 C 的参数方程；

2° 把变量 x,y 之一看作参数，如 $x=t$，由 $G(x,y)=0$ 解出 y，再将它们代入 $F(x,y,z)=0$，解出 z，即可得 C 的参数方程.

习 题

1. 设 $\boldsymbol{a},\boldsymbol{b},\boldsymbol{c}$ 为单位向量，且 $\boldsymbol{a}+\boldsymbol{b}+\boldsymbol{c}=\boldsymbol{0}$，求 $\boldsymbol{a}\cdot\boldsymbol{b}+\boldsymbol{b}\cdot\boldsymbol{c}+\boldsymbol{c}\cdot\boldsymbol{a}$.

2. 设 $(\boldsymbol{a}\times\boldsymbol{b})\cdot\boldsymbol{c}=2$，计算 $[(\boldsymbol{a}+\boldsymbol{b})\times(\boldsymbol{b}+\boldsymbol{c})]\cdot(\boldsymbol{c}+\boldsymbol{a})$.

3. 已知三点 $A(1,2,3)$，$B(3,2,1)$ 和 $C(1,4,5)$.

(1) 设 D 是 BC 的中点，求 D 的坐标；

(2) 设 G 是 $\triangle ABC$ 的重心，求 G 的坐标；

(3) 求 $|\boldsymbol{OD}|$；

(4) 求 $\boldsymbol{OD}$ 的方向余弦；

(5) 求 $\triangle ABC$ 的面积；

(6) 求四面体 $OABC$ 的体积；

(7) 求 $\boldsymbol{AB}$ 与 $\boldsymbol{AC}$ 的夹角.

4. 设某一向量与三个坐标面的夹角分别为 α,β,γ，求 $\cos^2\alpha+\cos^2\beta+\cos^2\gamma$ 的值.

5. 与两直线 $\begin{cases}x=1\\ y=-1+t\\ z=2+t\end{cases}$ 及 $\dfrac{x+1}{1}=\dfrac{y+2}{2}=\dfrac{z-1}{1}$ 都平行，且过原点的平面方程为__________.

6. 过点 $M(1,2,-1)$ 且与直线 $\begin{cases} x=-t+2 \\ y=3t-4 \\ z=t-1 \end{cases}$ 垂直的平面方程为________.

7. 求点 $(2,1,0)$ 到平面 $3x+4y+5z=0$ 的距离 d.

8. 求直线 $L_1:\dfrac{x-1}{1}=\dfrac{y-5}{-2}=\dfrac{z+8}{1}$ 与直线 $L_2:\begin{cases} x-y=6 \\ 2y+z=3 \end{cases}$ 的夹角.

9. 求直线 $L:\dfrac{x-1}{2}=\dfrac{y}{1}=\dfrac{z}{1}$ 绕 z 轴旋转而成的曲面方程并求曲面位于 $z=0$ 与 $z=1$ 之间的体积.

第六章　多元函数微分学

多元函数是一元函数的推广.本章我们重点讨论二元函数,在掌握了二元函数的有关理论与研究方法之后,就可以把它们推广到一般的多元函数中去.主要研究内容包括多元函数的极限、连续性、可微性,复合函数与隐函数的求导法,多元函数的极值与最值,多元函数的泰勒公式.

第一节　二元函数的极限与连续性

一、二元函数的极限

(一) 二元函数极限的概念

设二元函数 $f(x,y)$ 的定义域为 D,点 (x_0,y_0) 是 D 的聚点,A 是一个确定的实数,如果 $\forall \varepsilon>0$,$\exists \delta>0$,使得当点 $(x,y)\in \mathring{U}((x_0,y_0);\delta)\cap D$ 时,总有

$$|f(x,y)-A|<\varepsilon$$

成立,则称函数 $f(x,y)$ 在 D 上当 $(x,y)\to(x_0,y_0)$ 时以 A 为(二重)极限,记作 $\lim\limits_{(x,y)\to(x_0,y_0)} f(x,y)=A$.

这意味着在以点 (x_0,y_0) 为中心,以 δ 为半径的去心邻域内的动点 (x,y) 在平面上按任何一种方式趋于定点 (x_0,y_0) 时,函数 $f(x,y)$ 无限接近于实数 A.

其中沿两种特殊的折线趋向方式 $(x,y)\to(x_0,y)\to(x_0,y_0)$ 和 $(x,y)\to(x,y_0)\to(x_0,y_0)$ 得到的极限称为函数 $f(x,y)$ 在点 (x_0,y_0) 的累次极限,分别记为 $\lim\limits_{y\to y_0}\lim\limits_{x\to x_0} f(x,y)$ 和 $\lim\limits_{x\to x_0}\lim\limits_{y\to y_0} f(x,y)$.

注　累次极限与二重极限是两个不同的概念,它们的存在性没有必然的蕴含关系.但它们之间有如下关系:

1° 若函数 $f(x,y)$ 在点 (x_0,y_0) 存在二重极限与某个累次极限,则它们必相等.

2° 若函数 $f(x,y)$ 在点 (x_0,y_0) 的二重极限与两个累次极限都存在,则三者必相等.

3° 若函数 $f(x,y)$ 在点 (x_0,y_0) 的两个累次极限存在但不相等,则函数 $f(x,y)$ 在点

(x_0, y_0)的二重极限不存在.

（二）二元函数极限的求法

(1) 利用多元初等函数的连续性：若 $f(P)$是初等函数，P_0 是 $f(P)$定义域中的点，则 $f(P)$在点 P_0 的极限值就是 $f(P)$在点 P_0 的函数值.

(2) 通过适当放大缩小法或变量替换法将二元函数极限转化为一元函数的极限来计算.

(3) 利用多元函数极限的运算法则进行计算.

（三）判断二元函数的极限不存在方法

(1) 选取某一种特殊的趋向方式 $P \to P_0$，函数 $f(P)$在点 P_0 的极限不存在.

(2) 选取两种特殊的趋向方式 $P \to P_0$，函数 $f(P)$在点 P_0 的极限存在但不相等，则 $\lim\limits_{P \to P_0} f(P)$不存在.

(3) $\lim\limits_{y \to y_0}\lim\limits_{x \to x_0} f(x, y)$和 $\lim\limits_{x \to x_0}\lim\limits_{y \to y_0} f(x, y)$存在但不相等，则 $\lim\limits_{(x, y) \to (x_0, y_0)} f(x, y)$不存在.

例 6.1　求下列极限：

(1) $\lim\limits_{(x,y)\to(0,0)} \dfrac{x^2y^2}{x^4 + y^2}$.

(2) $\lim\limits_{(x,y)\to(0,0)} (1 + xy)^{\frac{1}{x+y}}$.

(3) $\lim\limits_{(x,y)\to(0,0)} (x^2 + y^2)\sin\dfrac{1}{x^2 + y^2}$.

解　(1) 因为 $0 \leqslant \left|\dfrac{x^2y^2}{x^4 + y^2}\right| \leqslant \left|\dfrac{x^2y^2}{2x^2y}\right| = \dfrac{|y|}{2}$，$\lim\limits_{(x,y)\to(0,0)} \dfrac{|y|}{2} = 0$，由夹逼准则得

$$\lim_{(x,y)\to(0,0)} \frac{x^2y^2}{x^4 + y^2} = 0.$$

(2) $\lim\limits_{(x,y)\to(0,0)} (1 + xy)^{\frac{1}{x+y}} = \lim\limits_{(x,y)\to(0,0)} (1 + xy)^{\frac{1}{xy} \cdot \frac{xy}{x+y}} = e^0 = 1$.

(3) $\lim\limits_{(x,y)\to(0,0)} (x^2 + y^2)\sin\dfrac{1}{x^2 + y^2} \overset{x^2+y^2=t}{=} \lim\limits_{t\to0} t\sin\dfrac{1}{t} = 0$.

例 6.2　证明下列极限不存在：

(1) $\lim\limits_{(x,y)\to(0,0)} \dfrac{x^2 - y^2}{x^2 + y^2}$.

(2) $\lim\limits_{(x,y)\to(0,0)} \dfrac{1 - \cos(x^2 + y^2)}{(x^2 + y^2)xy}$.

证　(1) 设动点(x, y)沿着直线 $y = kx$ 趋于定点$(0,0)$，有

$$\lim_{(x,y)\to(0,0)} \frac{x^2 - y^2}{x^2 + y^2} \overset{y=kx}{=} \lim_{x\to0} \frac{(1 - k^2)x^2}{(1 + k^2)x^2} = \frac{1 - k^2}{1 + k^2}$$

这说明动点沿不同斜率 k 的直线趋于原点时，对应的极限值不同，故极限不存在.

(2) 设动点 (x,y) 沿着直线 $y=x$ 趋于定点 $(0,0)$，有

$$\lim_{(x,y)\to(0,0)}\frac{1-\cos(x^2+y^2)}{(x^2+y^2)xy^2}\overset{y=x}{=}\lim_{x\to0}\frac{1-\cos2x^2}{2x^5}=\lim_{x\to0}\frac{2x^4}{2x^5}=\lim_{x\to0}\frac{1}{x}=\infty$$

因此极限不存在.

例 6.3 讨论当 $x\to+\infty$, $y\to+\infty$ 时，函数 $f(x,y)=\dfrac{x^2}{x^2+y^2}$ 的累次极限和重极限.

解 $\lim\limits_{y\to+\infty}\lim\limits_{x\to+\infty}\dfrac{x^2}{x^2+y^2}=\lim\limits_{y\to+\infty}1=1$； $\lim\limits_{x\to+\infty}\lim\limits_{y\to+\infty}\dfrac{x^2}{x^2+y^2}=\lim\limits_{x\to+\infty}0=0$，即两个累次极限存在，但不相等，则重极限不存在. 事实上，设动点 (x,y) 沿着直线 $y=mx\,(m>0)$ 趋于 $(+\infty,+\infty)$ 时，有

$$\lim_{(x,y)\to(+\infty,+\infty)}\frac{x^2}{x^2+y^2}\overset{y=mx(m>0)}{=}\lim_{x\to+\infty}\frac{x^2}{(1+m^2)x^2}=\frac{1}{1+m^2}.$$

m 不同，动点趋于 $(+\infty,+\infty)$ 的路径不同，对应的极限值也不同，故极限不存在.

二、二元函数的连续性

(一) 二元函数连续的概念

设二元函数 $f(x,y)$ 的定义域为 D，$(x_0,y_0)\in D$（它或者是 D 的聚点，或者是 D 的孤立点）. 如果 $\forall\varepsilon>0$，$\exists\delta>0$，使得当点 $(x,y)\in U((x_0,y_0);\delta)\cap D$ 时，总有

$$|f(x,y)-f(x_0,y_0)|<\varepsilon$$

成立，则称函数 $f(x,y)$ 在 D 中点 (x_0,y_0) 处连续，点 (x_0,y_0) 是函数 $f(x,y)$ 的连续点.

如果函数 $f(x,y)$ 在 D 中任意一点都连续，则称 $f(x,y)$ 为 D 上的连续函数.

由上述定义知，若 (x_0,y_0) 是 D 的孤立点，则它必是函数 $f(x,y)$ 在 D 中的连续点；若 (x_0,y_0) 是 D 的聚点，则它是函数 $f(x,y)$ 在 D 中的连续点等价于 $\lim\limits_{(x,y)\to(x_0,y_0)}f(x,y)=f(x_0,y_0)$，即连续点必须同时满足以下三个条件：

(1) 函数 $f(x,y)$ 在 (x_0,y_0) 处有定义.

(2) 函数 $f(x,y)$ 在 (x_0,y_0) 处的二重极限存在.

(3) 极限值与函数值相等.

函数 $f(x,y)$ 的不连续点称为间断点，其中满足条件 2° 的间断点称为可去间断点.

(二) 有界闭区域上连续函数的性质

最值定理若函数 $f(x,y)$ 在有界闭区域 D 上连续，则 $f(x,y)$ 在 D 上有界，且能取得最大值与最小值.

介值性定理若函数 $f(x,y)$ 在有界闭区域 D 上连续，P_1，P_2 为 D 中任意两点，且

$$f(P_1)<f(P_2),$$

则对任意满足不等式 $f(P_1)<u<f(P_2)$ 的实数 u，必存在点 $P_0\in D$，使得 $f(P_0)=u$.

一致连续性定理　若函数 $f(x,y)$ 在有界闭区域 D 上连续，则 $f(x,y)$ 在 D 上一致连续. 即 $\forall\varepsilon>0,\exists\delta(\varepsilon)>0$，使得对一切点 $P,Q\in D$，只要 $\rho(P,Q)<\delta$，就有

$$|f(P)-f(Q)|<\varepsilon.$$

（三）讨论二元函数连续性的方法

（1）利用初等函数的连续性直接讨论.

（2）利用连续性的定义来讨论.

例 6.4　讨论函数 $f(x,y)=\begin{cases}\dfrac{x^a}{x^2+y^2}, & (x,y)\neq(0,0)\\ 0, & (x,y)=(0,0)\end{cases}$ 在点 $(0,0)$ 的连续性.

解　作变量代换，令 $x=r\cos\theta,y=r\sin\theta$，由于当 $a>2,r\to0$ 时，

$$0\leqslant|f(r\cos\theta,r\sin\theta)|=|r^{a-2}\cos^a\theta|\leqslant r^{a-2}\to0,$$

因此 $\lim\limits_{(x,y)\to(0,0)}f(x,y)=0=f(0,0)$，则 $f(x,y)$ 在点 $(0,0)$ 连续；

当 $a\leqslant2$ 时，$\lim\limits_{(x,y)\to(0,0)}f(x,y)$ 不存在，则 $f(x,y)$ 在点 $(0,0)$ 间断.

例 6.5　讨论函数 $f(x,y)=\begin{cases}\dfrac{\sin xy}{y}, & y\neq0\\ 0, & y=0\end{cases}$ 的连续性.

解　因为 $\forall(x_0,0)\in R^2,x_0\neq0$，有

$$\lim_{(x,y)\to(x_0,0)}f(x,y)=\lim_{(x,y)\to(x_0,0)}\frac{\sin xy}{y}=\lim_{(x,y)\to(x_0,0)}\frac{\sin xy}{xy}\cdot x=x_0\neq f(x_0,0)=0,$$

所以函数 $f(x,y)$ 的间断点集为 $\{(x,y)\,|\,x\neq0,y=0\}$.

第二节　二元函数的偏导数

设二元函数 $f(x,y)$ 在点 (x_0,y_0) 的某邻域内有定义. 若下列极限

$$\lim_{\Delta x\to0}\frac{f(x_0+\Delta x,y_0)-f(x_0,y_0)}{\Delta x}$$

存在，则称此极限为函数 $f(x,y)$ 在点 (x_0,y_0) 处对 x 的偏导数，记作 $\left.\dfrac{\partial f}{\partial x}\right|_{(x_0,y_0)}$ 或 $f_x(x_0,y_0)$.

同样可定义函数 $f(x,y)$ 在点 (x_0,y_0) 处对 y 的偏导数 $\left.\dfrac{\partial f}{\partial y}\right|_{(x_0,y_0)}$ 或 $f_y(x_0,y_0)$.

如果函数 $f(x,y)$ 在区域 D 内的偏导数 $f_x(x,y),f_y(x,y)$ 仍具有偏导数，则它们的偏导数称为函数 $f(x,y)$ 的二阶偏导数. 二元函数 $f(x,y)$ 的四个二阶偏导数分别为

$$\frac{\partial}{\partial x}\left(\frac{\partial f}{\partial x}\right)=\frac{\partial^2 f}{\partial x^2}=f_{xx}(x,y),\qquad \frac{\partial}{\partial y}\left(\frac{\partial f}{\partial x}\right)=\frac{\partial^2 f}{\partial x\partial y}=f_{xy}(x,y),$$

$$\frac{\partial}{\partial x}\left(\frac{\partial f}{\partial y}\right)=\frac{\partial^2 f}{\partial y\partial x}=f_{yx}(x,y),\qquad \frac{\partial}{\partial y}\left(\frac{\partial f}{\partial y}\right)=\frac{\partial^2 f}{\partial y^2}=f_{yy}(x,y),$$

其中，$f_{xy}(x,y)$，$f_{yx}(x,y)$称为二阶混合偏导数（当它们在点(x,y)处连续时，两者相等，即求导顺序可任意交换）.

同理可以得到$n(n\geqslant 3)$阶偏导数. 二阶及二阶以上的偏导数统称为高阶偏导数.

注 对多元函数求偏导数就是将其余自变量看成常量，对求导自变量按一元函数求导.

一、复合函数求导法

(1) 代入中间量，先复合成普通的一元或多元函数，再求导.

(2) 链式法则.

若函数$u=u(s,t)$，$v=v(s,t)$在点$(s,t)\in D$可微，$z=z(u,v)$在点$(u,v)=(u(s,t),v(s,t))$可微，则复合函数$z=z(u(s,t),v(s,t))$在点$(s,t)\in D$可微，且它的两个偏导数分别为

$$\left.\frac{\partial z}{\partial s}\right|_{(s,t)}=\left.\frac{\partial z}{\partial u}\right|_{(u,v)}\cdot\left.\frac{\partial u}{\partial s}\right|_{(s,t)}+\left.\frac{\partial z}{\partial v}\right|_{(u,v)}\cdot\left.\frac{\partial v}{\partial s}\right|_{(s,t)},$$

$$\left.\frac{\partial z}{\partial t}\right|_{(s,t)}=\left.\frac{\partial z}{\partial u}\right|_{(u,v)}\cdot\left.\frac{\partial u}{\partial t}\right|_{(s,t)}+\left.\frac{\partial z}{\partial v}\right|_{(u,v)}\cdot\left.\frac{\partial v}{\partial t}\right|_{(s,t)}.$$

注 1° 如果只是求复合函数$z=z(u(s,t),v(s,t))$关于s或t的偏导数，则只需中间量$u=u(s,t)$，$v=v(s,t)$关于s或t的偏导数存在就行了.

2° 多元函数的复合函数求导一般比较复杂，要特别注意复合函数中哪些是自变量，哪些是中间量，只有这样才能正确使用链式法则.

3° 若$z=z(u,v)$，$u=u(x)$，$v=v(x)$，则复合后z最终是x的函数，$\frac{\mathrm{d}z}{\mathrm{d}x}$叫作全导数，且

$$\frac{\mathrm{d}z}{\mathrm{d}x}=\frac{\partial z}{\partial u}\cdot\frac{\mathrm{d}u}{\mathrm{d}x}+\frac{\partial z}{\partial v}\cdot\frac{\mathrm{d}v}{\mathrm{d}x}.$$

例 6.6 设$z=\mathrm{e}^u\arctan v$，而$u=xy$，$v=\frac{x}{y}$，求$\frac{\partial z}{\partial x}$，$\frac{\partial z}{\partial y}$.

解 由复合函数求导的链式法则，得

$$\frac{\partial z}{\partial x}=\frac{\partial z}{\partial u}\cdot\frac{\partial u}{\partial x}+\frac{\partial z}{\partial v}\cdot\frac{\partial v}{\partial x}$$

$$=\mathrm{e}^u\arctan v\cdot y+\frac{\mathrm{e}^u}{1+v^2}\cdot\frac{1}{y}$$

$$= ye^{xy}\arctan\frac{x}{y} + \frac{1}{y}e^{xy}\frac{1}{1+\left(\frac{x}{y}\right)^2}$$

$$= ye^{xy}\left(\arctan\frac{x}{y} + \frac{1}{x^2+y^2}\right),$$

$$\frac{\partial z}{\partial y} = \frac{\partial z}{\partial u}\cdot\frac{\partial u}{\partial y} + \frac{\partial z}{\partial v}\cdot\frac{\partial v}{\partial y}$$

$$= e^u\arctan v \cdot x + \frac{e^u}{1+v^2}\cdot\left(-\frac{x}{y^2}\right)$$

$$= xe^{xy}\arctan\frac{x}{y} + \left(-\frac{x}{y^2}\right)e^{xy}\frac{1}{1+\left(\frac{x}{y}\right)^2}$$

$$= xe^{xy}\left(\arctan\frac{x}{y} - \frac{1}{x^2+y^2}\right).$$

例 6.7　若函数 $f(u,v)$有二阶连续偏导数，设 $z=f(xy,x^2-y^2)$，求$\frac{\partial^2 z}{\partial x^2}$及$\frac{\partial^2 z}{\partial x\partial y}$.

解　令变量 $1=xy$，变量 $2=x^2-y^2$，由复合函数求导的链式法则，得

$$\frac{\partial z}{\partial x} = f_1\cdot y + f_2\cdot 2x = yf_1 + 2xf_2.$$

$$\frac{\partial^2 z}{\partial x^2} = y(yf_{11}+2xf_{12}) + 2f_2 + 2x(yf_{21}+2xf_{22})$$

$$= y^2 f_{11} + 4xyf_{12} + 4x^2 f_{22} + 2f_2.$$

$$\frac{\partial^2 z}{\partial x\partial y} = f_1 + y(xf_{11} - 2yf_{12}) + 2x(xf_{21} - 2yf_{22})$$

$$= xyf_{11} + 2(x^2-y^2)f_{12} - 4xyf_{22} + f_1.$$

二、隐函数求导法

(一) 一个方程的情形

设函数 $F(x,y,z)$在点(x_0,y_0,z_0)的某邻域内具有一阶连续偏导数且

$$F(x_0,y_0,z_0) = 0, F_z(x_0,y_0,z_0) \neq 0,$$

则在点(x_0,y_0,z_0)的这一邻域内方程 $F(x,y,z)=0$ 可以确定唯一的连续且有连续偏导数的函数 $z=z(x,y)$，它满足 $z_0=z(x_0,y_0)$，且

$$\frac{\partial z}{\partial x} = -\frac{F_x}{F_z},\quad \frac{\partial z}{\partial y} = -\frac{F_y}{F_z}. \tag{6.1}$$

（二）方程组的情形

设 $F(x,y,u,v)$，$G(x,y,u,v)$ 在点 $P_0(x_0,y_0,u_0,v_0)$ 的某邻域内具有一阶连续偏导数且

$$F(P_0)=0,G(P_0)=0,\left.\frac{\partial(F,G)}{\partial(u,v)}\right|_{P_0}=\begin{vmatrix}F_u & F_v\\ G_u & G_v\end{vmatrix}_{P_0}\neq 0,$$

则在点 $P_0(x_0,y_0,u_0,v_0)$ 的这一邻域内方程组 $\begin{cases}F(x,y,u,v)=0\\ G(x,y,u,v)=0\end{cases}$ 可以确定唯一的一组连续且有连续偏导数的函数 $\begin{cases}u=u(x,y)\\ v=v(x,y)\end{cases}$，满足 $\begin{cases}u_0=u(x_0,y_0)\\ v_0=v(x_0,y_0)\end{cases}$，且

$$\left.\begin{aligned}\frac{\partial u}{\partial x}=-\frac{\dfrac{\partial(F,G)}{\partial(x,v)}}{\dfrac{\partial(F,G)}{\partial(u,v)}},\quad \frac{\partial u}{\partial y}=-\frac{\dfrac{\partial(F,G)}{\partial(y,v)}}{\dfrac{\partial(F,G)}{\partial(u,v)}}\\ \frac{\partial v}{\partial x}=-\frac{\dfrac{\partial(F,G)}{\partial(u,x)}}{\dfrac{\partial(F,G)}{\partial(u,v)}},\quad \frac{\partial v}{\partial y}=-\frac{\dfrac{\partial(F,G)}{\partial(u,y)}}{\dfrac{\partial(F,G)}{\partial(u,v)}}\end{aligned}\right\}\tag{6.2}$$

注 1° 由一个方程确定的隐函数求导，除了利用以上的公式(6.1)外，还可直接从方程出发，方程两边同时对变量求导，遇到隐函数时，注意隐函数中内含了变量即可.

2° 由方程组确定的隐函数组求导，一般不硬套公式(6.2)，通常是按推导公式(6.2)的方法直接计算.

例 6.8 设函数 $z=z(x,y)$ 由方程 $z^2y-xz=1$ 确定，求 $\frac{\partial z}{\partial x},\frac{\partial z}{\partial y}$.

解 （方法一） 令 $F(x,y,z)=z^2y-xz-1$；则 $F_x=-z,F_y=z^2,F_z=2yz-x$，由公式(6.1)得

$$\frac{\partial z}{\partial x}=-\frac{F_x}{F_z}=-\frac{-z}{2yz-x}=\frac{z}{2yz-x},\quad \frac{\partial z}{\partial y}=-\frac{F_y}{F_z}=-\frac{z^2}{2yz-x}=\frac{z^2}{x-2yz}.$$

（方法二） 从原方程出发，方程 $z^2y-xz=1$ 两边对变量 x 求导，注意 z 中内含了变量 x，得

$$2z\frac{\partial z}{\partial x}y-\left(z+x\frac{\partial z}{\partial x}\right)=0\ \Rightarrow\ \frac{\partial z}{\partial x}=\frac{z}{2zy-x}.$$

从原方程出发，方程 $z^2y-xz=1$ 两边对变量 y 求导，注意 z 中内含了变量 y，得

$$2z\frac{\partial z}{\partial y}y+z^2-x\frac{\partial z}{\partial y}=0\ \Rightarrow\ \frac{\partial z}{\partial y}=\frac{z^2}{x-2zy}.$$

例 6.9 设函数 $z=z(x,y)$ 由方程 $x^2+y^2+z^2=\ln z$ 确定，求 $\mathrm{d}z$.

解　方程两边同时微分得

$$2x\mathrm{d}x+2y\mathrm{d}y+2z\mathrm{d}z=\frac{1}{z}\mathrm{d}z \quad\Rightarrow\quad \mathrm{d}z=\frac{2x\mathrm{d}x+2y\mathrm{d}y}{\frac{1}{z}-2z}.$$

例 6.10　求下列方程组所确定的隐函数组的导数.

(1) $\begin{cases} z=x^2+y^2 \\ x^2+2y^2+3z^2=20 \end{cases}$，求$\dfrac{\mathrm{d}z}{\mathrm{d}x},\dfrac{\mathrm{d}y}{\mathrm{d}x}$.

(2) $\begin{cases} u=f(ux,v+y) \\ v=g(u-x,v^2y) \end{cases}$，其中 f,g 具有一阶连续偏导数，求$\dfrac{\partial u}{\partial y},\dfrac{\partial v}{\partial y}$.

解　(1) 两个方程对 x 求导，注意 z,y 是 x 的函数 $z=z(x)$，$y=y(x)$，得

$$\begin{cases} \dfrac{\mathrm{d}z}{\mathrm{d}x}=2x+y\dfrac{\mathrm{d}y}{\mathrm{d}x} \\ 2x+4y\dfrac{\mathrm{d}y}{\mathrm{d}x}+6z\dfrac{\mathrm{d}z}{\mathrm{d}x}=0 \end{cases} \Rightarrow \begin{cases} \dfrac{\mathrm{d}z}{\mathrm{d}x}-2y\dfrac{\mathrm{d}y}{\mathrm{d}x}=2x \\ 3z\dfrac{\mathrm{d}z}{\mathrm{d}x}+2y\dfrac{\mathrm{d}y}{\mathrm{d}x}=-x \end{cases},$$

故

$$\frac{\mathrm{d}z}{\mathrm{d}x}=\frac{\begin{vmatrix} 2x & -2y \\ -x & 2y \end{vmatrix}}{\begin{vmatrix} 1 & -2y \\ 3z & 2y \end{vmatrix}}=\frac{2xy}{2y+6zy},\quad \frac{\mathrm{d}y}{\mathrm{d}x}=\frac{\begin{vmatrix} 1 & 2x \\ 3z & -x \end{vmatrix}}{\begin{vmatrix} 1 & -2y \\ 3z & 2y \end{vmatrix}}=\frac{-x-6zx}{2y+6zy}.$$

(2) 设 $F=u-f(ux,v+y)$，$G=v-g(u-x,v^2y)$，则有

$$\begin{pmatrix} F_x & F_y & F_u & F_v \\ G_x & G_y & G_u & G_v \end{pmatrix}=\begin{pmatrix} -uf_1 & -f_2 & 1-xf_1 & -f_2 \\ g_1 & -v^2g_2 & -g_1 & 1-2vyg_2 \end{pmatrix}.$$

于是

$$\frac{\partial(F,G)}{\partial(u,v)}=\begin{vmatrix} F_u & F_v \\ G_u & G_v \end{vmatrix}=\begin{vmatrix} 1-xf_1 & -f_2 \\ -g_1 & 1-2vyg_2 \end{vmatrix}=1-2vyg_2-xf_1+2vxyf_1g_2-f_2g_1,$$

$$\frac{\partial(F,G)}{\partial(y,v)}=\begin{vmatrix} F_y & F_v \\ G_y & G_v \end{vmatrix}=\begin{vmatrix} -f_2 & -f_2 \\ -v^2g_2 & 1-2vyg_2 \end{vmatrix}=-f_2+2vyf_2g_2-v^2f_2g_2,$$

$$\frac{\partial(F,G)}{\partial(u,y)}=\begin{vmatrix} F_u & F_y \\ G_u & G_y \end{vmatrix}=\begin{vmatrix} 1-xf_1 & -f_2 \\ -g_1 & -v^2g_2 \end{vmatrix}=-v^2g_2+v^2xf_1g_2-f_2g_1.$$

故由公式(6.2)，得

$$\frac{\partial u}{\partial y}=-\frac{\dfrac{\partial(F,G)}{\partial(y,v)}}{\dfrac{\partial(F,G)}{\partial(u,v)}}=\frac{f_2-2vyf_2g_2+v^2f_2g_2}{1-2vyg_2-xf_1+2vxyf_1g_2-f_2g_1},$$

$$\frac{\partial v}{\partial y}=-\frac{\dfrac{\partial(F,G)}{\partial(u,y)}}{\dfrac{\partial(F,G)}{\partial(u,v)}}=\frac{v^2g_2-v^2xf_1g_2+f_2g_1}{1-2vyg_2-xf_1+2vxyf_1g_2-f_2g_1}.$$

第三节　二元函数的可微性

一、二元函数可微的概念

如果二元函数 $z=f(x,y)$ 在点 (x_0,y_0) 处的全增量

$$\Delta z=f(x_0+\Delta x,y_0+\Delta y)-f(x_0,y_0)$$

可表示为 $\Delta z=A\Delta x+B\Delta y+o(\rho)$，其中 $\rho=\sqrt{(\Delta x)^2+(\Delta y)^2}$. A,B 不依赖于 $\Delta x,\Delta y$ 而仅与 x_0,y_0 有关，则称函数 $z=f(x,y)$ 在点 (x_0,y_0) 处可微，线性主部 $A\Delta x+B\Delta y$ 是函数 $z=f(x,y)$ 在点 (x_0,y_0) 处的全微分，记作 $\mathrm{d}z$，即 $\mathrm{d}z=A\Delta x+B\Delta y$.

注 1° 常数 A,B 分别是函数 $z=f(x,y)$ 在点 (x_0,y_0) 的两个一阶偏导数，即

$$A=f_x(x_0,y_0),B=f_y(x_0,y_0).$$

2° 根据以上概念，判断函数 $z=f(x,y)$ 在点 (x_0,y_0) 是否可微，只要看极限

$$\lim_{(\Delta x,\Delta y)\to(0,0)}\frac{\Delta z-(A\Delta x+B\Delta y)}{\sqrt{(\Delta x)^2+(\Delta y)^2}}$$

是否等于零. 若该极限为零，则 $z=f(x,y)$ 在点 (x_0,y_0) 处可微；否则，就不可微.

二、二元函数可微的条件

(必要条件)　若二元函数 $z=f(x,y)$ 在点 (x_0,y_0) 处可微，则函数 $z=f(x,y)$ 在点 (x_0,y_0) 处关于每个自变量的偏导数都存在.

(必要条件)　若二元函数 $z=f(x,y)$ 在点 (x_0,y_0) 处可微，则函数 $z=f(x,y)$ 在点 (x_0,y_0) 处连续.

(充分条件)　若二元函数 $z=f(x,y)$ 的偏导数在点 (x_0,y_0) 的某邻域内存在，且 $f_x(x,y),f_y(x,y)$ 在点 (x_0,y_0) 处连续，则函数 $z=f(x,y)$ 在点 (x_0,y_0) 处可微.

注　判定二元函数 $z=f(x,y)$ 在点 (x_0,y_0) 处偏导数是否连续，只要看

$$\lim_{(x,y)\to(x_0,y_0)}f_x(x,y)=f_x(x_0,y_0)\quad 和\quad \lim_{(x,y)\to(x_0,y_0)}f_y(x,y)=f_y(x_0,y_0)$$

是否都成立. 若成立，则函数 $z=f(x,y)$ 在点 (x_0,y_0) 处偏导数是连续的；否则，不连续.

例 6.11 讨论函数

$$f(x,y)=\begin{cases}(x^2+y^2)\sin\dfrac{1}{\sqrt{x^2+y^2}}, & (x,y)\neq(0,0)\\ 0, & (x,y)=(0,0)\end{cases}$$

在点(0,0)的可微性.

解 函数 $f(x,y)$在点(0,0)处的全增量为

$$\Delta z=f(\Delta x,\Delta y)-f(0,0)=(\Delta x^2+\Delta y^2)\sin\frac{1}{\sqrt{\Delta x^2+\Delta y^2}},$$

又

$$f_x(0,0)=\lim_{\Delta x\to 0}\frac{f(\Delta x,0)-f(0,0)}{\Delta x}=\lim_{\Delta x\to 0}\Delta x\sin\frac{1}{\sqrt{\Delta x^2}}=0.$$

同理得 $f_y(0,0)=0$.

$$\lim_{(\Delta x,\Delta y)\to(0,0)}\frac{\Delta z-f_x(0,0)\Delta x-f_y(0,0)\Delta y}{\sqrt{\Delta x^2+\Delta y^2}}=\lim_{(\Delta x,\Delta y)\to(0,0)}\sqrt{\Delta x^2+\Delta y^2}\sin\frac{1}{\sqrt{\Delta x^2+\Delta y^2}}$$

$$=0,$$

故函数 $f(x,y)$在点(0,0)处可微.

例 6.12 证明函数

$$f(x,y)=\begin{cases}\dfrac{x^2y}{x^2+y^2}, & x^2+y^2\neq 0\\ 0, & x^2+y^2=0\end{cases}$$

在点(0,0)处连续且偏导数存在,但在此点不可微.

证 令 $x=r\cos\theta, y=r\sin\theta$,则

$$\lim_{(x,y)\to(0,0)}f(x,y)=\lim_{r\to 0}\frac{r^3\cos^2\theta\sin\theta}{r^2}=\lim_{r\to 0}r\cos^2\theta\sin\theta=0=f(0,0),$$

故函数 $f(x,y)$在点(0,0)处连续.又

$$\lim_{\Delta x\to 0}\frac{f(0+\Delta x,0)-f(0,0)}{\Delta x}=\lim_{\Delta x\to 0}0=0,$$

故 $f_x(0,0)=0$.

同理可得 $f_y(0,0)=0$,即函数 $f(x,y)$在点(0,0)处偏导数存在.但

$$\lim_{(\Delta x,\Delta y)\to(0,0)}\frac{\Delta z-f_x(0,0)\Delta x-f_y(0,0)\Delta y}{\sqrt{\Delta x^2+\Delta y^2}}=\lim_{(\Delta x,\Delta y)\to(0,0)}\frac{\Delta x^2\Delta y}{(\Delta x^2+\Delta y^2)^{\frac{3}{2}}},$$

令 $\Delta x=r\cos\theta,\Delta y=r\sin\theta$,有

$$\lim_{(\Delta x,\Delta y)\to(0,0)}\frac{\Delta x^2\Delta y}{(\Delta x^2+\Delta y^2)^{\frac{3}{2}}}=\lim_{r\to 0}\frac{r^3\cos^2\theta\sin\theta}{r^3}=\cos^2\theta\sin\theta\neq 0,$$

故函数 $f(x,y)$在点(0,0)处不可微.

第四节 多元函数微分学的应用

一、几何应用

（一）平面曲线的切线与法线

设平面曲线 $C: y=f(x)$ 是由方程 $F(x,y)=0$ 给出，则它在点 $P_0(x_0,y_0)$ 处的切向量为

$$T = \{F_y(x_0,y_0), -F_x(x_0,y_0)\},$$

法向量为

$$n = \{F_x(x_0,y_0), F_y(x_0,y_0)\},$$

故它在点 $P_0(x_0,y_0)$ 处切线方程为

$$y - y_0 = -\left.\frac{F_x}{F_y}\right|_{(x_0,y_0)}(x - x_0),$$

即

$$F_x(x_0,y_0)(x-x_0) + F_y(x_0,y_0)(y-y_0) = 0,$$

在点 $P_0(x_0,y_0)$ 处的法线方程为

$$y - y_0 = \left.\frac{F_y}{F_x}\right|_{(x_0,y_0)}(x - x_0),$$

即

$$F_y(x_0,y_0)(x-x_0) - F_x(x_0,y_0)(y-y_0) = 0.$$

（二）曲面的切平面与法线

设曲面 $S: z=f(x,y)$ 由方程 $F(x,y,z)=0$ 确定，则它在点 $M_0(x_0,y_0,z_0)$ 处的切平面的法向量为

$$n = \{F_x(M_0), F_y(M_0), F_z(M_0)\},$$

故在点 $M_0(x_0,y_0,z_0)$ 处的切平面方程为

$$F_x(M_0)(x-x_0) + F_y(M_0)(y-y_0) + F_z(M_0)(z-z_0) = 0,$$

在点 $M_0(x_0,y_0,z_0)$ 处的法线方程为

$$\frac{x-x_0}{F_x(M_0)} = \frac{y-y_0}{F_y(M_0)} = \frac{z-z_0}{F_z(M_0)}.$$

当曲面 S 由显式方程 $z=f(x,y)$ 给出时，我们可以把它看成由隐式方程 $z-f(x,y)=0$ 确定，则它在点 $M_0(x_0,y_0,f(x_0,y_0))$ 处的切平面的法向量为

$$n = \pm\{-f_x(x_0,y), -f_y(x_0,y_0), 1\}.$$

故在点 $M_0(x_0,y_0,f(x_0,y_0))$ 处的切平面方程为

$$-f_x(x_0,y_0)(x-x_0)-f_y(x_0,y_0)(y-y_0)+(z-z_0)=0,$$

或

$$z=z_0+f_x(x_0,y_0)(x-x_0)+f_y(x_0,y_0)(y-y_0),$$

在点 $M_0(x_0,y_0,f(x_0,y_0))$ 处的法线方程为

$$\frac{x-x_0}{-f_x(x_0,y_0)}=\frac{y-y_0}{-f_y(x_0,y_0)}=\frac{z-z_0}{1}.$$

(三) 空间曲线的切线与法平面

设空间曲线 Γ 由参数方程 $\begin{cases}x=x(t)\\y=y(t),\alpha\leqslant t\leqslant\beta\\z=z(t)\end{cases}$ 确定，则它在点 $M_0(x(t_0),y(t_0),z(t_0))$ 处的切线的方向向量

$$\boldsymbol{T}=\{x'(t_0),y'(t_0),z'(t_0)\},$$

故在点 $M_0(x(t_0),y(t_0),z(t_0))$ 处的切线方程为

$$\frac{x-x(t_0)}{x'(t_0)}=\frac{y-y(t_0)}{y'(t_0)}=\frac{z-z(t_0)}{z'(t_0)},$$

在点 $M_0(x(t_0),y(t_0),z(t_0))$ 处的法平面方程为

$$x'(t_0)(x-x(t_0))+y'(t_0)(y-y(t_0))+z'(t_0)(z-z(t_0))=0.$$

若空间曲线 $\Gamma:\begin{cases}x=x(z)\\y=y(z)\\z=z\end{cases}$ 由方程组 $\begin{cases}F(x,y,z)=0\\G(x,y,z)=0\end{cases}$ 确定，则它在 $M_0(x_0,y_0,z_0)$ 处的切线的方向向量

$$\boldsymbol{T}=\left\{\left.\frac{\partial(F,G)}{\partial(y,z)}\right|_{M_0},\left.\frac{\partial(F,G)}{\partial(z,x)}\right|_{M_0},\left.\frac{\partial(F,G)}{\partial(x,y)}\right|_{M_0}\right\},$$

其中雅可比行列式

$$\left.\frac{\partial(F,G)}{\partial(x,y)}\right|_{M_0}=\begin{vmatrix}F_x(M_0) & F_y(M_0)\\G_x(M_0) & G_y(M_0)\end{vmatrix}\neq 0,$$

故在点 $M_0(x_0,y_0,z_0)$ 处的切线方程为

$$\frac{x-x_0}{\left.\frac{\partial(F,G)}{\partial(y,z)}\right|_{M_0}}=\frac{y-y_0}{\left.\frac{\partial(F,G)}{\partial(z,x)}\right|_{M_0}}=\frac{z-z_0}{\left.\frac{\partial(F,G)}{\partial(x,y)}\right|_{M_0}},$$

在点 $M_0(x_0,y_0,z_0)$ 处的法平面方程为

$$\left.\frac{\partial(F,G)}{\partial(y,z)}\right|_{M_0}(x-x_0)+\left.\frac{\partial(F,G)}{\partial(z,x)}\right|_{M_0}(y-y_0)+\left.\frac{\partial(F,G)}{\partial(x,y)}\right|_{M_0}(z-z_0)=0.$$

例 6.13 求椭球面 $x^2+2y^2+z^2=1$ 上平行于平面 $x-y+2z=0$ 的切平面方程.

解 记 $F(x,y,z)=x^2+2y^2+z^2-1$，则点 (x,y,z) 处切平面的法向量 $\boldsymbol{n}=$

$\{F_x,F_y,F_z\}=\{2x,4y,2z\}$. 因为 $\boldsymbol{n}//\{1,-1,2\}$,故可令 $x=\dfrac{t}{2},y=-\dfrac{t}{4},z=t$,代入椭球面方程得 $t=\pm\sqrt{\dfrac{8}{11}}$.所求切平面方程为$\left(x-\dfrac{t}{2}\right)-\left(y+\dfrac{t}{4}\right)+2(z-t)=0$,即为 $x-y+2z=\pm\sqrt{\dfrac{11}{2}}$.

例 6.14 在曲面 $z=xy$ 上求一点,使得该点处的法线垂直于平面 $x+3y+z=0$,并写出该点处的切平面及法线方程.

解 设所求点为 $M(x_0,y_0,z_0)$,则 M 点处切平面的法向量

$$\boldsymbol{n}=\{z_x,z_y,-1\}|_M=\{y_0,x_0,-1\}.$$

根据已知,有$\dfrac{y_0}{1}=\dfrac{x_0}{3}=\dfrac{-1}{1}$,得 $x_0=-3,y_0=-1,z_0=x_0y_0=3$.

切平面方程为

$$(x+3)+3(y+1)+(z-3)=0,$$

即 $x+3y+z+3=0$.

法线方程为

$$\frac{x+3}{1}=\frac{y+1}{3}=\frac{z-3}{1}.$$

例 6.15 求曲线 $C:\begin{cases}x=\dfrac{t}{1+t}\\ y=\dfrac{1+t}{t}\\ z=t^2\end{cases}$在对应于 $t_0=1$ 的点处的切线及法平面方程.

解 $x'(t)=\dfrac{1}{(1+t)^2},y'(t)=-\dfrac{1}{t^2},z'(t)=2t$ 在 $t_0=1$ 处,$x'(1)=\dfrac{1}{4},y'(1)=-1,z'(1)=2$.

取切线方向向量 $\boldsymbol{T}=\{1,-4,8\}$,点坐标为$\left(\dfrac{1}{2},2,1\right)$.

切线方程为

$$\frac{x-\dfrac{1}{2}}{1}=\frac{y-2}{-4}=\frac{z-1}{8}.$$

法平面方程为

$$2x-8y+16z-1=0.$$

例 6.16 求曲线$\begin{cases}y^2=4x\\ z^2=2-x\end{cases}$在点$M(1,2,-1)$处的切线及法平面方程.

解 以 x 为参数,于是 $2yy'(x)=4,2zz'(x)=-1$,在点 $M(1,2,-1)$处,$y'(1)=1$,

$z'(1)=\dfrac{1}{2}$，取切线方向向量 $\boldsymbol{T}=2\{1,y'(1),z'(1)\}=\{2,2,1\}$.

切线方程为

$$\frac{x-1}{2}=\frac{y-2}{2}=\frac{z+1}{1}.$$

法平面方程为

$$2(x-1)+2(y-2)+(z+1)=0,$$

即 $2x+2y+z=5$.

二、二元函数的极值与最值

（一）无条件极值

设 $f(x,y)$ 在点 $M_0(x_0,y_0)$ 的某邻域内有定义，且对于该邻域内的任意点 (x,y)，成立不等式 $f(x,y)\leqslant f(x_0,y_0)$，则称点 M_0 是 $f(x,y)$ 的极大值点，$f(x_0,y_0)$ 为 $f(x,y)$ 的极大值.

类似可定义极小值点和极小值.

注　1° 极大值与极小值统称为极值，极大值点与极小值点统称为极值点.

2° 若 $f(x,y)$ 在极值点处存在偏导数，则一定是驻点（或稳定点），即一阶偏导数全为零.

3° 一阶偏导不存在的点也可能为极值点，如 $z=\sqrt{x^2+y^2}$ 在点 $(0,0)$ 处偏导数不存在，但 $(0,0)$ 点是它的极小值点.

二元函数 $z=f(x,y)$ 的无条件极值通常用以下方法判定.

设函数 $f(x,y)$ 在点 $M_0(x_0,y_0)$ 的某邻域内有二阶连续偏导数，且点 $M_0(x_0,y_0)$ 是它的驻点（或稳定点），即 $f_x(M_0)=0,f_y(M_0)=0$，记 $A=f_{xx}(M_0),B=f_{xy}(M_0),C=f_{yy}(M_0)$，则

(1) 当 $A>0,AC-B^2>0$ 时，$f(x,y)$ 在点 $M_0(x_0,y_0)$ 处取极小值.

(2) 当 $A<0,AC-B^2>0$ 时，$f(x,y)$ 在点 $M_0(x_0,y_0)$ 处取极大值.

(3) 当 $AC-B^2<0$ 时，点 $M_0(x_0,y_0)$ 不是 $f(x,y)$ 的极值点.

(4) 当 $AC-B^2=0$ 时，无法确定点 $M_0(x_0,y_0)$ 是否为 $f(x,y)$ 的极值点.

（二）条件极值

在求二元函数 $z=f(x,y)$ 的极值时，若自变量 x,y 是相互独立的，即不受其他条件约束，所求的极值称为无条件极值（简称极值）；若自变量 x,y 之间还要满足给定条件 $\varphi(x,y)=0$（称为约束条件或约束方程），则所求的极值称为条件极值.

计算函数 $z=f(x,y)$ 在条件 $\varphi(x,y)=0$ 下的极值的方法：

一是将条件代入到目标函数中,将其转化为无条件极值进行计算.

二是构造拉格朗日函数 $F(x,y,\lambda)=f(x,y)+\lambda\varphi(x,y)$,找出函数 $F(x,y,\lambda)$ 的极值点 (x_0,y_0,λ_0),则目标函数的极值为 $f(x_0,y_0)$.

(三) 最值

设函数 $z=f(x,y)$ 在有界闭区域 D 上连续,则它在 D 上存在最大值和最小值.

求 $f(x,y)$ 在 D 上的最值的步骤:先求 $f(x,y)$ 在 D 内的可能极值点;再求 $f(x,y)$ 在 D 的边界上的最值;最后比较可能极值点处的函数值和边界上最值的大小,确定最终的最值.

通常对于实际问题求最值时,最值点必在 D 内部的可能极值点处取得.

例 6.17 求二元函数 $f(x,y)=x^2(2+y^2)+y\ln y$ 的极值.

解 令 $\begin{cases} f_x=2x(2+y^2)=0 \\ f_y=2x^2y+\ln y+1=0 \end{cases}$,解得唯一驻点 $\left(0,\dfrac{1}{e}\right)$.

由于

$$A=f_{xx}\left(0,\frac{1}{e}\right)=2(2+y^2)\Big|_{\left(0,\frac{1}{e}\right)}=2\left(2+\frac{1}{e^2}\right),$$

$$B=f_{xy}\left(0,\frac{1}{e}\right)=4xy\Big|_{\left(0,\frac{1}{e}\right)}=0,$$

$$C=f_{yy}\left(0,\frac{1}{e}\right)=\left(2x^2+\frac{1}{y}\right)\Bigg|_{\left(0,\frac{1}{e}\right)}=e,$$

$$AC-B^2=2e\left(2+\frac{1}{e^2}\right)>0,$$

且 $A>0$.

从而 $f\left(0,\dfrac{1}{e}\right)$ 是 $f(x,y)$ 的极小值,极小值为 $f\left(0,\dfrac{1}{e}\right)=-\dfrac{1}{e}$.

例 6.18 求二元函数 $f(x,y)=x^4+y^4-x^2-2xy-y^2$ 的极值.

解 先求稳定点.解方程组

$$\begin{cases} f_x=4x^3-2x-2y=0 \\ f_y=4y^3-2x-2y=0 \end{cases},$$

得 $x=y=0,1,-1$.从而稳定点为 $(0,0)$,$(1,1)$,$(-1,-1)$.又

$$A=f_{xx}=12x^2-2, B=f_{xy}=-2, C=f_{yy}=12y^2-2,$$

可得 $AC-B^2=4(6x^2-1)(6y^2-1)-4$.故能判别出点 $(1,1)$,$(-1,-1)$ 为极小值点,且 $f(1,1)=f(-1,-1)=-2$.而在点 $(0,0)$ 处 $AC-B^2=0$,但 $f(0,0)=0$,$f(x,x)=2x^2(x^2-2)$,$f(x,-x)=2x^4$,可知函数 $f(x,y)$ 在 $(0,0)$ 的邻域内变号,故 $(0,0)$ 不是极值点.

综上所述,$f(x,y)$ 的极小值为 $f(1,1)=f(-1,-1)=-2$.

例 6.19 求函数 $z=f(x,y)=x^2y(4-x-y)$ 在由直线 $x+y=6$,x 轴和 y 轴所围

成的闭区域D上的极值与最值.

解　令$\begin{cases} f_x = 2xy(4-x-y)-x^2y=0 \\ f_y = x^2(4-x-y)-x^2y=0 \end{cases}$,得$x=0(0\leqslant y\leqslant 6)$及点$(4,0)$,$(2,1)$.

点$(4,0)$及线段$x=0(0\leqslant y\leqslant 6)$在$D$的边界上,只有点$(2,1)$在$D$内部,可能是极值点.

$$A = f_{xx}(2,1) = (8y-6xy-2y^2)\big|_{(2,1)} = -6,$$
$$B = f_{xy}(2,1) = (8x-3x^2-4xy)\big|_{(2,1)} = -4,$$
$$C = f_{yy}(2,1) = (-2x^2)\big|_{(2,1)} = -8,$$

故$AC-B^2=32>0$且$A<0$.因此点$(2,1)$是函数$f(x,y)$的极大值点,极大值是$f(2,1)=4$.

在D的边界$x=0(0\leqslant y\leqslant 6)$及$y=0(0\leqslant x\leqslant 6)$上$f(x,y)=0$,在边界$x+y=6$上,把$y=6-x$代入$f(x,y)$中,得$z=2x^3-12x^2(0\leqslant x\leqslant 6)$.令$z'=0$,得$x=0$,$x=4$.在此边界上对应$x=0$,$x=4$,$x=6$处$z$值分别为$z=0$,$z=-64$,$z=0$.

因此知$z=f(x,y)$在边界上最大值是0,最小值是-64,比较边界上的最值与D内部的极值,得$z=f(x,y)$在闭区域D上的最大值为$f(2,1)=4$,最小值为$f(4,2)=-64$.

例 6.20　求抛物面$x^2+y^2=z$被平面$x+y+z=1$截得的曲线到原点的最长与最短距离.

解　作拉格朗日函数

$$F(x,y,z,\lambda,\mu) = x^2+y^2+z^2+\lambda(x^2+y^2-z)+\mu(x+y+z-1),$$

解方程组

$$\begin{cases} F_x = 2x+2x\lambda+\mu = 0 \\ F_y = 2y+2y\lambda+\mu = 0 \\ F_z = 2z-\lambda+\mu = 0 \\ F_\lambda = x^2+y^2-z = 0 \\ F_u = x+y+z-1 = 0 \end{cases}$$

得$\lambda=-3\pm\dfrac{5}{3}\sqrt{3}$,$\mu=-7\pm\dfrac{11}{3}\sqrt{3}$,$x=y=\dfrac{-1\pm\sqrt{3}}{2}$,$z=2\mp\sqrt{3}$.

由于所求问题存在最大值与最小值,故所求的稳定点必为最大值点与最小值点,代入求得两个值为$9\mp 5\sqrt{3}$,从而所求的最长距离与最短距离分别为$\sqrt{9+5\sqrt{3}}$,$\sqrt{9-5\sqrt{3}}$.

例 6.21　在斜边长为l的直角三角形中,求面积最大的三角形及其面积.

解　设两直角边分别为x,y,三角形面积为A,则$A=\dfrac{1}{2}xy$,条件$x^2+y^2=l^2$.

设$F(x,y,\lambda)=xy+\lambda(x^2+y^2-l^2)$,$0<x,y<l$,由$\begin{cases} F_x = y+2\lambda x=0 \\ F_y = x+2\lambda y=0 \\ F_\lambda = x^2+y^2=l^2 \end{cases}$,得$x=y=$

$\frac{l}{\sqrt{2}}$,由实际意义知,斜边一定时直角三角形面积 A 有最大值,于是在斜边长为 l 的直角三角形中,以等腰直角三角形面积最大,最大面积 $A_{\max}=\frac{l^2}{4}$.

(四) 应用

计算条件极值或最值是证明多元不等式的一种好方法,其原理是这样的:

为了证明不等式

$$f(x,y,z)\geqslant g(x,y,z),$$

只需证明对于任意常数 A,当 $g(x,y,z)=A$ 时,恒有 $f(x,y,z)\geqslant A$.或者,在约束条件 $g(x,y,z)=A$ 之下,函数 $f(x,y,z)$ 的最小值大于或等于 A.于是考察条件极值问题

$$\begin{cases}\min f(x,y,z)\\ g(x,y,z)=A\end{cases}$$

如果这个条件最小值大于或等于 A,则必然有 $f(x,y,z)\geqslant g(x,y,z)$.

例 6.22 证明不等式 $ab^2c^3\leqslant 108\left(\frac{a+b+c}{6}\right)^6$,其中 a,b,c 是任意的非负实数.

证 考查目标函数 $f(x,y,z)=\ln x+2\ln y+3\ln z$ 在约束条件

$$\varphi(x,y,z)=x+y+z-6M=0$$

下的最大值,其中 M 是正常数.作拉格朗日函数

$$F(x,y,z,\lambda)=\ln x+2\ln y+3\ln z+\lambda(x+y+z-6M),\quad x>0,y>0,z>0.$$

解方程组

$$\begin{cases}F_x=\frac{1}{x}+\lambda=0\\ F_y=\frac{2}{y}+\lambda=0\\ F_z=\frac{3}{z}+\lambda=0\\ F_\lambda=x+y+z-6M=0\end{cases},$$

得 $\lambda=-\frac{1}{M}$,$x=M$,$y=2M$,$z=3M$.

只有唯一的极值可疑点,函数在点 $(M,2M,3M)$ 取得最大值 $f(M,2M,3M)=\ln 108M^6$,于是 $\ln xy^2z^3\leqslant \ln 108M^6=\ln 108\left(\frac{x+y+z}{6}\right)^6$,即 $xy^2z^3\leqslant 108\left(\frac{x+y+z}{6}\right)^6$.

取 $x=a$,$y=b$,$z=c$,就有 $ab^2c^3\leqslant 108\left(\frac{a+b+c}{6}\right)^6$.

例 6.23 设 n 为正整数,$x,y>0$.证明 $\frac{x^n+y^n}{2}\geqslant\left(\frac{x+y}{2}\right)^n$.

证　(1) 当 $n=1$ 时,左边 = 右边.

(2) 当 $n=2$ 时,因为 $x^2+y^2\geqslant 2xy$,则 $\frac{x^2+y^2}{2}\geqslant\left(\frac{x+y}{2}\right)^2$.

(3) 当 $n\geqslant 3$ 时,设 $f(x,y)=\frac{x^n+y^n}{2}$ 的约束条件为 $x+y=a$,令

$$F(x,y,\lambda)=\frac{x^n+y^n}{2}+\lambda(x+y-a),$$

解方程组

$$\begin{cases} F_x=\frac{nx^{n-1}}{2}+\lambda=0 \\ F_y=\frac{ny^{n-1}}{2}+\lambda=0 \\ F_\lambda=x+y-a=0 \end{cases},$$

得 $x=y=\frac{a}{2}$.

驻点是唯一的,所以极小值为 $f\left(\frac{a}{2},\frac{a}{2}\right)=\left(\frac{a}{2}\right)^n$,也是 $f(x,y)$ 的最小值. 从而当 $x>0,y>0$ 时,有

$$f(x,y)\geqslant f\left(\frac{a}{2},\frac{a}{2}\right)=\left(\frac{a}{2}\right)^n,$$

即

$$\frac{x^n+y^n}{2}\geqslant\left(\frac{x+y}{2}\right)^n.$$

例 6.24　证明当 $x^2+y^2\leqslant 25$ 时,$f(x,y)=x^2+y^2-12x+16y\leqslant 125$.

证　计算 $f(x,y)$ 在约束条件 $x^2+y^2\leqslant 25$ 下的最值. 因为在区域 $x^2+y^2<25$ 内,方程组 $\begin{cases} f_x=2x-12=0 \\ f_y=2y+16=0 \end{cases}$ 无解,故最值必在边界 $x^2+y^2=25$ 上达到.

考虑函数 $f(x,y)=x^2+y^2-12x+16y$ 在边界 $x^2+y^2=25$ 上的条件极值问题

$$\begin{cases} \max(\min)\ f(x,y) \\ x^2+y^2=25 \end{cases}.$$

设 $L(x,y,\lambda)=f(x,y)+\lambda(x^2+y^2-25)$,解方程组 $\begin{cases} L_x=2x-12-2\lambda x=0 \\ L_y=2y+16-2\lambda y=0 \\ L_\lambda=x^2+y^2-25=0 \end{cases}$,得

$$x=3,y=-4,\lambda=-1\quad 或\quad x=-3,y=4,\lambda=3.$$

计算得 $f_{\min}(3,-4)=-75$,$f_{\max}(-3,4)=125$. 故当 $x^2+y^2\leqslant 25$ 时,

$$f(x,y)=x^2+y^2-12x+16y\leqslant 125.$$

第五节　二元函数的泰勒公式

设函数 $f(x,y)$在点 $M_0(x_0,y_0)$的某邻域 $U(M_0)$上有直到 $n+1$ 阶的连续偏导数，则对 $U(M_0)$内任一点(x,y)有

$$
\begin{aligned}
f(x,y) & \\
= & f(M_0)+\left.\frac{\partial f}{\partial x}\right|_{M_0}(x-x_0)+\left.\frac{\partial f}{\partial y}\right|_{M_0}(y-y_0) \\
& +\frac{1}{2!}\left(\left.\frac{\partial^2 f}{\partial x^2}\right|_{M_0}\cdot({}^{x}-x_0)2+2\left.\frac{\partial^2 f}{\partial x\partial y}\right|_{M_0}\cdot(x-x_0)\cdot(y-y_0)+\left.\frac{\partial^2 f}{\partial y^2}\right|_{M_0}\cdot(y-y_0)^2\right) \\
& +\cdots+\frac{1}{n!}\left(\frac{\partial}{\partial x}(x-x_0)+\frac{\partial}{\partial y}(y-y_0)\right)^n f(M_0)+R_n,
\end{aligned}
$$

称上式为函数 $f(x,y)$在点(x_0,y_0)处的 n 阶泰勒公式. 其中

$$\left[\frac{\partial}{\partial x}(x-x_0)+\frac{\partial}{\partial y}(y-y_0)\right]^n f(M_0)=\sum_{i=1}^{n}C_n^i\left.\frac{\partial^n f}{\partial x^i\partial y^{n-i}}\right|_{M_0}\cdot(x-x_0)^i\cdot(y-y_0)^{n-i}.$$

余项 R_n 有两种形式:皮亚诺型余项和拉格朗日型余项,分别为

$$R_n=o(\rho^n),\rho=\sqrt{(x-x_0)^2+(y-y_0)^2},$$

$$R_n=\frac{1}{(n+1)!}\left(\frac{\partial}{\partial x}(x-x_0)+\frac{\partial}{\partial y}(y-y_0)\right)^{n+1}f(x_0+\theta(x-x_0),y_0+\theta(y-y_0)),$$

$$0<\theta<1.$$

通常我们可用直接法或间接法来求函数带皮亚诺型余项的泰勒公式,也常用舍去了余项的高阶泰勒公式来求二元函数 $f(x,y)$的近似表达式或近似值.

例 6.25　求 $f(x,y)=\arctan\dfrac{1+x+y}{1-x+y}$在点$(0,0)$处带皮亚诺型余项的二阶泰勒公式.

解

$$f(0,0)=\arctan 1=\frac{\pi}{4},f_x(0,0)=\left.\frac{1+y}{(1+y)^2+x^2}\right|_{(0,0)}=1,$$

$$f_y(0,0)=\left.\frac{\mathrm{d}}{\mathrm{d}y}f(0,y)\right|_{(y=0)}=\left.\frac{\mathrm{d}}{\mathrm{d}x}(\arctan 1)\right|_{(y=0)}=0,$$

$$f_{xx}(0,0)=\left.\frac{\mathrm{d}}{\mathrm{d}x}f_x(x,0)\right|_{(x=0)}=\left.\frac{\mathrm{d}}{\mathrm{d}x}\left(\frac{1}{1+x^2}\right)\right|_{(x=0)}=0,$$

$$f_{xy}(0,0)=\left.\frac{\mathrm{d}}{\mathrm{d}y}f_x(0,y)\right|_{(y=0)}=\left.\frac{\mathrm{d}}{\mathrm{d}y}\left(\frac{1}{1+y}\right)\right|_{(y=0)}=-1,$$

$$f_{yy}(0,0)=\frac{\mathrm{d}}{\mathrm{d}y}f_y(0,y)\bigg|_{(y=0)}=\frac{\mathrm{d}^2}{\mathrm{d}y^2}f(0,y)\bigg|_{(y=0)}=\frac{\mathrm{d}^2}{\mathrm{d}y^2}(\arctan 1)\bigg|_{(y=0)}=0,$$

代入二阶泰勒公式的一般表达式得

$$f(x,y)=\arctan\frac{1+x+y}{1-x+y}=\frac{\pi}{4}+x-xy+o(\rho^2),\quad \rho\to 0,$$

其中，$\rho=\sqrt{x^2+y^2}$.

例 6.26　求 $f(x,y)=\mathrm{e}^{x+y}$在点(0,0)处的带皮亚诺型余项的三阶泰勒公式.

解　因为 $\mathrm{e}^t=1+t+\frac{t^2}{2!}+\frac{t^3}{3!}+o(t^3)$，令 $t=x+y$，代入得

$$\mathrm{e}^{x+y}=1+(x+y)+\frac{(x+y)^2}{2!}+\frac{(x+y)^3}{3!}+o((x+y)^3),\quad x+y\to 0.$$

又因为当 $\rho=\sqrt{x^2+y^2}\to 0$ 时，有

$$\frac{o((x+y)^3)}{(\sqrt{x^2+y^2})^3}=\frac{o((x+y)^3)}{(x+y)^3}\cdot\frac{(x+y)^3}{(\sqrt{x^2+y^2})^3}\to 0,$$

即 $o((x+y)^3)=o(\rho^3)$，故

$$\mathrm{e}^{x+y}=1+(x+y)+\frac{(x+y)^2}{2}+\frac{(x+y)^3}{6}+o(\rho^3).$$

例 6.27　设函数 $z=z(x,y)$是由方程 $z^3-2xz+y=0$ 所确定，且 $z(1,1)=1$，在点(1,1)附近求 $z(x,y)$的近似表达式.

解　利用隐函数的求导方法，先求 $z(x,y)$在点(1,1)处的一、二阶偏导数.

将方程 $z^3-2xz+y=0$ 两边对 x 求偏导数得

$$3z^2\frac{\partial z}{\partial x}-2z-2x\frac{\partial z}{\partial x}=0,$$

令 $x=1,y=1,z=1$，得

$$\frac{\partial z}{\partial x}\bigg|_{(1,1)}=2.$$

同理可得，$\frac{\partial z}{\partial y}\bigg|_{(1,1)}=-1$.

把方程 $3z^2\frac{\partial z}{\partial x}-2z-2x\frac{\partial z}{\partial x}=0$ 两边接着再分别对 x,y 求偏导，并代入 $x=1,y=1$，$z=1$，可得

$$\frac{\partial^2 z}{\partial x^2}\bigg|_{(1,1)}=-16,\frac{\partial^2 z}{\partial x\partial y}\bigg|_{(1,1)}=10.$$

方程 $z^3-2xz+y=0$ 两边对 y 求偏导数，得到 $3z^2\frac{\partial z}{\partial y}-2x\frac{\partial z}{\partial y}+1=0$，该方程两边再接着对 y 求偏导，并代入 $x=1,y=1,z=1$，可得$\frac{\partial^2 z}{\partial y^2}\bigg|_{(1,1)}=-6$. 于是，得

$$z(x,y)\approx 1+\left.\frac{\partial z}{\partial x}\right|_{(1,1)}(x-1)+\left.\frac{\partial z}{\partial y}\right|_{(1,1)}(y-1)+\frac{1}{2}\left.\frac{\partial^2 z}{\partial x^2}\right|_{(1,1)}(x-1)^2$$
$$+\left.\frac{\partial^2 z}{\partial x\partial y}\right|_{(1,1)}(x-1)(y-1)+\frac{1}{2}\frac{\partial^2 z}{\partial y^2}(y-1)^2$$
$$=1+2(x-1)-(y-1)-8(x-1)^2+10(x-1)(y-1)-3(y-1)^2.$$

习　题

1. 求下列极限：

(1) $\lim\limits_{(x,y)\to(1,0)}\dfrac{x^3+e^y}{x^2+y^2}$；　(2) $\lim\limits_{(x,y)\to(\infty,a)}\left(1+\dfrac{1}{xy}\right)^{\frac{x^2}{x+y}}$，其中 $a\neq 0$.

2. 证明极限 $\lim\limits_{(x,y)\to(0,0)}\dfrac{xy}{\sqrt{x+y+1}-1}$ 不存在.

3. 讨论函数 $f(x,y)=\begin{cases}\dfrac{xy}{\sqrt{x^2+y^2}}, & (x,y)\neq(0,0)\\ 0, & (x,y)=(0,0)\end{cases}$ 的连续性.

4. 设 $f(x,y)=\begin{cases}\dfrac{x^2y^2}{x^2+y^2}, & (x,y)\neq(0,0)\\ 0, & (x,y)=(0,0)\end{cases}$，求 $f_x(x,y)$.

5. 设 $u=f\left(\dfrac{x}{y},\dfrac{y}{z}\right)$，求 du 及 $\dfrac{\partial^2 u}{\partial y\partial z}$.

6. 设函数 $y=y(x)$ 是由方程 $y=1+y^x$ 所确定的，求 $\dfrac{dy}{dx}$.

7. 设 $\begin{cases}xu+yv=0,\\ uv-xy=5,\end{cases}$ 求当 $x=1,y=-1,u=v=2$ 时，$\dfrac{\partial u}{\partial x}$ 与 $\dfrac{\partial v}{\partial y}$ 的值.

8. 讨论函数 $f(x,y)=\begin{cases}\dfrac{xy^2}{x^2+y^4}, & (x,y)\neq(0,0)\\ 0, & (x,y)=(0,0)\end{cases}$ 在点(0,0)连续性与可微性.

9. 设函数 $f(x,y)=\begin{cases}xy\sin\dfrac{1}{\sqrt{x^2+y^2}}, & x^2+y^2\neq 0\\ 0, & x^2+y^2=0\end{cases}$，讨论该函数在点(0,0)处连续性与可微性.

10. 求曲面 $z-e^z+2xy=3$ 在点 $P_0(1,2,0)$ 处的切平面和法线方程.

11. 求下列曲线在指定点处的切线与法平面方程.

(1) $\begin{cases}x^2+y^2=1\\ x-y+z=2\end{cases}$ 在点 $M\left(\dfrac{1}{\sqrt{2}},\dfrac{1}{\sqrt{2}},2\right)$ 处；

(2) $\begin{cases} x = t - \sin t \\ y = 1 - \cos t \\ z = 4\sin\dfrac{t}{2} \end{cases}$ 在点 $M\left(\dfrac{\pi}{2}-1,1,2\sqrt{2}\right)$ 处.

12. 求函数 $f(x,y) = x^3 - 4x^2 + 2xy - y^2$ 在区域 $D = \{(x,y) \mid -1 \leqslant x \leqslant 4, -1 \leqslant y \leqslant 1\}$ 上的极值和最值.

13. 把正数 a 分成三个正数之和,使它们的乘积最大.

14. 证明:当 $a_i > 0(i = 1,2,\cdots,n)$ 时,有 $\dfrac{n}{\dfrac{1}{a_1}+\dfrac{1}{a_2}+\cdots+\dfrac{1}{a_n}} \leqslant \sqrt[n]{a_1 \cdot a_2 \cdot \cdots \cdot a_n}$.

15. 在点(1,1)邻域内把函数 $f(x,y) = 2x^2 - xy - y^2 - 6x - 3y + 5$ 展开成泰勒公式.

16. 求函数 $f(x,y) = (1+x)^{1+y}$ 在点(0,0)邻域内的二次近似公式.

第七章　重　积　分

重积分是高等数学中重要知识点之一. 本章重点介绍重积分的计算方法、二次积分交换积分次序的方法以及重积分的应用. 重积分的定义与性质和定积分类似,这两部分内容不赘述.

第一节　二重积分的计算

一、直角坐标系下计算

若任意一条垂直于 x 轴的直线 $x=x_0$ 至多与有界闭区域 D 的边界交于两点(垂直 x 轴的边界除外),则称 D 为 X 型区域(图 7.1(a)).

若任意一条垂直于 y 轴的直线 $y=y_0$ 至多与有界闭区域 D 的边界交于两点(垂直 y 轴的边界除外),则称 D 为 Y 型区域(图 7.1(b)).

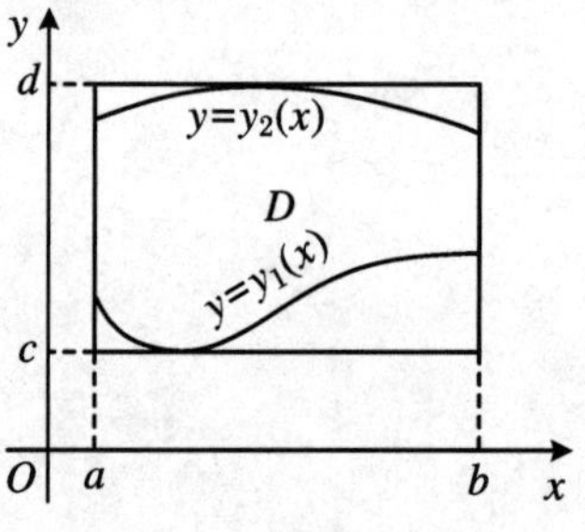

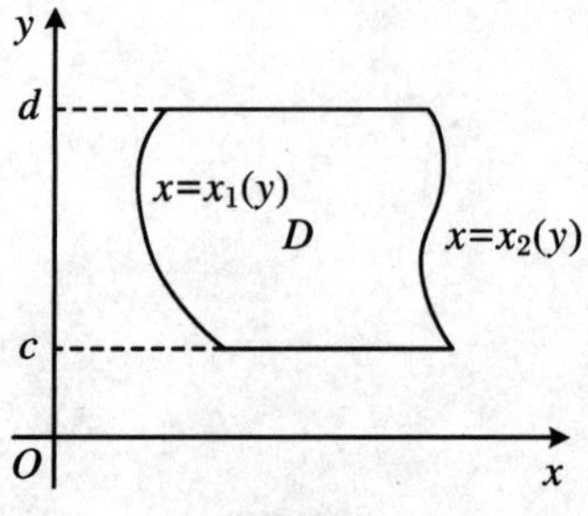

图 7.1

设 X 型区域 $D=\{(x,y)\mid y_1(x)\leqslant y\leqslant y_2(x),a\leqslant x\leqslant b\}$,则

$$\iint_D f(x,y)\mathrm{d}x\mathrm{d}y=\int_a^b\mathrm{d}x\int_{y_1(x)}^{y_2(x)}f(x,y)\mathrm{d}y.$$

设 Y 型区域 $D=\{(x,y)\mid x_1(y)\leqslant x\leqslant x_2(y),c\leqslant y\leqslant d\}$,则

$$\iint_D f(x,y)\mathrm{d}x\mathrm{d}y=\int_c^d\mathrm{d}y\int_{x_1(y)}^{x_2(y)}f(x,y)\mathrm{d}x.$$

当区域 D 既不是 X 型区域又不是 Y 型区域时，我们可以把它进行分割，分割成有限个无公共内点的 X 型区域或 Y 型区域，利用重积分的可加性，把函数 $f(x,y)$ 在 D 上的重积分转化成每个小区域上重积分之和.

二、极坐标系下计算

以下两种情形通常采用极坐标变化计算重积分：一是当积分区域是圆域或圆域一部分，二是被积函数中含有 x^2+y^2. 令 $x=r\cos\theta, y=r\sin\theta$，则

$$\iint_D f(x,y)\mathrm{d}x\mathrm{d}y = \iint_D f(r\cos\theta, r\sin\theta)r\mathrm{d}r\mathrm{d}\theta.$$

若任意射线 $\theta=\theta_0$ 与有界闭区域 D 的边界至多交于两点（边界处射线段除外），则称 D 为 θ 型区域（图 7.2）.

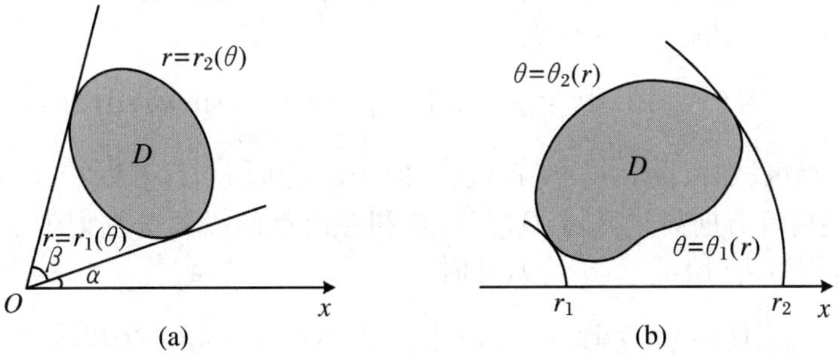

图 7.2

设 θ 型区域 $D=\{(r,\theta)\mid r_1(\theta)\leqslant r\leqslant r_2(\theta), \alpha\leqslant\theta\leqslant\beta\}$，则

$$\iint_D f(x,y)\mathrm{d}x\mathrm{d}y = \int_\alpha^\beta \mathrm{d}\theta \int_{r_1(\theta)}^{r_2(\theta)} f(r\cos\theta, r\sin\theta)r\mathrm{d}r.$$

曲线 $r=r_1(\theta), r=r_2(\theta)$ 解析式的确定方法：在 θ 的变化区间 $[\alpha,\beta]$ 内，过极点作射线，此射线穿过区域 D，将穿入点和穿出点所在的曲线方程采用极坐标变换转化成解析式 $r=r_1(\theta), r=r_2(\theta)$ 即可.

（1） 若极点 O 在区域 D 外部，此时 D 可表示为 $D=\{(r,\theta)\mid r_1(\theta)\leqslant r\leqslant r_2(\theta), \alpha\leqslant\theta\leqslant\beta\}$，则

$$\iint_D f(x,y)\mathrm{d}x\mathrm{d}y = \int_\alpha^\beta \mathrm{d}\theta \int_{r_1(\theta)}^{r_2(\theta)} f(r\cos\theta, r\sin\theta)r\mathrm{d}r.$$

如区域 D 由曲线 $x^2+y^2=R^2$ 所围成，经极坐标变换，方程为 $r=R$，此时 D 可表示为

$$D=\{(r,\theta)\mid 0\leqslant r\leqslant R, 0\leqslant\theta\leqslant 2\pi\},$$

则

$$\iint_D f(x,y)\mathrm{d}x\mathrm{d}y = \int_0^{2\pi}\mathrm{d}\theta\int_0^R f(r\cos\theta, r\sin\theta)r\mathrm{d}r.$$

(2) 若极点 O 在区域D 的边界上，边界曲线 $r=r(\theta)$，此时 D 可表示为

$$D = \{(r,\theta)\mid 0\leqslant r\leqslant r(\theta), \alpha\leqslant\theta\leqslant\beta\},$$

则

$$\iint_D f(x,y)\mathrm{d}x\mathrm{d}y = \int_\alpha^\beta\mathrm{d}\theta\int_0^{r(\theta)} f(r\cos\theta, r\sin\theta)r\mathrm{d}r.$$

如区域 D 是由曲线 $x^2+y^2=2xR(R>0)$ 所围成，经极坐标变换，方程为 $r=2R\cos\theta$，此时 D 可表示为 $D=\left\{(r,\theta)\,\middle|\,0\leqslant r\leqslant 2R\cos\theta, -\frac{\pi}{2}\leqslant\theta\leqslant\frac{\pi}{2}\right\}$，则

$$\iint_D f(x,y)\mathrm{d}x\mathrm{d}y = \int_{-\frac{\pi}{2}}^{\frac{\pi}{2}}\mathrm{d}\theta\int_0^{2R\cos\theta} f(r\cos\theta, r\sin\theta)r\mathrm{d}r.$$

(3) 若极点 O 在区域D 的内部，边界曲线 $r=r(\theta)$，此时 D 可表示为 $D=\{(r,\theta)\mid 0\leqslant r\leqslant r(\theta), 0\leqslant\theta\leqslant 2\pi\}$，则

$$\iint_D f(x,y)\mathrm{d}x\mathrm{d}y = \int_0^{2\pi}\mathrm{d}\theta\int_0^{r(\theta)} f(r\cos\theta, r\sin\theta)r\mathrm{d}r.$$

当 D 为 r 型区域时，设 $r_1\leqslant r\leqslant r_2$，在 r 的变化范围$[r_1,r_2]$，以 O 为圆心，r 为半径作圆，曲线按逆时针方向穿过区域 D，穿入点和穿出点的极角分别记为 $\theta=\theta_1(r)$，$\theta=\theta_2(r)$，则 θ 范围为 $\theta_1(r)\leqslant\theta\leqslant\theta_2(r)$，此时

$$\iint_D f(x,y)\mathrm{d}x\mathrm{d}y = \int_{r_1}^{r_2}\mathrm{d}r\int_{\theta_1(r)}^{\theta_2(r)} f(r\cos\theta, r\sin\theta)r\mathrm{d}\theta.$$

特别地，若区域 D 可表示为 $D=\{(r,\theta)\mid r_1\leqslant r\leqslant r_2, \alpha\leqslant\theta\leqslant\beta\}$，其中 r_1,r_2,α,β 均为常数，则

$$\iint_D f(x,y)\mathrm{d}x\mathrm{d}y = \int_{r_1}^{r_2}\mathrm{d}r\int_\alpha^\beta f(r\cos\theta, r\sin\theta)r\mathrm{d}\theta = \int_\alpha^\beta\mathrm{d}\theta\int_{r_1}^{r_2} f(r\cos\theta, r\sin\theta)r\mathrm{d}r.$$

三、换元法

1. 平移变换

设 D 是平面有界闭区域，$f(x,y)$在 D 上连续，在平移变换 $u=x-a$，$v=y-b$ 下，有

$$\iint_D f(x,y)\mathrm{d}x\mathrm{d}y = f(u+a, v+b)\mathrm{d}u\mathrm{d}v,$$

其中，D'是该平移变换下 xoy 平面上的区域D 变成 $uo'v$ 平面上的一个区域.

2. 一般变量替换

设 D 是平面有界闭区域，$f(x,y)$在 D 上连续，作变换 $x=x(u,v)$，$y=y(u,v)$，记 xoy 平面上的区域D 变成$uo'v$ 平面上的区域D'，$x(u,v)$，$y(u,v)$在 D'有连续偏导数，雅可比行列式$\frac{\partial(x,y)}{\partial(u,v)}\neq 0$，则

$$\iint\limits_D f(x,y)\mathrm{d}x\mathrm{d}y = f(x(u,v),y(u,v))\left|\frac{\partial(x,y)}{\partial(u,v)}\right|\mathrm{d}u\mathrm{d}v.$$

在计算二重积分时，选择哪种变量替换，这取决于积分区域 D 的形状和被积函数 $f(x,y)$ 的具体形式.

若被积函数形如 $x^m y^n f(x^2+y^2)$ 或 $x^m y^n f\left(\frac{y}{x}\right)$，积分区域 D 是圆形、环形、扇形、扇环形区域或 D 的边界的极坐标方程较简单，可考虑选用极坐标变换.

若区域 D 有某种对称性(如 D 是圆，但圆心不在原点)，经平移后变成了关于某坐标轴或原点对称的区域且被积函数变成了(或部分变成了)具有奇偶性时，可考虑选用平移变换.

例 7.1 计算 $\iint\limits_D x^2 y\mathrm{d}x\mathrm{d}y$，其中 D 是由双曲线 $x^2-y^2=1$ 及直线 $y=0$，$y=1$ 所围成的平面区域.

解 在平面直角坐标系下画出积分区域，选择 Y 型区域计算.

$$\iint\limits_D x^2 y\mathrm{d}x\mathrm{d}y = \int_0^1 \mathrm{d}y\int_{-\sqrt{1+y^2}}^{\sqrt{1+y^2}} x^2 y\mathrm{d}x = \frac{2}{3}\int_0^1 y\,(1+y^2)^{\frac{3}{2}}\mathrm{d}y$$

$$= \frac{2}{15}\,(1+y^2)^{\frac{5}{2}}\Big|_0^1 = \frac{2}{15}(4\sqrt{2}-1).$$

例 7.2 计算 $\iint\limits_D \sqrt{x}\mathrm{d}x\mathrm{d}y$，其中 $D=\{(x,y)\mid x^2+y^2\leqslant x\}$.

解 积分区域是圆域，用极坐标变换，令 $x=r\cos\theta$，$y=r\sin\theta$，则 $0\leqslant r\leqslant\cos\theta$，$-\frac{\pi}{2}\leqslant\theta\leqslant\frac{\pi}{2}$.

$$\iint\limits_D \sqrt{x}\mathrm{d}x\mathrm{d}y = \int_{-\frac{\pi}{2}}^{\frac{\pi}{2}}\mathrm{d}\theta\int_0^{\cos\theta}\sqrt{r\cos\theta}\,r\mathrm{d}r$$

$$= \int_{-\frac{\pi}{2}}^{\frac{\pi}{2}}\cos^{\frac{1}{2}}\theta\mathrm{d}\theta\int_0^{\cos\theta} r^{\frac{3}{2}}\mathrm{d}r = \frac{4}{5}\int_0^{\frac{\pi}{2}}\cos^3\theta\mathrm{d}\theta = \frac{8}{15}.$$

例 7.3 计算 $\iint\limits_D \sin\sqrt{x^2+y^2}\mathrm{d}x\mathrm{d}y$，其中 D 为第一象限内由 $x^2+y^2=\pi^2$，$x^2+y^2=4\pi^2$，$y=x$，$y=2x$ 所围成的区域.

解 此题用极坐标计算，令 $x=r\cos\theta$，$y=r\sin\theta$，则 $\pi\leqslant r\leqslant 2\pi$，$\frac{\pi}{4}\leqslant\theta\leqslant\arctan 2$.

$$\iint\limits_D \sin\sqrt{x^2+y^2}\mathrm{d}x\mathrm{d}y = \int_{\frac{\pi}{4}}^{\arctan 2}\mathrm{d}\theta\int_{\pi}^{2\pi}\sin r\cdot r\mathrm{d}r$$

$$= \left(\arctan 2-\frac{\pi}{4}\right)(-r\cos r+\sin r)\Big|_{\pi}^{2\pi}$$

$$= -3\pi\left(\arctan 2 - \frac{\pi}{4}\right).$$

例 7.4 计算$\iint\limits_D y\mathrm{d}x\mathrm{d}y$，其中 D 由直线 $x = -2, y = 0, y = 2$ 以及曲线 $x = -\sqrt{2y-y^2}$ 围成.

解 注意到 $D=\{(x,y)\mid 0\leqslant y\leqslant 2, -2\leqslant x\leqslant -\sqrt{1-(y-1)^2}\}$，作平移变换，令 $u = x, v = y-1$，则 D 变成 $D'=\{(u,v)\mid -1\leqslant v\leqslant 1, -2\leqslant u\leqslant -\sqrt{1-v^2}\}$，于是

$$\iint\limits_D y\mathrm{d}x\mathrm{d}y = \iint\limits_{D'}(v+1)\mathrm{d}u\mathrm{d}v = \iint\limits_{D'}v\mathrm{d}u\mathrm{d}v + \iint\limits_{D'}\mathrm{d}u\mathrm{d}v = 0 + 4 - \frac{\pi}{2} = 4 - \frac{\pi}{2}.$$

例 7.5 计算$\iint\limits_D xy\mathrm{d}x\mathrm{d}y$，$D$ 由 $y = x, y = 2x, xy = 1, xy = 3$ 围成的第一象限部分.

解 作变换，令 $u = \dfrac{y}{x}, v = xy$，则 $1\leqslant u\leqslant 2, 1\leqslant v\leqslant 3$，又 $\dfrac{\partial(u,v)}{\partial(x,y)} = \begin{vmatrix} -\dfrac{y}{x^2} & \dfrac{1}{x} \\ y & x \end{vmatrix} = -2\dfrac{y}{x} = -2u$，故 $\dfrac{\partial(x,y)}{\partial(u,v)} = -\dfrac{1}{2u}$.

$$\iint\limits_D xy\mathrm{d}x\mathrm{d}y = \iint\limits_{D'}v\frac{1}{2u}\mathrm{d}u\mathrm{d}v = \frac{1}{2}\int_1^2\frac{\mathrm{d}u}{u}\int_1^3 v\mathrm{d}v = 2\ln 2.$$

此外，对于对称区域上二重积分的计算，我们可以利用区域的对称性，积分变量的对称性以及被积函数关于积分变量的奇偶性来简化计算.

例 7.6 计算$\iint\limits_D(\mathrm{e}^x - \mathrm{e}^{-y})\mathrm{d}x\mathrm{d}y$，$D = \{(x,y)\mid x^2 + y^2 \leqslant R^2\}$.

解 因为 $\iint\limits_{x^2+y^2\leqslant R^2}\mathrm{e}^{-y}\mathrm{d}x\mathrm{d}y \overset{\substack{x\leftrightarrow y\\ y\leftrightarrow x}}{=} \iint\limits_{x^2+y^2\leqslant R^2}\mathrm{e}^{-x}\mathrm{d}x\mathrm{d}y$ 所以 $\iint\limits_D(\mathrm{e}^x - \mathrm{e}^{-y})\mathrm{d}x\mathrm{d}y = \iint\limits_D(\mathrm{e}^x - \mathrm{e}^{-x}\mathrm{d}x\mathrm{d}y$. 又 D 关于 y 轴对称且 $f(x,y) = \mathrm{e}^x - \mathrm{e}^{-x}$ 关于 x 成奇函数，故 $\iint\limits_D(\mathrm{e}^x - \mathrm{e}^{-x})\mathrm{d}x\mathrm{d}y = 0$. 原式为 0.

例 7.7 计算$\iint\limits_D(x^2 + y^2)\mathrm{d}x\mathrm{d}y$，其中 D：$|x| + |y| \leqslant 1$.

解 积分区域 D 关于 x, y 轴均对称，被积函数 $f(x,y) = x^2 + y^2$ 对 x, y 均为偶函数. 记 $D_1 = \{(x,y)\mid x\geqslant 0, y\geqslant 0, x + y\leqslant 1\}$，由变量的轮换对称性，得 $\iint\limits_{D_1}x^2\mathrm{d}x\mathrm{d}y = \iint\limits_{D_2}y^2\mathrm{d}x\mathrm{d}y$，故

$$\iint\limits_D(x^2 + y^2)\mathrm{d}x\mathrm{d}y = 4\iint\limits_{D_1}(x^2 + y^2)\mathrm{d}x\mathrm{d}y = 8\iint\limits_{D_1}x^2\mathrm{d}x\mathrm{d}y$$

$$= 8\int_0^1 dx\int_0^{1-x} x^2 dy = \frac{2}{3}.$$

第二节　二次积分交换积分次序

在计算重积分时，我们总是会把它转化成二次积分进行计算，而二次积分的积分次序有两种. 这就引申出这样一种常见题型：即给定一个二次积分，要求交换积分次序，写出与之相等的另一个二次积分.

1. 直角坐标系下交换积分顺序

(1) 由给定的二次积分，写出变量 x, y 的变化范围即积分变量的上、下限；

(2) 接着在直角坐标系下画出积分区域，若给定的二次积分把积分区域看成 $X(Y)$ 型的，则现在把积分区域看成 $Y(X)$ 型，重新写出变量 x, y 的变化范围；

(3) 最后写出交换了积分次序后的新的二次积分.

2. 极坐标系下交换积分顺序

由给定的二次积分，写出变量 x, y 的变化范围即积分变量的上下限，接着在直角坐标下画出积分区域，根据此积分区域重新写出极坐标变量 r, θ 的变化范围，最后写出极坐标变换下的二次积分.

例 7.8　交换二次积分 $\int_0^{\frac{\pi}{6}} dy\int_y^{\frac{\pi}{6}}\frac{\cos x}{x}dx$ 的积分次序.

解　由给定的二次积分的积分变量上下限容易看出变量 x, y 的变化范围是

$$y\leqslant x\leqslant\frac{\pi}{6},\quad 0\leqslant y\leqslant\frac{\pi}{6},$$

积分区域 $D=\left\{(x,y)\,\middle|\, y\leqslant x\leqslant\frac{\pi}{6}, 0\leqslant y\leqslant\frac{\pi}{6}\right\}$ 是 Y 型区域，下面把它看成 X 型区域，重新写出变量 x, y 的变化范围为 $0\leqslant y\leqslant x, 0\leqslant x\leqslant\frac{\pi}{6}$. 故

$$\int_0^{\frac{\pi}{6}} dy\int_y^{\frac{\pi}{6}}\frac{\cos x}{x}dx = \int_0^{\frac{\pi}{6}} dx\int_0^x\frac{\cos x}{x}dy.$$

例 7.9　交换二次积分 $\int_{\frac{1}{2}}^1 dx\int_{x^2}^x e^{y/x}dy$ 的积分次序.

解　由给定的二次积分的积分变量上下限容易看出变量 x, y 的变化范围是

$$\frac{1}{2}\leqslant x\leqslant 1,\quad x^2\leqslant y\leqslant x.$$

积分区域 $D=\{(x,y)\mid x^2\leqslant y\leqslant x, \frac{1}{2}\leqslant x\leqslant 1\}$ 是 X 型区域，下面把它看成 Y 型区

域,重新写出变量 x,y 的变化范围为:$D_1:\frac{1}{4}\leqslant y\leqslant\frac{1}{2},\frac{1}{2}\leqslant x\leqslant\sqrt{y}$;$D_2:\frac{1}{2}\leqslant y\leqslant 1,y\leqslant x\leqslant\sqrt{y}$. 故

$$\int_{\frac{1}{2}}^{1}\mathrm{d}x\int_{x^2}^{x}\mathrm{e}^{y/x}\mathrm{d}y=\int_{\frac{1}{4}}^{\frac{1}{2}}\mathrm{d}y\int_{\frac{1}{2}}^{\sqrt{y}}\mathrm{e}^{y/x}\mathrm{d}x+\int_{\frac{1}{2}}^{1}\mathrm{d}y\int_{y}^{\sqrt{y}}\mathrm{e}^{y/x}\mathrm{d}x.$$

例 7.10 化直角坐标系下的二次积分 $\int_0^{\frac{\pi}{6}}\mathrm{d}y\int_y^{\frac{\pi}{6}}f(x,y)\mathrm{d}x$ 为极坐标下的二次积分.

解 由给定的二次积分的积分变量上下限容易看出变量 x,y 的变化范围是

$$y\leqslant x\leqslant\frac{\pi}{6},\quad 0\leqslant y\leqslant\frac{\pi}{6},$$

积分区域 $D=\left\{(x,y)\,\middle|\,y\leqslant x\leqslant\frac{\pi}{6},0\leqslant y\leqslant\frac{\pi}{6}\right\}$,下面把它看成极坐标系下的 θ 型区域,重新写出变量 r,θ 的变化范围为 $0\leqslant r\leqslant\frac{\pi}{6}\sec\theta,0\leqslant\theta\leqslant\frac{\pi}{4}$. 故

$$\int_0^{\frac{\pi}{6}}\mathrm{d}y\int_y^{\frac{\pi}{6}}f(x,y)\mathrm{d}x=\int_0^{\frac{\pi}{4}}\mathrm{d}\theta\int_0^{\frac{\pi}{6}\sec\theta}f(r\cos\theta,r\sin\theta)r\mathrm{d}r$$

例 7.11 化直角坐标系下的二次积分 $\int_{\frac{1}{2}}^{1}\mathrm{d}x\int_{x^2}^{x}\mathrm{e}^{\frac{y}{x}}\mathrm{d}y$ 为极坐标下的二次积分.

解 由给定的二次积分的积分变量上下限容易看出变量 x,y 的变化范围是

$$\frac{1}{2}\leqslant x\leqslant 1,\quad x^2\leqslant y\leqslant x,$$

积分区域是 $D=\left\{(x,y)\,\middle|\,x^2\leqslant y\leqslant x,\frac{1}{2}\leqslant x\leqslant 1\right\}$,下面把它看成极坐标系下的 θ 型区域,重新写出变量 r,θ 的变化范围为 D_1: $\arctan\frac{1}{2}\leqslant\theta\leqslant\frac{\pi}{4},\frac{1}{2}\sec\theta\leqslant r\leqslant\sin\theta\sec^2\theta$. 故

$$\int_{\frac{1}{2}}^{1}\mathrm{d}x\int_{x^2}^{x}\mathrm{e}^{y/x}\mathrm{d}y=\int_{\arctan\frac{1}{2}}^{\frac{\pi}{4}}\mathrm{d}\theta\int_{\frac{1}{2}\sec\theta}^{\sin\theta\sec^2\theta}\mathrm{e}^{\tan\theta}r\mathrm{d}r.$$

第三节 三重积分的计算

一、直角坐标系下计算三重积分

1. "先一后二"法

设 Ω 是 $Oxyz$ 空间中的有界闭区域,Ω 可表示为

$$\Omega = \left\{(x,y,z) \middle| z_1(x,y) \leqslant z \leqslant z_2(x,y),(x,y) \in D\right\},$$

它由上曲面 $z=z_2(x,y)$，下曲面 $z=z_1(x,y)$ 及侧面（以 xoy 平面上的区域 D 的边界为准线，母线平行于 z 轴的柱面）所围成的. Ω 在 xoy 平面上的投影区域记为 D，$z_1(x,y)$，$z_2(x,y)$ 在 D 上连续，$f(x,y,z)$ 在 Ω 上连续. 则

$$\iiint_\Omega f(x,y,z)\mathrm{d}V = \iint_D \mathrm{d}x\mathrm{d}y \int_{z_1(x,y)}^{z_2(x,y)} f(x,y,z)\mathrm{d}z.$$

2. "先二后一"法

设 Ω 是 $Oxyz$ 空间中的有界闭区域，$f(x,y,z)$ 在 Ω 上连续. 若

$$\Omega = \left\{(x,y,z) \middle| \alpha \leqslant z \leqslant \beta,(x,y) \in D(z)\right\},$$

即区域 Ω 界于平面 $z=\beta$ 与 $z=\alpha$ 之间，过 z 轴上区间 $[\alpha,\beta]$ 中任意点 z 作垂直于 z 轴的平面截区域 Ω 得平面区域 $D(z)$，是有界闭区域，这种区域为截面面积已知的区域. 则

$$\iiint_\Omega f(x,y,z)\mathrm{d}V = \int_\alpha^\beta \mathrm{d}z \iint_{D(z)} f(x,y,z)\mathrm{d}x\mathrm{d}y.$$

注　选择哪种积分次序，关键是要看积分区域 Ω 的类型和计算的烦琐.

例 7.12　计算三重积分 $\iiint_\Omega xy\mathrm{d}V$，$\Omega$ 由 $z=xy$，$z=0$，$x+y=1$ 所围成.

解　积分区域 $\Omega = \left\{(x,y,z) \middle| 0 \leqslant z \leqslant xy,(x,y) \in D_{xy}\right\}$，$D_{xy} = \left\{(x,y) \middle| 0 \leqslant x \leqslant 1, 0 \leqslant y \leqslant 1-x\right\}$，则

$$\iiint_\Omega xy\mathrm{d}V = \iint_{D_{xy}} \mathrm{d}x\mathrm{d}y \int_0^{xy} xy\mathrm{d}z = \iint_{D_{xy}} x^2y^2\mathrm{d}x\mathrm{d}y = \int_0^1 \mathrm{d}x \int_0^{1-x} x^2y^2\mathrm{d}y$$

$$= \frac{1}{3}\int_0^1 (x^2y^3 \big|_0^{1-x})\mathrm{d}x = \frac{1}{3}\int_0^1 x^2(1-x)^3\mathrm{d}x = \frac{1}{180}.$$

例 7.13　计算 $I = \iiint_V z^2\mathrm{d}x\mathrm{d}y\mathrm{d}z$，其中 V 为 $x^2+y^2+z^2=R^2(R>0)$ 与 $x^2+y^2+z^2=2Rz$ 围成的区域.

解　将两球面方程联立，解得两球面的交线为 $\begin{cases} z=\dfrac{R}{2} \\ x^2+y^2=\dfrac{3}{4}R^2 \end{cases}$. 对每个固定的 $z(0 \leqslant z \leqslant R)$，令 D_z 为 $z=z$ 截区域 V 所得的圆域，$S(z)$ 为 D_z 的面积，则

$$I = \int_0^R \mathrm{d}z \iint_{D_z} z^2\mathrm{d}x\mathrm{d}y = \int_0^R z^2S(z)\mathrm{d}z.$$

(1) 当 $0 \leqslant z \leqslant \dfrac{R}{2}$ 时，由 $x^2+y^2=2Rz-z^2$ 得 $S(z)=\pi(2Rz-z^2)$.

(2) 当$\frac{R}{2}\leqslant z\leqslant R$ 时,由 $x^2+y^2=R^2-z^2$ 得 $S(z)=\pi(R^2-z^2)$.

故

$$I=\int_0^{\frac{R}{2}}\pi(2Rz-z^2)z^2\mathrm{d}z+\int_{\frac{R}{2}}^{R}\pi(R^2-z^2)z^2\mathrm{d}z$$

$$=\pi\left[R\cdot\frac{z^4}{2}\bigg|_{\frac{R}{2}0}-\frac{z^5}{5}\bigg|_{\frac{R}{2}0}+R^2\cdot\frac{z^3}{3}\bigg|_{\frac{R}{2}0}-\frac{z^5}{5}\bigg|_{\frac{R}{2}0}\right]=\frac{59}{480}\pi R^5.$$

二、柱坐标变换下计算三重积分

柱坐标变换$\begin{cases}x=r\cos\theta\\y=r\sin\theta\\z=z\end{cases}$,$0\leqslant\theta\leqslant 2\pi,0\leqslant r<+\infty,-\infty<z<+\infty$.因为

$$\frac{\partial(x,y,z)}{\partial(r,\theta,z)}=\begin{vmatrix}x_r & x_\theta & x_z\\ y_r & y_\theta & y_z\\ z_r & z_\theta & z_z\end{vmatrix}=\begin{vmatrix}\cos\theta & -r\sin\theta & 0\\ \sin\theta & r\cos\theta & 0\\ 0 & 0 & 1\end{vmatrix}=r,$$

所以

$$\iiint\limits_V f(x,y,z)\mathrm{d}x\mathrm{d}y\mathrm{d}z=\iiint\limits_{V'} f(r\cos\theta,r\sin\theta,z)r\mathrm{d}r\mathrm{d}\theta\mathrm{d}z.$$

设平行于 Oz 轴的直线与区域 V 的边界至多只有两个交点,把 V 在 xoy 面上的投影区域D_{xy}用关于r,θ 的不等式表示为$D_{r\theta}:r_1(\theta)\leqslant r\leqslant r_2(\theta),\alpha\leqslant\theta\leqslant\beta$,上下曲面分别为 $z=z_2(r,\theta),z=z_1(r,\theta)$. 于是立体区域 V 可表示为

$$V=\{(r,\theta,z)\mid z_1(r,\theta)\leqslant z\leqslant z_2(r,\theta),(r,\theta)\in D_{r\theta}\},$$
$$D_{r\theta}=\{(r,\theta)\mid r_1(\theta)\leqslant r\leqslant r_2(\theta),\alpha\leqslant\theta\leqslant\beta\},$$

则

$$\iiint\limits_V f(x,y,z)\mathrm{d}x\mathrm{d}y\mathrm{d}z=\iint\limits_{D_{r\theta}} r\mathrm{d}r\mathrm{d}\theta\int_{z_1(r,\theta)}^{z_2(r,\theta)}f(r\cos\theta,r\sin\theta,z)\mathrm{d}z$$
$$=\int_\alpha^\beta\mathrm{d}\theta\int_{r_1(\theta)}^{r_2(\theta)}r\mathrm{d}r\int_{z_1(r,\theta)}^{z_2(r,\theta)}f(r\cos\theta,r\sin\theta,z)\mathrm{d}z$$

例 7.14 计算 $I=\iiint\limits_V z^2\mathrm{d}x\mathrm{d}y\mathrm{d}z$,其中 V 为$x^2+y^2+z^2=R^2,R>0$ 与 $x^2+y^2+z^2=2Rz$ 围成的区域.

解 区域 V 在 xoy 面上的投影为$x^2+y^2\leqslant\frac{3}{4}R^2$,即 $r\leqslant\frac{\sqrt{3}}{2}R$.两球面方程分别为 $r^2+z^2=R^2$ 与 $r^2+(z-R)^2=R^2$. 故

$$V=\left\{(r,\theta,z)\mid 0\leqslant r\leqslant\frac{3}{2}R,0\leqslant\theta\leqslant 2\pi,R-\sqrt{R^2-r^2}\leqslant z\leqslant\sqrt{R^2-r^2}\right\}.$$

则

$$I=\int_0^{2\pi}\mathrm{d}\theta\int_0^{\frac{\sqrt{3}}{2}R}r\mathrm{d}r\int_{R-\sqrt{R^2-r^2}}^{\sqrt{R^2-r^2}}z^2\mathrm{d}z$$

$$=\frac{2\pi}{3}\int_0^{\frac{\sqrt{3}}{2}R}\left[(\sqrt{R^2-r^2})^3-(R-\sqrt{R^2-r^2})^3\right]r\mathrm{d}r$$

$$=\frac{59\pi}{480}R^5.$$

例 7.15 计算$\iiint\limits_V(x^2+y^2)\mathrm{d}x\mathrm{d}y\mathrm{d}z$,其中 V 是由曲面 $2(x^2+y^2)=z$ 与 $z=4$ 为界面的区域.

解 V 在 xoy 平面上的投影区域为 D:$x^2+y^2\leqslant 2$.按柱坐标变换,区域 V 可表示为

$$V=\{(r,\theta,z)\,|\,2r^2\leqslant z\leqslant 4,0\leqslant r\leqslant\sqrt{2},0\leqslant\theta\leqslant 2\pi\}.$$

故

$$\iiint\limits_V(x^2+y^2)\mathrm{d}x\mathrm{d}y\mathrm{d}z=\iiint\limits_{V'}r^3\mathrm{d}r\mathrm{d}\theta\mathrm{d}z=\int_0^{2\pi}\mathrm{d}\theta\int_0^{\sqrt{2}}\mathrm{d}r\int_{2r^2}^4r^3\mathrm{d}z=\frac{8\pi}{3}.$$

三、球坐标变换下计算三重积分

球坐标变换$\begin{cases}x=r\sin\varphi\cos\theta\\ y=r\sin\varphi\sin\theta\\ z=r\cos\varphi\end{cases}$,$0\leqslant r<+\infty$,$0\leqslant\varphi\leqslant\pi$,$0\leqslant\theta\leqslant 2\pi$.因为

$$\frac{\partial(x,y,z)}{\partial(r,\varphi,\theta)}=\begin{vmatrix}x_r & x_\varphi & x_\theta\\ y_r & y_\varphi & y_\theta\\ z_r & z_\varphi & z_\theta\end{vmatrix}=\begin{vmatrix}\sin\varphi\cos\theta & r\cos\varphi\cos\theta & -r\sin\varphi\sin\theta\\ \sin\varphi\sin\theta & r\cos\varphi\sin\theta & r\sin\varphi\cos\theta\\ \cos\varphi & -r\sin\varphi & 0\end{vmatrix}=r^2\sin\varphi,$$

所以

$$\iiint\limits_V f(x,y,z)\mathrm{d}x\mathrm{d}y\mathrm{d}z=\iiint\limits_{V'}f(r\sin\varphi\cos\theta,r\sin\varphi\sin\theta,r\cos\varphi)r^2\sin\varphi\mathrm{d}r\mathrm{d}\varphi\mathrm{d}\theta.$$

在球坐标系中,用 $r=$常数,$\varphi=$常数,$\theta=$常数的平面分割 V'时,变换后在 $Oxyz$ 直角坐标系中,$r=$常数是以原点为中心的球面,$\varphi=$常数是以原点为顶点、z 轴为中心轴的半圆锥面,$\theta=$常数是过 z 轴的半平面. 在球坐标系下,设区域 V'为

$$V'=\{(r,\varphi,\theta)\,|\,r_1(\varphi,\theta)\leqslant r\leqslant r_2(\varphi,\theta),\varphi_1(\theta)\leqslant\varphi\leqslant\varphi_2(\theta),\theta_1\leqslant\theta\leqslant\theta_2\},$$

则

$$\iiint\limits_V f(x,y,z)\mathrm{d}x\mathrm{d}y\mathrm{d}z$$

$$=\int_{\theta_1}^{\theta_2}\mathrm{d}\theta\int_{\varphi_1(\theta)}^{\varphi_2(\theta)}\mathrm{d}\varphi\int_{r_1(\varphi,\theta)}^{r_2(\varphi,\theta)}f(r\sin\varphi\cos\theta,r\sin\varphi\sin\theta,r\cos\varphi)r^2\sin\varphi\mathrm{d}r.$$

例 7.16 计算 $I=\int_{-1}^{1}\mathrm{d}x\int_{0}^{\sqrt{1-x^2}}\mathrm{d}y\int_{1}^{1+\sqrt{1-x^2-y^2}}\frac{\mathrm{d}z}{\sqrt{x^2+y^2+z^2}}$.

解 在球坐标系中,平面 $z=1$ 的方程是 $r\cos\varphi=1$,球面 $x^2+y^2+z^2=2z$ 的方程是 $r=2\cos\varphi$. 故 I 对应的三重积分的积分区域

$$V=\left\{(r,\varphi,\theta)\,\middle|\,0\leqslant\theta\leqslant\pi,0\leqslant\varphi\leqslant\frac{\pi}{4},\frac{1}{\cos\varphi}\leqslant r\leqslant 2\cos\varphi\right\}.$$

则

$$\begin{aligned}I&=\int_{-1}^{1}\mathrm{d}x\int_{0}^{\sqrt{1-x^2}}\mathrm{d}y\int_{1}^{1+\sqrt{1-x^2-y^2}}\frac{\mathrm{d}z}{\sqrt{x^2+y^2+z^2}}\\&=\int_{0}^{\pi}\mathrm{d}\theta\int_{0}^{\frac{\pi}{4}}\mathrm{d}\varphi\int_{\frac{1}{\cos\varphi}}^{2\cos\varphi}\frac{1}{r}\cdot r^2\sin\varphi\mathrm{d}r\\&=\pi\int_{0}^{\frac{\pi}{4}}\left(\sin\varphi\cdot\frac{r^2}{2}\bigg|_{\frac{1}{\cos\varphi}}^{2\cos\varphi}\right)\mathrm{d}\varphi\\&=\pi\left[-\frac{2}{3}\cos^3\varphi-\frac{1}{2\cos\varphi}\right]\bigg|_{0}^{\frac{\pi}{4}}=\left(\frac{7}{6}-\frac{2\sqrt{2}}{3}\right)\pi.\end{aligned}$$

例 7.17 求由圆锥体 $z\geqslant\sqrt{x^2+y^2}\cot\beta$ 和球体 $x^2+y^2+(z-a)^2\leqslant a^2$ 所确定的立体体积,其中 $\beta\in\left(0,\frac{\pi}{2}\right)$ 和 $a(>0)$ 为常数.

解 在球坐标变换下,球面方程 $x^2+y^2+(z-a)^2=a^2$ 可表示成 $r=2a\cos\varphi$,锥面方程 $z=\sqrt{x^2+y^2}\cot\beta$ 可表示成 $\varphi=\beta$. 因此

$$V'=\{(r,\varphi,\theta)\mid 0\leqslant r\leqslant 2a\cos\varphi,0\leqslant\varphi\leqslant\beta,0\leqslant\theta\leqslant 2\pi\}.$$

所求立体的体积为

$$V=\iiint_V\mathrm{d}V=\int_{0}^{2\pi}\mathrm{d}\theta\int_{0}^{\beta}\mathrm{d}\varphi\int_{0}^{2a\cos\varphi}r^2\sin\varphi\mathrm{d}r=\frac{4}{3}\pi a^3(1-\cos^4\beta).$$

第四节 重积分的应用

一、曲面面积

设 D 为可求面积的平面有界区域,函数 $f(x,y)$ 在 D 上具有连续的一阶偏导数,讨论由方程 $z=f(x,y),(x,y)\in D$ 所确定的曲面的面积.

先对区域 D 作分割 T,把它分成 n 个小区域 $\Delta\sigma_i(i=1,2,\cdots,n)$,根据这个分割相应地将曲面 S 也分成 n 个小曲面片 $\Delta S_i(i=1,2,\cdots,n)$,在每个 ΔS_i 上任取一点 $M_i(\xi_i,\eta_i,$

ζ_i)，作曲面在这一点的切平面 Π_i，并在 Π_i 上取出一小块 ΔA_i，使得 ΔA_i 与 ΔS_i 在 xoy 平面上的投影都是 $\Delta\sigma_i$，在点 M_i 附近，用切平面 ΔA_i 代替小曲面 ΔS_i，从而当 $\|T\|$ 充分小时，有 $S=\sum_{i=1}^{n}\Delta S_i\approx\sum_{i=1}^{n}\Delta A_i$. 这里 $S,\Delta S_i,\Delta A_i$ 分别表示曲面 S，小曲面片 ΔS_i，小切平面块 ΔA_i 的面积，所以当 $\|T\|\to 0$ 时，可用和式 $\sum_{i=1}^{n}\Delta A_i$ 的极限作为 S 的面积. 因为 $\Delta A_i=\sqrt{1+f_x^2(\xi_i,\eta_i)+f_y^2(\xi_i,\eta_i)}\Delta\sigma_i$，所以

$$S=\lim_{\|T\|\to 0}\sum_{i=1}^{n}\sqrt{1+f_x^2(\xi_i,\eta_i)+f_y^2(\xi_i,\eta_i)}\Delta\sigma_i=\iint_D\sqrt{1+f_x^2(x,y)+f_y^2(x,y)}\mathrm{d}x\mathrm{d}y.$$

例 7.18　求圆锥 $z=\sqrt{x^2+y^2}$ 在圆柱体 $x^2+y^2\leqslant x$ 内那一部分的面积.

解　所求曲面面积 $S=\iint_D\sqrt{1+z_x^2(x,y)+z_y^2(x,y)}\mathrm{d}x\mathrm{d}y$，其中 D 是 $x^2+y^2\leqslant x$，曲面方程为

$$z=\sqrt{x^2+y^2},$$

故 $z_x=\dfrac{x}{\sqrt{x^2+y^2}}$，$z_y=\dfrac{y}{\sqrt{x^2+y^2}}$，$\sqrt{1+z_x^2+z_y^2}=\sqrt{2}$. 所以

$$S=\iint_D\sqrt{1+z_x^2(x,y)+z_y^2(x,y)}\mathrm{d}x\mathrm{d}y=\iint_D\sqrt{2}\mathrm{d}x\mathrm{d}y=\frac{\sqrt{2}}{4}\pi.$$

例 7.19　设平面光滑曲线方程为 $y=f(x)$，$x\in[a,b]$（$f(x)>0$），求证此曲线绕 x 轴旋转一周得到的旋转曲面的面积为 $S=2\pi\int_a^b f(x)\sqrt{1+f'(x)}\mathrm{d}x$.

证　由于上半旋转面方程为 $z=\sqrt{f^2(x)-y^2}$，因此

$$z_x=\frac{f(x)f'(x)}{\sqrt{f^2(x)-y^2}},\quad z_y=\frac{-y}{\sqrt{f^2(x)-y^2}},$$

$$\sqrt{1+z_x^2+z_y^2}=\sqrt{\frac{f^2(x)+f^2(x)f'^2(x)}{f^2(x)-y^2}}.$$

于是

$$S=2\int_a^b\mathrm{d}x\int_{-f(x)}^{f(x)}\sqrt{\frac{f^2(x)+f^2(x)f'^2(x)}{f^2(x)-y^2}}\mathrm{d}y=4\int_a^b\mathrm{d}x\int_0^{f(x)}\sqrt{\frac{1+f'^2(x)}{1-y^2f^{-2}(x)}}\mathrm{d}\left(\frac{y}{f(x)}\right)$$

$$=4\int_a^b f(x)\sqrt{1+f'^2(x)}\mathrm{d}x\int_0^1\frac{\mathrm{d}t}{\sqrt{1-t^2}}=2\pi\int_a^b f(x)\sqrt{1+f'^2(x)}\mathrm{d}x.$$

二、质心(重心)

设 V 是密度函数为 $\rho(x,y,z)$ 的空间物体，$\rho(x,y,z)$ 在 V 上连续，求 V 的质心（或重心）坐标. 设 V 的质心（或重心）坐标为 $(\bar{x},\bar{y},\bar{z})$.

对 V 做分割 T,在属于分割 T 的每一小块 ΔV_i 上任取一点(ξ_i,η_i,ζ_i),于是小块 ΔV_i 的质量可以用$\rho(\xi_i,\eta_i,\zeta_i)\Delta V_i$ 近似代替,若把每一小块看作质量集中在(ξ_i,η_i,ζ_i)的质点时,整个物体就可用这 n 个质点的质点系来近似代替,由于质点系的质心坐标公式为

$$\bar{x}_n=\frac{\sum_{i=1}^{n}\xi_i\rho(\xi_i,\eta_i,\zeta_i)\Delta V_i}{\sum_{i=1}^{n}\rho(\xi_i,\eta_i,\zeta_i)\Delta V_i},$$

$$\bar{y}_n=\frac{\sum_{i=1}^{n}\eta_i\rho(\xi_i,\eta_i,\zeta_i)\Delta V_i}{\sum_{i=1}^{n}\rho(\xi_i,\eta_i,\zeta_i)\Delta V_i},$$

$$\bar{z}_n=\frac{\sum_{i=1}^{n}\zeta_i\rho(\xi_i,\eta_i,\zeta_i)\Delta V_i}{\sum_{i=1}^{n}\rho(\xi_i,\eta_i,\zeta_i)\Delta V_i}.$$

当分割的细度$\|T\|\to 0$ 时,我们把$\bar{x}_n,\bar{y}_n,\bar{z}_n$ 的极限$\bar{x},\bar{y},\bar{z}$ 定义为 V 的质心坐标,即

$$\bar{x}=\frac{\iiint\limits_V xp(x,y,z)\mathrm{d}V}{\iiint\limits_V p(x,y,z)\mathrm{d}V},\quad \bar{y}=\frac{\iiint\limits_V yp(x,y,z)\mathrm{d}V}{\iiint\limits_V p(x,y,z)\mathrm{d}V},\quad \bar{z}=\frac{\iiint\limits_V zp(x,y,z)\mathrm{d}V}{\iiint\limits_V p(x,y,z)\mathrm{d}V}.$$

当物体 V 的密度均匀即ρ 为常数时,则有

$$\bar{x}=\frac{1}{V}\iiint\limits_V x\mathrm{d}V,\quad \bar{y}=\frac{1}{V}\iiint\limits_V y\mathrm{d}V,\quad \bar{z}=\frac{1}{V}\iiint\limits_V z\mathrm{d}V,$$

同理可得,密度分布为 $\rho(x,y)$的平面薄板 D 的质心坐标是

$$\bar{x}=\frac{\iint\limits_D xp(x,y)\mathrm{d}\sigma}{\iint\limits_D p(x,y)\mathrm{d}\sigma},\quad \bar{y}=\frac{\iint\limits_D yp(x,y)\mathrm{d}\sigma}{\iint\limits_D p(x,y)\mathrm{d}\sigma}.$$

当平面薄板 D 的密度均匀即ρ 是常数时,有

$$\bar{x}=\frac{1}{\sigma}\iint\limits_D x\mathrm{d}\sigma,\quad \bar{y}=\frac{1}{\sigma}\iint\limits_D y\mathrm{d}\sigma.$$

这里,σ 为平面薄板D 的面积.

例 7.20 求密度均匀的上半椭球体的质心.

解 设椭球体由不等式

$$\frac{x^2}{a^2}+\frac{y^2}{b^2}+\frac{z^2}{c^2}\leqslant 1$$

表示. 由对称性知 $\bar{x}=0,\bar{y}=0$. 又由 ρ 为常数,所以

$$\bar{z}=\frac{\iiint\limits_V \rho z\,\mathrm{d}V}{\iiint\limits_V \rho\,\mathrm{d}V}=\frac{\iiint\limits_V z\,\mathrm{d}x\mathrm{d}y\mathrm{d}z}{\frac{2}{3}\pi abc}.$$

作广义球坐标变换 $T:\begin{cases}x=ar\sin\varphi\cos\theta\\ y=br\sin\varphi\sin\theta\\ z=cr\cos\varphi\end{cases}$,则 $J(r,\varphi,\theta)=abcr^2\sin\varphi,0\leqslant r\leqslant 1,0\leqslant\varphi\leqslant\frac{\pi}{2},0\leqslant\theta\leqslant 2\pi$,故

$$\begin{aligned}\iiint\limits_V z\,\mathrm{d}x\mathrm{d}y\mathrm{d}z&=\iiint\limits_{V'} abc^2r^3\sin\varphi\cos\varphi\,\mathrm{d}r\mathrm{d}\varphi\mathrm{d}\theta\\&=\int_0^{2\pi}\mathrm{d}\theta\int_0^{\frac{\pi}{2}}\mathrm{d}\varphi\int_0^1 abc^2r^3\sin\varphi\cos\varphi\,\mathrm{d}r=\frac{\pi abc^2}{4}.\end{aligned}$$

所以 $\bar{z}=\frac{3c}{8}$. 所求质心为 $\left(0,0,\frac{3c}{8}\right)$.

三、转动惯量

质点 A 对于轴 L 的转动惯量 J 等于质点 A 的质量 m 和质点 A 与转动轴 L 的距离 d 的平方的乘积,即 $J=md^2$.

设 $\rho(x,y,z)$ 为空间物体 V 的密度分布函数,它在 V 上连续. 对 V 作分割 T,在属于分割 T 的每一小块 ΔV_i 上任取一点 (ξ_i,η_i,ζ_i),于是小块 ΔV_i 的质量可以用 $\rho(\xi_i,\eta_i,\zeta_i)\Delta V_i$ 近似代替,当以质点系 $\{(\xi_i,\eta_i,\zeta_i),i=1,2,\cdots,n\}$ 近似替代 V 时,质点系对于 x 轴的转动惯量是

$$J_{xn}=\sum_{i=1}^{n}(\eta_i^2+\zeta_i^2)\rho(\xi_i,\eta_i,\zeta_i)\Delta v_i.$$

当 $\|T\|\to 0$ 时,上述积分和的极限就是物体 V 对于 x 轴的转动惯量:

$$J_x=\iiint\limits_V(y^2+z^2)\rho(x,y,z)\,\mathrm{d}V.$$

类似可得物体 V 对于 y,z 轴的转动惯量分别为

$$J_y=\iiint\limits_V(z^2+x^2)\rho(x,y,z)\,\mathrm{d}V,\quad J_z=\iiint\limits_V(x^2+y^2)\rho(x,y,z)\,\mathrm{d}V.$$

同理,物体 V 对于坐标平面的转动惯量分别为

$$J_{xy}=\iiint\limits_V z^2\rho(x,y,z)\,\mathrm{d}V,\quad J_{yz}=\iiint\limits_V x^2\rho(x,y,z)\,\mathrm{d}V,\quad J_{zx}=\iiint\limits_V y^2\rho(x,y,z)\,\mathrm{d}V.$$

平面薄板对于坐标轴的转动惯量为

$$J_x = \iint_D y^2\rho(x,y)\mathrm{d}\sigma, \quad J_y = \iint_D x^2\rho(x,y)\mathrm{d}\sigma, \quad J_L = \iint_D d^2(x,y)\rho(x,y)\mathrm{d}\sigma.$$

这里 L 为转动轴，$d(x,y)$为 D 中点(x,y)到 L 的距离函数.

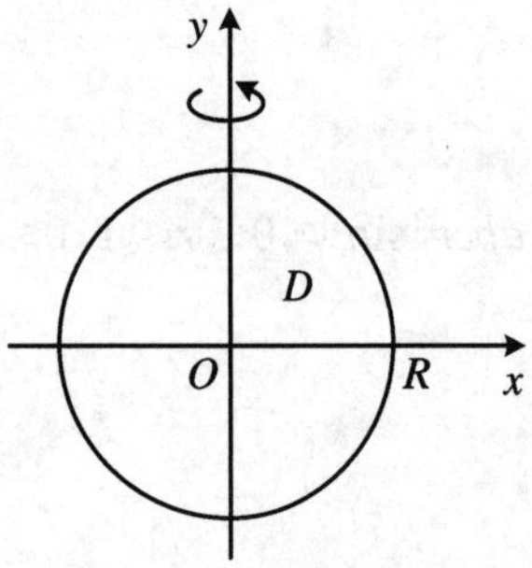

例 7.21 求均匀圆盘 D 对于其直径的转动惯量.

解 设圆盘 $D=\{(x,y)\mid x^2+y^2\leqslant R^2\}$，密度为 ρ，圆盘的质量为 m，问题可转化为求对于 y 轴的转动惯量. D 内任一点(x,y)与 y 轴的距离为$|x|$，故

$$J=\iint_D \rho x^2\mathrm{d}\sigma = \rho\int_0^{2\pi}\mathrm{d}\theta\int_0^R (r\cos\theta)^2\mathrm{d}r$$

$$=\frac{\rho\pi R^4}{4}=\frac{mR^2}{4}.$$

四、引力

求密度为 $\rho(x,y,z)$的立体对立体外质量为 1 的质点 A 的引力.

设 A 的坐标为(ξ,η,ζ)，V 中点的坐标用(x,y,z)表示. 我们使用微元法来求 V 对 A 的引力. V 中质量微元 $\mathrm{d}m=\rho\mathrm{d}V$，对 A 的引力在坐标轴上的投影为

$$\mathrm{d}F_x = k\frac{x-\xi}{r^3}\rho\mathrm{d}V, \quad \mathrm{d}F_y = k\frac{y-\eta}{r^3}\rho\mathrm{d}V, \quad \mathrm{d}F_z = k\frac{z-\zeta}{r^3}\rho\mathrm{d}V,$$

其中，k 为引力系数，$r=\sqrt{(x-\xi)^2+(y-\eta)^2+(z-\zeta)^2}$是 A 到 $\mathrm{d}V$ 的距离，于是力 $\boldsymbol{F}$ 在三个坐标轴上的投影分别为

$$F_x = k\iiint_V \frac{x-\xi}{r^3}\rho\mathrm{d}V, \quad F_y = k\iiint_V \frac{y-\eta}{r^3}\rho\mathrm{d}V, \quad F_z = k\iiint_V \frac{z-\zeta}{r^3}\rho\mathrm{d}V,$$

所以 $\boldsymbol{F}=F_x\boldsymbol{i}+F_y\boldsymbol{j}+F_z\boldsymbol{k}$.

例 7.22 一个半径为 R，高为 h 的均匀正圆柱体(记均匀密度为 ρ)，在其对称轴上距上底为 a 处有一质量为 m 的质点，试求圆柱体对质点的引力.

解 以质点为坐标原点建立坐标系，$V=\{(x,y,z)\mid x^2+y^2\leqslant R^2, -a-h\leqslant z\leqslant -a\}$. 因为

$$F_x=\iiint_V \frac{kmx}{(x^2+y^2+z^2)^{\frac{3}{2}}}\rho\mathrm{d}V,$$

V 关于 yoz 面对称，被积函数关于 x 成奇函数，故 $F_x=0$.

同理 $F_y=0$. 而

$$F_z=\iiint_V \frac{km\rho z}{(x^2+y^2+z^2)^{\frac{3}{2}}}\mathrm{d}V = km\rho\int_0^{2\pi}\mathrm{d}\theta\int_0^R r\mathrm{d}r\int_{-(a+h)}^{-a}\frac{z}{(r^2+z^2)^{\frac{3}{2}}}\mathrm{d}z$$

$$=2\pi km\rho\left[\sqrt{R^2+(a+h)^2}-\sqrt{R^2+a^2}-h\right],$$

则引力 $\boldsymbol{F}=F_z\boldsymbol{k}$.

习　　题

1. 求 $I=\iint\limits_{D} y\left[1+x\mathrm{e}^{\frac{1}{2}(x^2+y^2)}\right]\mathrm{d}x\mathrm{d}y$，其中 D 是由直线 $y=x, y=-1$ 及 $x=1$ 围成的平面区域.

2. 求 $I=\iint\limits_{D} x^2\mathrm{d}x\mathrm{d}y$，其中 D 由 $xy=2, y=x-1$ 及 $y=x+1$ 围成.

3. 改变二次积分的顺序

(1) $\int_1^{\mathrm{e}}\mathrm{d}x\int_0^{\ln x} f(x,y)\mathrm{d}y=$ ____________；

(2) $\int_0^a \mathrm{d}y\int_{-y}^{\sqrt{y}} f(x,y)\mathrm{d}x\,(a>0)=$ ____________.

4. 化下列累次积分为极坐标下的二次积分：

(1) $I=\int_0^{\frac{R}{\sqrt{1+R^2}}}\mathrm{d}x\int_0^{Rx} f\left(\dfrac{y}{x}\right)\mathrm{d}y+\int_{\frac{R}{\sqrt{1+R^2}}}^{R}\mathrm{d}x\int_0^{\sqrt{R^2-x^2}} f\left(\dfrac{y}{x}\right)\mathrm{d}y=$ ____________；

(2) $I=\int_{-1}^{0}\mathrm{d}x\int_{1-\sqrt{1-x^2}}^{-x}\dfrac{\mathrm{d}y}{\sqrt{x^2+y^2}\sqrt{4-x^2-y^2}}=$ ____________.

5. 计算重积分 $\iint\limits_{D}(x+y^2)\mathrm{d}x\mathrm{d}y, D=\{(x,y)\mid x^2+y^2\leqslant 2x+2y\}$.

6. 计算重积分 $\iint\limits_{D} y\mathrm{d}x\mathrm{d}y, D=\{(x,y)\mid 0\leqslant \alpha x\leqslant y\leqslant \beta x, a^2\leqslant x^2+y^2\leqslant b^2\}$，$(b>a>0, \beta>\alpha>0)$.

7. 求 $I=\iint\limits_{D} xy\mathrm{d}x\mathrm{d}y$，$D$ 是由 $y=x, y=2x, xy=1, xy=3$ 围成的第一象限部分.

8. 求 $I=\iint\limits_{D}\mathrm{e}^{(x+y)^2}\mathrm{d}\sigma, D=\{(x,y)\mid x\geqslant 0, y\geqslant 0, x+y\leqslant 1\}$.

9. 利用柱坐标变换计算 $I=\iiint\limits_{V}(\sqrt{x^2+y^2})^3\mathrm{d}V$，$V$ 由 $x^2+y^2=9, x^2+y^2=16, z^2=x^2+y^2, z\geqslant 0$ 围成.

10. 利用球坐标变换计算 $I=\iiint\limits_{V} y\mathrm{d}V$，$V$ 由 $x^2+y^2+z^2\leqslant 2y$ 确定.

11. 求由曲面 $z=x^2+y^2, z=2x^2+2y^2, y=x, y=x^2$ 所围成的立体的体积.

12. 计算 $\iiint\limits_{V}(x+z)\mathrm{d}V$，其中 V 是由曲面 $z=\sqrt{x^2+y^2}$ 与 $z=\sqrt{1-x^2-y^2}$ 所围成的区域.

13. 计算 $I=\int_{-1}^{1}\mathrm{d}x\int_0^{\sqrt{1-x^2}}\mathrm{d}y\int_1^{1+\sqrt{1-x^2-y^2}}\dfrac{\mathrm{d}z}{\sqrt{x^2+y^2}}$.

14. 求柱面 $x^2+y^2=Rx$ 包含在球面 $x^2+y^2+z^2=R^2$ 内那部分的面积.

15. 求下列均匀立体 V 的重心

(1) $V:\frac{x^2}{a^2}+\frac{y^2}{b^2}+\frac{z^2}{c^2}\leqslant 1, z\geqslant 0$;

(2) V 由曲面 $y^2+2z^2=4x$ 与平面 $x=2$ 所围成.

16. 求曲面 $x^2+y^2+z^2=2, z=\sqrt{x^2+y^2}$ 所围成的均匀物体分别关于 x 轴与 z 轴的转动惯量 J_x, J_z.

17. 求高为 h、顶角为 2α 的均匀圆锥体对位于它的顶点具有单位质量的质点的引力.

第八章　曲线积分、曲面积分、场论初步

曲线积分、曲面积分以及场论初步的内容多，公式多，涉及高等数学的知识点较多，同时亦是历年考研中数学一的必考知识点，读者应引起重视．其主要考察内容是各型曲线积分、曲面积分以及方向导数、梯度、散度和旋度的计算问题，同时这方面的计算能力也是物理学专业学生学习专业课的必备技能．

第一节　对弧长的曲线积分

对弧长的曲线积分，又称第一型曲线积分，它是一个数量函数 $f(x,y)$ 或 $f(x,y,z)$ 在曲线上的迭加，是一种无向型积分．

一、对弧长的曲线积分的概念

设数量函数 $f(x,y)$ 在以 A,B 为端点的平面光滑有界曲线 L 上有界，用 $n-1$ 个分点将曲线 L 任意分割成 n 段 $\Delta s_1,\Delta s_2,\cdots,\Delta s_n$，其中 $\Delta s_i,i=1,2,\cdots,n$ 既表示第 i 小段也表示第 i 小段的弧长，在 $\Delta s_i,i=1,2,\cdots,n$ 上任意取一点 (ξ_i,η_i)，作乘积 $f(\xi_i,\eta_i)\Delta s_i$，并求和 $\sum\limits_{i=1}^{n}f(\xi_i,\eta_i)\Delta s_i$，记 $\lambda=\max\{\Delta s_1,\Delta s_2,\cdots,\Delta s_n\}$，若 $\lim\limits_{\lambda\to 0}\sum\limits_{i=1}^{n}f(\xi_i,\eta_i)\Delta s_i$ 存在，则称此极限值为函数 $f(x,y)$ 在平面曲线 L 上对弧长的曲线积分，也称第一型曲线积分．记作 $\int_L f(x,y)\mathrm{d}s$，即

$$\int_L f(x,y)\mathrm{d}s=\lim_{\lambda\to 0}\sum_{i=1}^{n}f(\xi_i,\eta_i)\Delta s_i.$$

同样可以定义函数 $f(x,y,z)$ 在空间光滑有界曲线 L 上对弧长的曲线积分为

$$\int_L f(x,y,z)\mathrm{d}s=\lim_{\lambda\to 0}\sum_{i=1}^{n}f(\xi_i,\eta_i,\zeta_i)\Delta s_i.$$

从第一型曲线积分的概念可知：

(1) 被积函数中的自变量应该满足积分曲线 L 的方程．

(2) 若 $\mu=f(x,y,z)$ 为有质量分布的曲线型构件 L 的线密度，则 $\int_L f(x,y,z)\mathrm{d}s$ 表

示曲线型构件 L 的质量，即 $M=\int_L f(x,y,z)\mathrm{d}s$. 由此可以得曲线型构件的其他一些物理量，如：

① 曲线型构件 L 对 x 轴、y 轴和坐标原点的转动惯量分别为

$$I_x=\int_L y^2\rho\mathrm{d}s,\quad I_y=\int_L x^2\rho\mathrm{d}s,\quad I_o=\int_L (x^2+y^2)\rho\mathrm{d}s.$$

② 曲线型构件 L 的重心坐标分别为

$$\bar{x}=\frac{\int_L x\rho\mathrm{d}s}{\int_L \rho\mathrm{d}s},\quad \bar{y}=\frac{\int_L y\rho\mathrm{d}s}{\int_L \rho\mathrm{d}s}.$$

其中，ρ 表示曲线 L 的线密度.

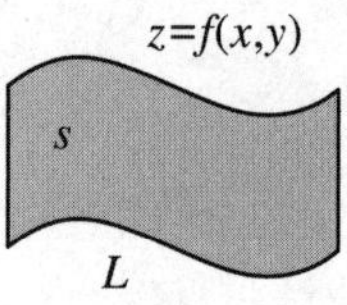

图 8.1

(3) 当被积分函数 $f=1$ 时，$\int_L f\mathrm{d}s$ 表示积分曲线 L 的长度(图 8.1). 特别地当 $f(x,y)$ 表示立于曲线 L 上的柱面 $\sum$ 在点 (x,y) 处的高时有

$$s_{\text{柱面面积}}=\int_L f(x,y)\mathrm{d}s.$$

(4) 对弧长的曲线积分具有以下性质：

① $\int_L [f(x,y,z)\pm g(x,y,z)]\mathrm{d}s=\int_L f(x,y,z)\mathrm{d}s\pm\int_L g(x,y,z)\mathrm{d}s.$

② $\int_L kf(x,y,z)\mathrm{d}s=k\int_L f(x,y,z)\mathrm{d}s.$

③ $\int_{L_1+L_2} f(x,y,z)\mathrm{d}s=\int_{L_1} f(x,y,z)\mathrm{d}s+\int_{L_2} f(x,y,z)\mathrm{d}s.$

二、对弧长的曲线积分的计算

设平面曲线 L 的参数方程为 $\begin{cases}x=x(t)\\y=y(t)\end{cases}$ 且 $x(t),y(t)$ 在区间 $[\alpha,\beta]$ 具有一阶连续导数，于是平面曲线 L 的弧微分为 $\mathrm{d}s=\sqrt{x'(t)^2+y'(t)^2}\mathrm{d}t$，由于被积函数 $f(x,y)$ 中的 (x,y) 满足积分曲线 L 的参数方程，则有

$$\int_L f(x,y)\mathrm{d}s=\int_\alpha^\beta f[x(t),y(t)]\sqrt{x'(t)^2+y'(t)^2}\mathrm{d}t.$$

即第一型曲线可以分三步转化为定积分求解，同时根据定积分的物理意义，可知定积分的下限应为参变量 t 的最小值，上限应为参变量 t 的最大值. 由此可得

(1) 当平面曲线 $L: y=y(x)$ 在区间 $[a,b]$ 上一阶导数连续时，有

$$\int_L f(x,y)\mathrm{d}s=\int_a^b f[x,y(x)]\sqrt{1+y'(x)^2}\mathrm{d}x.$$

(2) 当平面曲线 $L: r = r(\theta)$ 在 $[\alpha, \beta]$ 上一阶导数连续时,有

$$\int_L f(x,y)\mathrm{d}s = \int_\alpha^\beta f[r(\theta)\cos\theta, r(\theta)\sin\theta]\sqrt{r(\theta)^2 + r'(\theta)^2}\mathrm{d}\theta.$$

(3) 当空间曲线 $L:\begin{cases} x = x(t) \\ y = y(t) \\ z = z(t) \end{cases}$ 在 $[\alpha, \beta]$ 上一阶导数连续时,有

$$\int_L f(x,y,z)\mathrm{d}s = \int_\alpha^\beta f[x(t), y(t), z(t)]\sqrt{x'(t)^2 + y'(t)^2 + z'(t)^2}\mathrm{d}t.$$

例 8.1　求 $I = \oint_L \sqrt{x^2 + y^2}\mathrm{d}s$,其中 L 是平面曲线 $x^2 + y^2 = ax$.

分析　由于平面曲线 L 是由二元方程表示的圆周,可以将曲线 L 转化为一元函数,特别是将 L 表示为 y 关于 x 的函数时,其解析式不唯一,要分段求积分,运算量相对较大,感兴趣的同学可以自己尝试求解.但由于积分曲线 L 为圆周,将其表示成参数方程或极坐标相对要简洁得多,所以将 L 转化为参数方程和极坐标的形式求.

解　(方法一)　利用参数方程法求解

由于 $L: x^2 + y^2 = ax$ 的参数方程为

$$L:\begin{cases} x = \dfrac{a}{2} + \dfrac{a}{2}\cos t \\ y = \dfrac{a}{2}\sin t \end{cases},\quad 0 \leqslant t \leqslant 2\pi.$$

其弧微分 $\mathrm{d}s = \sqrt{\left[\left(\dfrac{a}{2} + \dfrac{a}{2}\cos t\right)'\right]^2 + \left[\left(\dfrac{a}{2}\sin t\right)'\right]^2}\mathrm{d}t = \dfrac{a}{2}\mathrm{d}t$.所以

$$I = \frac{a^2}{2}\int_0^{2\pi}\left|\cos t\frac{t}{2}\right|\mathrm{d}t.$$

根据周期函数的定积分性质和瓦里斯公式有

$$I = a^2\int_0^\pi \cos t\frac{t}{2}\mathrm{d}t = 2a^2.$$

(方法二)　利用极坐标法求解:

由于积分曲线 $L: x^2 + y^2 = ax$ 的极坐标方程为

$$L: r = r(\theta) = a\cos\theta,\quad -\frac{\pi}{2} \leqslant \theta \leqslant \frac{\pi}{2},$$

其弧微分为 $\mathrm{d}s = \sqrt{r(\theta)^2 + [r(\theta)']^2}\mathrm{d}\theta = a\mathrm{d}\theta$.

所以所求积分

$$I = \oint_L \sqrt{x^2 + y^2}\mathrm{d}s = \int_{-\frac{\pi}{2}}^{\frac{\pi}{2}} a\cos\theta \cdot a\mathrm{d}\theta = 2a^2.$$

例 8.2　求 $I = \int_L \dfrac{\mathrm{d}s}{x^2 + y^2 + z^2}$,其中

$$L:\begin{cases} x = a\cos t \\ y = a\sin t, \quad 0\leqslant t\leqslant 2\pi. \\ z = bt \end{cases}$$

解 L 为空间光滑曲线,其弧微分 $\mathrm{d}s=\sqrt{x(t)'^2+y(t)'^2+z(t)'^2}\mathrm{d}t=\sqrt{a^2+b^2}\mathrm{d}t$.所以

$$I=\int_L \frac{\mathrm{d}s}{x^2+y^2+z^2}=\int_0^{2\pi}\frac{\sqrt{a^2+b^2}}{a^2+(bt)^2}\mathrm{d}t=\frac{\sqrt{a^2+b^2}}{ab}\arctan\frac{2\pi b}{a}.$$

由于第一型曲线积分中被积函数中的自变量满足积分曲线方程且可以转化为定积分求解,所以在第一型曲线积分的求解过程中,要充分地利用积分曲线方程以及积分曲线关于坐标轴的对称性来简化被积分函数,如积分曲线 $L: y=y(x), -a\leqslant x\leqslant a$ 关于 y 轴对称,则有

(1) 当 $f(-x,y)=-f(x,y)$,则 $\int_L f(x,y)\mathrm{d}s=0$.

(2) 当 $f(-x,y)=f(x,y)$,则 $\int_L f(x,y)\mathrm{d}s=2\int_{L_1} f(x,y)\mathrm{d}s$,其中 $L_1: y=y(x)$, $0\leqslant x\leqslant a$.

同样可得空间第一型曲线积分的积分曲线关于其他坐标轴的对称性.

若第一型曲线积分的积分曲线方程关于 x,y,z 具有轮换对称性,则根据第一型曲线积分的物理意义有

$$\int_L x\mathrm{d}s=\int_L y\mathrm{d}s=\int_L z\mathrm{d}s \text{ 或 } \int_L x^2\mathrm{d}s=\int_L y^2\mathrm{d}s=\int_L z^2\mathrm{d}s$$

因此,在第一型曲线积分的求解过程中,我们可以利用积分曲线方程、积分曲线关于坐标轴的对称性以及积分曲线方程的轮换对称性来简化计算.

例 8.3 设空间曲线 L 的方程为 $\begin{cases} x^2+y^2+z^2=a^2 \\ x+y+z=0 \end{cases}$,求 $I=\oint_L (x^2+z)\mathrm{d}s$.

解 由于积分曲线 L 的方程关于 x,y,z 具有轮换对称性,所以

$$\int_L x\mathrm{d}s=\int_L y\mathrm{d}s=\int_L z\mathrm{d}s,\int_L x^2\mathrm{d}s=\int_L y^2\mathrm{d}s=\int_L z^2\mathrm{d}s.$$

故

$$\oint_L x^2\mathrm{d}s=\oint_L y^2\mathrm{d}s=\oint_L z^2\mathrm{d}s=\frac{1}{3}\oint_L (x^2+y^2+z^2)\mathrm{d}s=\frac{1}{3}\oint_L a^2\mathrm{d}s=\frac{2}{3}\pi a^3;$$

$$\oint_L x\mathrm{d}s=\oint_L y\mathrm{d}s=\oint_L z\mathrm{d}s=\frac{1}{3}\oint_L (x+y+z)\mathrm{d}s=\frac{1}{3}\oint_L 0\mathrm{d}s=0.$$

所以

$$I=\oint_L (x^2+z)\mathrm{d}s=\oint_L x^2\mathrm{d}s+\oint_L z\mathrm{d}s=\frac{2}{3}\pi a^3+0=\frac{2}{3}\pi a^3.$$

第二节　对面积的曲面积分

一、对面积的曲面积分的概念

设 $f(x,y,z)$ 是定义在光滑有界曲面 Σ 上的有界函数，将曲面 Σ 任意分割成 n 小块 $\Delta S_1,\Delta S_2,\cdots,\Delta S_n$，其中 ΔS_i 既表示第 i 块也表示第 i 小块的面积，在 ΔS_i 任取一点 (ξ_i,η_i,ζ_i)，作乘积 $f(\xi_i,\eta_i,\zeta_i)\cdot\Delta S_i$，并求 $\sum\limits_{i=1}^{n}f(\xi_i,\eta_i,\zeta_i)\cdot\Delta S_i$. 记 $\lambda=\max\{\Delta S_i \text{ 的直径} \mid i=1,2,\cdots,n\}$，若 $\lim\limits_{\lambda\to 0}\sum\limits_{i=1}^{n}f(\xi_i,\eta_i,\zeta_i)\cdot\Delta S_i$ 存在，则称此极限值为函数 $f(x,y,z)$ 在曲面 Σ 对面积的曲面积分，也称第一型曲面积分. 记作 $\iint\limits_{\Sigma}f(x,y,z)\mathrm{d}S$，即

$$\iint\limits_{\Sigma}f(x,y,z)\mathrm{d}S=\lim_{\lambda\to 0}\sum_{i=1}^{n}f(\xi_i,\eta_i,\zeta_i)\Delta S_i,$$

其中，Σ 为积分曲面，$f(x,y,z)$ 为被积函数，$\mathrm{d}S$ 为积分曲面 Σ 的面积微分.

从第一型曲面积分的定义，可知：

(1) 第一型曲面积分的积分曲面应是光滑有界的曲面.

(2) 被积函数中的自变量满足积分曲面 Σ 的方程.

(3) 当曲面 Σ 在点 (x,y,z) 处的密度为 $f(x,y,z)$，根据微元分割法可知曲面块 Σ 的质量 $m=\lim\limits_{\lambda\to 0}\sum\limits_{i=1}^{n}f(\xi_i,\eta_i,\zeta_i)\Delta S_i$，所以当 $f(x,y,z)>0$ 时，$\iint\limits_{\Sigma}f(x,y,z)\mathrm{d}S$ 在物理上表示以被积函数 $f(x,y,z)$ 为面密度的光滑曲面块 Σ 的质量. 从而可得曲面块 Σ 的重心坐标公式为

$$\bar{x}=\frac{\iint\limits_{\Sigma}x\rho\mathrm{d}S}{\iint\limits_{\Sigma}\rho\mathrm{d}S},\quad \bar{y}=\frac{\iint\limits_{\Sigma}y\rho\mathrm{d}S}{\iint\limits_{\Sigma}\rho\mathrm{d}S},\quad \bar{z}=\frac{\iint\limits_{\Sigma}z\rho\mathrm{d}S}{\iint\limits_{\Sigma}\rho\mathrm{d}S}.$$

类似地，可得到相应的转动惯量等物理量的计算公式. 其中 ρ 为积分曲面 Σ 的面密度.

(4) 当 $\forall(x,y,z)\in\Sigma, f(x,y,z)\equiv 1$ 时，$\iint\limits_{\Sigma}f(x,y,z)\mathrm{d}S=S$，其中 S 为积分曲面 Σ 的面积.

(5) 当积分曲面 Σ 封闭时,其上的第一型曲面积分记作$\oint\!\!\oint_{\Sigma} f(x,y,z)\mathrm{d}S$.

(6) 由于第一型曲面积分定义中的 ΔS_i 表示第 i 小块的面积,恒为正值,所以第一型曲面积分应为无向型积分.

(7) 当 $f(x,y,z)$ 在 Σ 上连续时,$\iint_{\Sigma} f(x,y,z)\mathrm{d}S$ 必存在.

由第一型曲面积分的定义及其物理意义,很容易得第一型曲面积分的如下性质:

(1) $\iint_{\Sigma} kf(x,y,z)\mathrm{d}S = k\iint_{\Sigma} f(x,y,z)\mathrm{d}S$.

(2) $\iint_{\Sigma}[f(x,y,z) \pm g(x,y,z)]\mathrm{d}S = \iint_{\Sigma} f(x,y,z)\mathrm{d}S \pm \iint_{\Sigma} g(x,y,z)\mathrm{d}S$.

(3) $\iint_{\Sigma_1+\Sigma_2} f(x,y,z)\mathrm{d}S = \iint_{\Sigma_1} f(x,y,z)\mathrm{d}S + \iint_{\Sigma_2} f(x,y,z)\mathrm{d}S$.

(4) $\iint_{\Sigma} f(x,y,z)\mathrm{d}S = \iint_{\Sigma^-} f(x,y,z)\mathrm{d}S$,其中 Σ^- 为积分曲面 Σ 的另一侧.

例 8.4 已知 Σ 为球面$(x-a)^2+(y-b)^2+(z-c)^2=R^2$,则$\oint\!\!\oint_{\Sigma}(x+y+z)\mathrm{d}S$ = ________.

解 本题在未讲解第一型曲面积分的计算之前,可以借助其定义、性质、物理意义来解决.我们将球面 $\Sigma:(x-a)^2+(y-b)^2+(z-c)^2=R^2$ 看成是均匀,即面密度 ρ 恒为一常数,则Σ的重心与形心重合,且均为(a,b,c).即

$$\bar{x}=\frac{\iint_{\Sigma} x\rho\mathrm{d}S}{\iint_{\Sigma}\rho\mathrm{d}S}=\frac{\iint_{\Sigma} x\mathrm{d}S}{\iint_{\Sigma}\mathrm{d}S}=a,$$

所以

$$\iint_{\Sigma} x\mathrm{d}S = a\cdot\iint_{\Sigma}\mathrm{d}S = a\cdot 4\pi R^2.$$

同理可得

$$\iint_{\Sigma} y\mathrm{d}S = b\cdot\iint_{\Sigma}\mathrm{d}S = b\cdot 4\pi R^2;\ \iint_{\Sigma} z\mathrm{d}S = c\cdot\iint_{\Sigma}\mathrm{d}S = c\cdot 4\pi R^2.$$

从而有

$$\oint\!\!\oint_{\Sigma}(x+y+z)\mathrm{d}S = \oint\!\!\oint_{\Sigma} x\mathrm{d}S + \oint\!\!\oint_{\Sigma} y\mathrm{d}S + \oint\!\!\oint_{\Sigma} z\mathrm{d}S = 4\pi R^2(a+b+c).$$

二、对面积的曲面积分的计算

设光滑有界曲面 Σ 是由函数 $z = z(x,y)$ 确定的，且 $z = z(x,y)$ 的一阶偏导数 $\frac{\partial z}{\partial x}$，$\frac{\partial z}{\partial y}$ 连续，则由二重积分的知识可知，光滑有界曲面 Σ 的面积微分为

$$\mathrm{d}S = \sqrt{1 + \left(\frac{\partial z}{\partial x}\right)^2 + \left(\frac{\partial z}{\partial y}\right)^2}\,\mathrm{d}x\mathrm{d}y.$$

记光滑有界曲面 Σ 在 xoy 坐标面内的投影区域为 D_{xy}. 若 $f(x,y,z)$ 在 Σ 上的第一型曲面积分存在，则

$$\iint_{\Sigma} f(x,y,z)\mathrm{d}S = \lim_{\lambda\to 0}\sum_{i=1}^{n} f(\xi_i,\eta_i,\zeta_i)\Delta S_i = \lim_{\lambda\to 0}\sum_{i=1}^{n} f(\xi_i,\eta_i,z(\xi_i,\eta_i))\,(\Delta S_i)_{xy},$$

即

$$\iint_{\Sigma} f(x,y,z)\mathrm{d}S = \iint_{D_{xy}} f(x,y,z(x,y))\sqrt{1 + \left(\frac{\partial z}{\partial x}\right)^2 + \left(\frac{\partial z}{\partial y}\right)^2}\,\mathrm{d}x\mathrm{d}y.$$

我们可以通过三步将第一型曲面积分转化为二重积分求解.

同理，当积分曲面 Σ 由单值函数 $x = x(y,z)$ 表示，且其一阶偏导数连续时，有

$$\iint_{\Sigma} f(x,y,z)\mathrm{d}S = \iint_{D_{yz}} f(x(y,z),y,z)\sqrt{1 + \left(\frac{\partial x}{\partial y}\right)^2 + \left(\frac{\partial x}{\partial z}\right)^2}\,\mathrm{d}y\mathrm{d}z.$$

当积分曲面 Σ 由单值函数 $y = y(x,z)$ 表示，且其一阶偏导数连续时，有

$$\iint_{\Sigma} f(x,y,z)\mathrm{d}S = \iint_{D_{xz}} f(x,y(x,z),z)\sqrt{1 + \left(\frac{\partial y}{\partial x}\right)^2 + \left(\frac{\partial y}{\partial z}\right)^2}\,\mathrm{d}x\mathrm{d}z.$$

其中，D_{yz}，D_{xz} 分别为积分曲面 Σ 在 yoz 坐标面和 xoz 坐标面的投影区域.

由于第一型曲面积分中被积函数中的自变量满足积分曲面方程且可以转化为二重积分求解，所以在第一型曲面积分的求解过程中，要充分地利用积分曲面方程以及积分曲面关于坐标轴(面)的对称性来简化第一型曲面积分的计算，如积分曲面 Σ 关于 xoy 坐标面对称，则有：

(1) 当 $f(x,y,-z) = -f(x,y,z)$，则 $\iint_{\Sigma} f(x,y,z)\mathrm{d}S = 0$.

(2) 当 $f(x,y,-z) = f(x,y,z)$，则 $\iint_{\Sigma} f(x,y,z)\mathrm{d}S = 2\iint_{\Sigma_1} f(x,y,z)\mathrm{d}S$，其中 Σ_1 取 Σ 位于 xoy 坐标面上半部分或下半部分均可.

若第一型曲面积分的积分曲面 Σ 的方程关于 x,y,z 具备轮换对换性，则有

$$\iint_{\Sigma} x\mathrm{d}S = \iint_{\Sigma} y\mathrm{d}S = \iint_{\Sigma} z\mathrm{d}S;\ \iint_{\Sigma} x^2\mathrm{d}S = \iint_{\Sigma} y^2\mathrm{d}S = \iint_{\Sigma} z^2\mathrm{d}S.$$

总之,利用积分曲面方程和积分曲面的对称性可以大大简化第一型曲面积分的计算,但在考虑积分曲面方程关于坐标轴(面)的对称性,还要兼顾被积函数关于相应自变量的奇偶性.

例 8.5 设 Σ 为圆柱面 $x^2+y^2=1$ 介于 $z=0,z=1$ 之间的部分,求 $I=\iint\limits_{\Sigma}\frac{x+z}{x^2+y^2+z^2}\mathrm{d}S$.

解 因为

$$I=\iint\limits_{\Sigma}\frac{x+z}{x^2+y^2+z^2}\mathrm{d}S=\iint\limits_{\Sigma}\frac{x}{x^2+y^2+z^2}\mathrm{d}S+\iint\limits_{\Sigma}\frac{z}{x^2+y^2+z^2}\mathrm{d}S,$$

且积分曲面 Σ 关于 yoz 坐标面对称,而 $\frac{x}{x^2+y^2+z^2}$ 为 x 的奇函数,所以

$$\iint\limits_{\Sigma}\frac{x}{x^2+y^2+z^2}\mathrm{d}S=0,$$

积分曲面 Σ 关于 xoz,yoz 坐标面对称,而 $\frac{z}{x^2+y^2+z^2}$ 为 y,x 的偶函数,则

$$\iint\limits_{\Sigma}\frac{z}{x^2+y^2+z^2}\mathrm{d}S=4\iint\limits_{\Sigma_1}\frac{z}{x^2+y^2+z^2}\mathrm{d}S,$$

其中,Σ_1 为 Σ 位于第一卦限内的部分,记 Σ_1 的方程为 $x=\sqrt{1-y^2}$,其在 yoz 面的投影区域为 $D_{yz}=\{(y,z)\mid 0\leqslant y\leqslant 1,0\leqslant z\leqslant 1\}$,则 Σ_1 的面积微分为

$$\mathrm{d}S=\sqrt{1+\left(\frac{\partial x}{\partial y}\right)^2+\left(\frac{\partial x}{\partial z}\right)^2}\,\mathrm{d}y\mathrm{d}z=\frac{1}{\sqrt{1-y^2}}\mathrm{d}y\mathrm{d}z.$$

所以

$$\begin{aligned}\iint\limits_{\Sigma_1}\frac{z}{x^2+y^2+z^2}\mathrm{d}S&=\iint\limits_{D_{yz}}\frac{z}{1+z^2}\cdot\frac{1}{\sqrt{1-y^2}}\mathrm{d}y\mathrm{d}z\\&=\int_0^1\frac{z}{1+z^2}\mathrm{d}z\int_0^1\frac{1}{\sqrt{1-y^2}}\mathrm{d}y\\&=\frac{1}{2}\ln(1+z^2)\Big|_0^1\cdot\arcsin y\Big|_0^1=\frac{\pi}{4}\ln 2.\end{aligned}$$

$$\begin{aligned}I&=\iint\limits_{\Sigma}\frac{x+z}{x^2+y^2+z^2}\mathrm{d}S=\iint\limits_{\Sigma}\frac{x}{x^2+y^2+z^2}\mathrm{d}S+4\iint\limits_{\Sigma_1}\frac{z}{x^2+y^2+z^2}\mathrm{d}S\\&=0+4\times\frac{\pi}{4}\ln 2=\pi\ln 2.\end{aligned}$$

例 8.6 设 Σ 为球面 $x^2+y^2+z^2=R^2$,求 $I=\oint\!\!\!\oint\limits_{\Sigma}(2x^2+3y^2+4z)\mathrm{d}S$.

解 因为

$$I=\oiint\limits_{\Sigma}(2x^2+3y^2+4z)\mathrm{d}S=2\oiint\limits_{\Sigma}x^2\mathrm{d}S+3\oiint\limits_{\Sigma}y^2\mathrm{d}S+4\oiint\limits_{\Sigma}z\mathrm{d}S,$$

且积分曲面 Σ 关于 xoy 坐标面对称，故

$$\iint\limits_{\Sigma}z\mathrm{d}S=0.$$

又因为积分曲面 Σ 的方程具备轮换对称性，所以

$$\iint\limits_{\Sigma}x^2\mathrm{d}S=\iint\limits_{\Sigma}y^2\mathrm{d}S=\iint\limits_{\Sigma}z^2\mathrm{d}S=\frac{1}{3}\iint\limits_{\Sigma}(x^2+y^2+z^2)\mathrm{d}S=\frac{1}{3}\iint\limits_{\Sigma}R^2\mathrm{d}S=\frac{1}{3}\cdot R^2\cdot 4\pi R^2$$

所以

$$\begin{aligned}I&=\iint\limits_{\Sigma}(2x^2+3y^2+4z)\mathrm{d}S=2\iint\limits_{\Sigma}x^2\mathrm{d}S+3\iint\limits_{\Sigma}y^2\mathrm{d}S+4\iint\limits_{\Sigma}z\mathrm{d}S\\&=2\times\frac{4}{3}\pi R^4+3\times\frac{4}{3}\pi R^4+4\times 0=\frac{20}{3}\pi R^4.\end{aligned}$$

同样可得空间第一型曲线的积分曲线关于坐标轴的对称性.

第三节　对坐标的曲面积分

一、空间有向曲面及其投影

我们日常所见到的曲面都是有向曲面，如从 z 轴正向看可以将空间曲面分为上侧与下侧，从 x 轴正向看可以将曲面分为前侧与后侧，从 y 轴正向看可以将曲面分为左侧与右侧，封闭曲面可以分为内侧与外侧. 在讨论第二型曲面积分时需要指定曲面的侧，一般是通过曲面上法向量的指向或者相应的方向余弦来确定曲面的侧，如向上的法向量($\cos\gamma>0$)对应曲面的上侧，向左的法向量($\cos\beta<0$)对应曲面的左侧. 指定了侧的曲面称为有向曲面. 第二型曲面积分中所涉及的曲面均为有向曲面.

设 ΔS_i 为空间中一大小有限的有向曲面块，其在 xoy 坐标面内投影区域的面积为 $(\Delta\sigma_i)_{xy}$，规定 ΔS_i 在 xoy 坐标面的投影情形如下：

$$(\Delta S_i)_{xy}=\begin{cases}(\Delta\sigma_i)_{xy}, & \cos\gamma>0\\-(\Delta\sigma_i)_{xy}, & \cos\gamma<0.\\0, & \cos\gamma=0\end{cases}$$

类似地，可以定义 ΔS_i 在 xoz 坐标面与 yoz 坐标面内的投影.

二、对坐标的曲面积分的定义

设 Σ 是一大小有限的光滑有向曲面，函数 $R(x,y,z)$ 在 Σ 上有界，将 Σ 任意分割成

n 个小曲面块 $\Delta S_1,\Delta S_2,\cdots,\Delta S_n$,其中 ΔS_i 既表示第 i 小块又表示第 i 小块的面积,ΔS_i 在 xoy 坐标面的投影为 $(\Delta S_i)_{xy}$,任取点 $(\xi_i,\eta_i,\zeta_i)\in\Delta S_i$,作乘积 $R(\xi_i,\eta_i,\zeta_i)(\Delta S_i)_{xy}$,并求和 $\sum_{i=1}^{n}R(\xi_i,\eta_i,\zeta_i)\cdot(\Delta S_i)_{xy}$, 记 $\lambda=\max\{\Delta S_i$ 的直径$,i=1,2,\cdots,n\}$, 若 $\lim_{\lambda\to 0}\sum_{i=1}^{n}R(\xi_i,\eta_i,\zeta_i)\cdot(\Delta S_i)_{xy}$ 存在,则称此极限值为函数 $R(x,y,z)$ 在曲面 Σ 对坐标 x,y 的曲面积分,又称第二型曲面积分,记作 $\iint\limits_{\Sigma}R(x,y,z)\mathrm{d}x\mathrm{d}y$. 即

$$\iint\limits_{\Sigma}R(x,y,z)\mathrm{d}x\mathrm{d}y=\lim_{\lambda\to 0}\sum_{i=1}^{n}R(\xi_i,\eta_i,\zeta_i)\cdot(\Delta S_i)_{xy}.$$

类似地,可以定义函数 $P(x,y,z)$ 在有向曲面 Σ 对坐标 y,z 的第二型曲面积分以及函数 $Q(x,y,z)$ 在有向曲面 Σ 对坐标 z,x 的第二型曲面积分别为

$$\iint\limits_{\Sigma}P(x,y,z)\mathrm{d}y\mathrm{d}z=\lim_{\lambda\to 0}\sum_{i=1}^{n}P(\xi_i,\eta_i,\zeta_i)\cdot(\Delta S_i)_{yz},$$

$$\iint\limits_{\Sigma}Q(x,y,z)\mathrm{d}z\mathrm{d}x=\lim_{\lambda\to 0}\sum_{i=1}^{n}Q(\xi_i,\eta_i,\zeta_i)\cdot(\Delta S_i)_{zx}.$$

根据极限的运算法则可得

$$\iint\limits_{\Sigma}P(x,y,z)\mathrm{d}y\mathrm{d}z+\iint\limits_{\Sigma}Q(x,y,z)\mathrm{d}z\mathrm{d}x+\iint\limits_{\Sigma}R(x,y,z)\mathrm{d}x\mathrm{d}y$$

$$=\iint\limits_{\Sigma}P(x,y,z)\mathrm{d}y\mathrm{d}z+Q(x,y,z)\mathrm{d}z\mathrm{d}x+R(x,y,z)\mathrm{d}x\mathrm{d}y,$$

上式右端称为组合型的第二型曲面积分.

根据物理学知识可得,组合型的第二型曲面积分 $\iint\limits_{\Sigma}P(x,y,z)\mathrm{d}y\mathrm{d}z+Q(x,y,z)\mathrm{d}z\mathrm{d}x+R(x,y,z)\mathrm{d}x\mathrm{d}y$ 在物理上表示流速场 $\boldsymbol{A}=\{P(x,y,z),Q(x,y,z),R(x,y,z)\}$ 从有向曲面 Σ 指定的一侧流向另一侧的流量. 因此交换第二型曲面积分的积分曲面的侧,第二型曲面积分变号,即

$$\iint\limits_{\Sigma}P(x,y,z)\mathrm{d}y\mathrm{d}z+Q(x,y,z)\mathrm{d}z\mathrm{d}x+R(x,y,z)\mathrm{d}x\mathrm{d}y$$

$$=-\iint\limits_{\Sigma^-}P(x,y,z)\mathrm{d}y\mathrm{d}z+Q(x,y,z)\mathrm{d}z\mathrm{d}x+R(x,y,z)\mathrm{d}x\mathrm{d}y$$

其中,Σ^- 为有向积分曲面的另一侧.

同理可得,第二型曲面积分关于积分曲面具有可加性,即

$$\iint\limits_{\Sigma_1+\Sigma_2}P\mathrm{d}y\mathrm{d}z+Q\mathrm{d}z\mathrm{d}x+R\mathrm{d}x\mathrm{d}y$$

$$=\iint\limits_{\Sigma_1}P\mathrm{d}y\mathrm{d}z+Q\mathrm{d}z\mathrm{d}x+R\mathrm{d}x\mathrm{d}y+\iint\limits_{\Sigma_2}P\mathrm{d}y\mathrm{d}z+Q\mathrm{d}z\mathrm{d}x+R\mathrm{d}x\mathrm{d}y.$$

三、两型曲面积分之间的关系

由于第二型曲面积分的积分曲面 Σ 应满足光滑、有界、有向，所以 Σ 也一定可以作为第一型曲面积分的积分曲面.

设光滑有界曲面 Σ：$z=z(x,y)$，取上侧，则 Σ 的侧对应的法向量为 $\left\{-\frac{\partial z}{\partial x},-\frac{\partial z}{\partial y},1\right\}$，其方向余弦为

$$\cos\alpha=\frac{-z_x}{\sqrt{z_x^2+z_y^2+1}},\quad \cos\beta=\frac{-z_y}{\sqrt{z_x^2+z_y^2+1}},\quad \cos\gamma=\frac{1}{\sqrt{z_x^2+z_y^2+1}}.$$

而光滑曲面 Σ 的面积微分

$$\mathrm{d}s=\sqrt{1+\left(\frac{\partial z}{\partial x}\right)^2+\left(\frac{\partial z}{\partial y}\right)^2}\mathrm{d}x\mathrm{d}y=\sqrt{1+z_x^2+z_y^2}\mathrm{d}x\mathrm{d}y.$$

将上面两式联立可得 $\cos\gamma\mathrm{d}s=\mathrm{d}x\mathrm{d}y$. 同理可得 $\cos\alpha\mathrm{d}s=\mathrm{d}y\mathrm{d}z$，$\cos\beta\mathrm{d}s=\mathrm{d}z\mathrm{d}x$.

因此可得第二型曲面积分与第一型曲面积分有如下关系：

$$\begin{aligned}&\iint_\Sigma P(x,y,z)\mathrm{d}y\mathrm{d}z+Q(x,y,z)\mathrm{d}z\mathrm{d}x+R(x,y,z)\mathrm{d}x\mathrm{d}y\\&=\iint_\Sigma[P(x,y,z)\cos\alpha+Q(x,y,z)\cos\beta+R(x,y,z)\cos\gamma]\mathrm{d}S.\end{aligned}$$

同时，借助两型曲面积分的关系有

$$\iint_\Sigma P\mathrm{d}y\mathrm{d}z+Q\mathrm{d}z\mathrm{d}x+R\mathrm{d}x\mathrm{d}y=\iint_\Sigma\left[P\frac{\cos\alpha}{\cos\gamma}+Q\frac{\cos\beta}{\cos\gamma}+R\right]\mathrm{d}x\mathrm{d}y,$$

即可将组合型的第二型曲面积分转化为单对坐标的第二型曲面积分求解.

四、高斯公式及其应用

高斯公式表达了封闭曲面上组合型的第二型曲面积分与封闭曲面 Σ 围成的空间有界闭域上的三重积分之间的关系.

定理 8.1　设空间区域 Ω 由整体光滑或分片光滑的闭曲面 Σ 围成，而函数 $P(x,y,z)$，$Q(x,y,z)$，$R(x,y,z)$ 在空间闭区域 Ω 上一阶偏导数连续，则有

$$\oiint_\Sigma P(x,y,z)\mathrm{d}y\mathrm{d}z+Q(x,y,z)\mathrm{d}z\mathrm{d}x+R(x,y,z)\mathrm{d}x\mathrm{d}y=\iiint_\Omega\left[\frac{\partial P}{\partial x}+\frac{\partial Q}{\partial y}+\frac{\partial R}{\partial z}\right]\mathrm{d}V.$$

根据两型曲面积分之间的关系有

$$\begin{aligned}&\oiint_\Sigma[P(x,y,z)\cos\alpha+Q(x,y,z)\cos\beta+R(x,y,z)\cos\gamma]\mathrm{d}S\\&=\iiint_\Omega\left[\frac{\partial P}{\partial x}+\frac{\partial Q}{\partial y}+\frac{\partial R}{\partial z}\right]\mathrm{d}V,\end{aligned}$$

其中，$\cos\alpha$，$\cos\beta$，$\cos\gamma$ 为有向曲面 Σ 的侧对应的法向量的方向余弦．上述公式统称为高斯公式，其直观显示了可将曲面积分转化为三重积分求解．

高斯公式作为曲面积分特别是组合型的第二型曲面积分的一种常见求解方法，其使用时必须要满足相应的条件：① 积分曲面 Σ 必封闭；② Σ 取外侧；③ 函数 $P(x,y,z)$，$Q(x,y,z)$，$R(x,y,z)$ 在 Ω 内具有连续的一阶偏导数（即没有奇点）．

假设封闭的光滑有界曲面 Σ 取外侧，且 $P(x,y,z)=x$，$Q(x,y,z)=y$，$R(x,y,z)=z$，则根据高斯公式有

$$\oiint_{\Sigma} P(x,y,z)\mathrm{d}y\mathrm{d}z+Q(x,y,z)\mathrm{d}z\mathrm{d}x+R(x,y,z)\mathrm{d}x\mathrm{d}y=\iiint_{\Omega} 3\mathrm{d}V.$$

即

$$V=\frac{1}{3}\oiint_{\Sigma} x\mathrm{d}y\mathrm{d}z+y\mathrm{d}z\mathrm{d}x+z\mathrm{d}x\mathrm{d}y$$

其中，V 为封闭曲面 Σ 所围成的立体的体积．

五、第二型曲面积分的计算

设积分曲面 Σ 由方程 $z=z(x,y)$ 确定，取上侧，Σ 在 xoy 坐标面内的投影为平面有界闭域 D_{xy}，且函数 $R(x,y,z)$ 在 Σ 上连续，函数 $z=z(x,y)$ 在 D_{xy} 上的一阶偏导数连续．则 $R(x,y,z)$ 在 Σ 上对坐标 x,y 的第二型曲面积分必存在，即

$$\iint_{\Sigma} R(x,y,z)\mathrm{d}x\mathrm{d}y=\lim_{\lambda\to 0}\sum_{i=1}^{n} R(\xi_i,\eta_i,\zeta_i)\cdot(\Delta S_i)_{xy}.$$

因为 Σ 取上侧，即 $\cos\gamma>0$，根据空间有向曲面的投影有

$$(\Delta S_i)_{xy}=(\Delta\sigma_i)_{xy}.$$

又因为 $(\xi_i,\eta_i,\zeta_i)\in\Delta S_i$，故有 $\zeta_i=z(\xi_i,\eta_i)$．代入定义式有

$$\iint_{\Sigma} R(x,y,z)\mathrm{d}x\mathrm{d}y=\lim_{\lambda\to 0}\sum_{i=1}^{n} R(\xi_i,\eta_i,z(\xi_i,\eta_i))\cdot(\Delta\sigma_i)_{xy},$$

而上式右端即为函数 $R(x,y,z(x,y))$ 在平面有界闭域 D_{xy} 上的二重积分．即有

$$\iint_{\Sigma} R(x,y,z)\mathrm{d}x\mathrm{d}y=\iint_{D_{xy}} R[x,y,z(x,y)]\mathrm{d}x\mathrm{d}y.$$

若积分曲面 Σ 取下侧，则 $(\Delta S_i)_{xy}=-(\Delta\sigma_i)_{xy}$，从而有

$$\iint_{\Sigma} R(x,y,z)\mathrm{d}x\mathrm{d}y=-\iint_{D_{xy}} R[x,y,z(x,y)]\mathrm{d}x\mathrm{d}y.$$

上述计算过程可以总结为单对坐标的第二型曲线积分可以按照“一投二代三定号”转化为二重积分求解．

同理可得

$$\iint_{\Sigma} P(x,y,z)\mathrm{d}y\mathrm{d}z = \begin{cases} \iint_{D_{yz}} P[x(y,z),y,z]\mathrm{d}y\mathrm{d}z, & \cos\alpha > 0 \\ -\iint_{D_{yz}} P[x(y,z),y,z]\mathrm{d}y\mathrm{d}z, & \cos\alpha < 0 \end{cases},$$

$$\iint_{\Sigma} Q(x,y,z)\mathrm{d}z\mathrm{d}x = \begin{cases} \iint_{D_{zx}} Q[x,y(x,z),z]\mathrm{d}z\mathrm{d}x, & \cos\beta > 0 \\ -\iint_{D_{zx}} Q[x,y(x,z),z]\mathrm{d}z\mathrm{d}x, & \cos\beta < 0 \end{cases}.$$

组合型的第二型曲线积分可以按上述方法拆分成单对坐标的第二型曲面积分求解，但这样计算过程就会很烦琐.组合型的第二型曲面积分在高斯公式条件成立的情况可以直接转化为三重积分求解，如果条件不成立可以通过改造条件，再利用高斯公式求解.如积分曲面不封闭可以添加辅助平面块使之封闭，再根据第二型曲面积分关于积分曲面的可加性处理；若积分曲面的侧不满足，可以交换积分曲面的侧添加一个“-”使之平衡；若函数 $P(x,y,z)$，$Q(x,y,z)$，$R(x,y,z)$ 在 Ω 上存在奇点，则可利用积分曲面方程去奇点或根据被积函数的特点选择相应的封闭曲面挖奇点.

例 8.7　计算第二型曲面积分 $I = \iint_{\Sigma} xz\mathrm{d}y\mathrm{d}z + yz\mathrm{d}z\mathrm{d}x + z^2\mathrm{d}x\mathrm{d}y$，其中，$\Sigma$ 为球面 $z = \sqrt{R^2 - x^2 - y^2}$，上侧为正.

解　（方法一）　拆分成单对坐标的第二型曲面积分求解：

根据第二型曲面积分的性质有

$$I = \iint_{\Sigma} xz\mathrm{d}y\mathrm{d}z + yz\mathrm{d}z\mathrm{d}x + z^2\mathrm{d}x\mathrm{d}y = \iint_{\Sigma} xz\mathrm{d}y\mathrm{d}z + \iint_{\Sigma} yz\mathrm{d}z\mathrm{d}x + \iint_{\Sigma} z^2\mathrm{d}x\mathrm{d}y$$

记 $I_1 = \iint_{\Sigma} xz\mathrm{d}y\mathrm{d}z$，$I_2 = \iint_{\Sigma} yz\mathrm{d}z\mathrm{d}x$，$I_3 = \iint_{\Sigma} z^2\mathrm{d}x\mathrm{d}y$. 对积分 $I_3 = \iint_{\Sigma} z^2\mathrm{d}x\mathrm{d}y$，积分曲面 Σ 的方程

$$z = \sqrt{R^2 - x^2 - y^2}, \quad x^2 + y^2 \leqslant R^2,$$

注意到上侧为正，即单位法向量与 z 轴正向的方向余弦 $\cos\gamma$ 为正，所以

$$I_3 = \iint_{\Sigma} z^2 \mathrm{d}x\mathrm{d}y = \iint_{D_{xy}} \sqrt{R^2 - x^2 - y^2}\mathrm{d}x\mathrm{d}y = \int_0^{2\pi}\mathrm{d}\theta\int_0^R (R^2 - r^2)r\mathrm{d}r = \frac{1}{2}\pi R^4.$$

对于积分 $I_1 = \iint_{\Sigma} xz\mathrm{d}y\mathrm{d}z$，由于积分曲面不能统一表示成 $x = x(y,z)$，所以要将积分曲面分成前后两部分求解. 记 $\Sigma_1: x = \sqrt{R^2 - y^2 - z^2}(z \geqslant 0)$；$\Sigma_2: x = -\sqrt{R^2 - y^2 - z^2}(z \geqslant 0)$. 对积分曲面 Σ_1，由于整个积分曲面 Σ 上侧为正，所以 Σ_1 的单位外法向量与 x 轴正向的方向余弦 $\cos\alpha$ 为正，所以 $\mathrm{d}y\mathrm{d}z$ 取正号，且 Σ_1 在 yoz 坐标面内的投影区域 $D_{yz} = \{(y,z) \mid y^2 + z^2 \leqslant R^2, z \geqslant 0\}$.

$$\iint\limits_{\Sigma_1} xz\mathrm{d}y\mathrm{d}z = \iint\limits_{y^2+z^2\leqslant R^2} z\sqrt{R^2-y^2-z^2}\mathrm{d}y\mathrm{d}z = \int_0^{\pi}\mathrm{d}\theta\int_0^R r\sin\theta\sqrt{R^2-r^2}r\mathrm{d}r = \frac{1}{8}\pi R^4,$$

对积分曲面 Σ_2,其法向量与 x 轴正向的方向余弦 $\cos\alpha$ 为负,所以 $\mathrm{d}y\mathrm{d}z$ 取负号,即有

$$\iint\limits_{\Sigma_2} xz\mathrm{d}y\mathrm{d}z = -\iint\limits_{y^2+z^2\leqslant R^2} z(-\sqrt{R^2-y^2-z^2})\mathrm{d}y\mathrm{d}z$$

$$= \int_0^{\pi}\mathrm{d}\theta\int_0^R r\sin\theta\sqrt{R^2-r^2}r\mathrm{d}r = \frac{1}{8}\pi R^4.$$

所以

$$I_1 = \iint\limits_{\Sigma} xz\mathrm{d}y\mathrm{d}z = \iint\limits_{\Sigma_1} xz\mathrm{d}y\mathrm{d}z + \iint\limits_{\Sigma_2} xz\mathrm{d}y\mathrm{d}z = \frac{1}{4}\pi R^4.$$

同理

$$I_2 = \iint\limits_{\Sigma} yz\mathrm{d}y\mathrm{d}z = \frac{1}{4}\pi R^4.$$

所以

$$I = \iint\limits_{\Sigma} xz\mathrm{d}y\mathrm{d}z + yz\mathrm{d}z\mathrm{d}x + z^2\mathrm{d}x\mathrm{d}y = \frac{1}{2}\pi R^4 + \frac{1}{4}\pi R^4 + \frac{1}{4}\pi R^4 = \pi R^4.$$

(方法二) 利用高斯公式求解:

添加辅助平面块 $\Sigma_1: z = 0, (x^2 + y^2 \leqslant R^2)$,取下侧,则有

$$I = \oiint\limits_{\Sigma+\Sigma_1} xz\mathrm{d}y\mathrm{d}z + yz\mathrm{d}z\mathrm{d}x + z^2\mathrm{d}x\mathrm{d}y - \iint\limits_{\Sigma_1} xz\mathrm{d}y\mathrm{d}z + yz\mathrm{d}z\mathrm{d}x + z^2\mathrm{d}x\mathrm{d}y.$$

记封闭曲面 $\Sigma+\Sigma_1$ 所围成的区域为 $\Omega=\{(x,y,z)\mid x^2+y^2+z^2\leqslant R^2, z\geqslant 0\}$.

$$\oiint\limits_{\Sigma+\Sigma_1} xz\mathrm{d}y\mathrm{d}z + yz\mathrm{d}z\mathrm{d}x + z^2\mathrm{d}x\mathrm{d}y = \iiint\limits_{\Omega}(z+z+2z)\mathrm{d}V = 4\int_0^R z\mathrm{d}z\iint\limits_{D_z}\mathrm{d}x\mathrm{d}y$$

$$= 4\int_0^R z\pi(R^2-z^2)\mathrm{d}z = \pi R^4.$$

而

$$\iint\limits_{\Sigma_1} xz\mathrm{d}y\mathrm{d}z + yz\mathrm{d}z\mathrm{d}x + z^2\mathrm{d}x\mathrm{d}y = 0.$$

所以

$$I = \iint\limits_{\Sigma} xz\mathrm{d}y\mathrm{d}z + yz\mathrm{d}z\mathrm{d}x + z^2\mathrm{d}x\mathrm{d}y = \pi R^4$$

(方法三) 转化为单对坐标的第二型曲面积分求解:

因为积分曲面 $\Sigma: z = \sqrt{R^2-x^2-y^2}$,取上侧为正,其侧对应的法向量 $\boldsymbol{n} = \{x,y,z\}$,故有

$$\mathrm{d}y\mathrm{d}z = \frac{x}{z}\mathrm{d}x\mathrm{d}y, \mathrm{d}z\mathrm{d}x = \frac{y}{z}\mathrm{d}x\mathrm{d}y.$$

所以有

$$I=\iint_{\Sigma}xz\mathrm{d}y\mathrm{d}z+yz\mathrm{d}z\mathrm{d}x+z^2\mathrm{d}x\mathrm{d}y=\iint_{\Sigma}\left(xz\frac{x}{z}+yz\frac{y}{z}+z^2\right)\mathrm{d}x\mathrm{d}y$$

$$=\iint_{\Sigma}(x^2+y^2+z^2)\mathrm{d}x\mathrm{d}y=\iint_{D_{xy}:x^2+y^2\leqslant R^2}R^2\mathrm{d}x\mathrm{d}y=\pi R^4$$

（方法四）　转化为第一型曲面积分求解：

因为积分曲面$\Sigma:z=\sqrt{R^2-x^2-y^2}$,取上侧为正,所以其侧对应的法向量$\boldsymbol{n}=\{x,y,z\}$,故法向量对应的方向余弦分别为

$$\cos\alpha=\frac{x}{\sqrt{x^2+y^2+z^2}}=\frac{x}{R},\quad\cos\beta=\frac{y}{R},\quad\cos\gamma=\frac{z}{R}$$

积分曲面$\Sigma:z=\sqrt{R^2-x^2-y^2}$的面积微分

$$\mathrm{d}S=\sqrt{1+\left(\frac{\partial z}{\partial x}\right)^2+\left(\frac{\partial z}{\partial y}\right)^2}\mathrm{d}x\mathrm{d}y=\frac{R}{\sqrt{R^2-x^2-y^2}}\mathrm{d}x\mathrm{d}y.$$

所以有

$$I=\iint_{\Sigma}xz\mathrm{d}y\mathrm{d}z+yz\mathrm{d}z\mathrm{d}x+z^2\mathrm{d}x\mathrm{d}y$$

$$=\iint_{\Sigma}\left(xz\frac{x}{R}+yz\frac{y}{R}+z^2\frac{z}{R}\right)\mathrm{d}S$$

$$=\iint_{\Sigma}Rz\mathrm{d}S=R\iint_{D_{xy}:x^2+y^2\leqslant R^2}R\mathrm{d}x\mathrm{d}y=\pi R^4$$

例 8.8　求$I=\oiint_{\Sigma}\dfrac{x\mathrm{d}y\mathrm{d}z+y\mathrm{d}z\mathrm{d}x+z\mathrm{d}x\mathrm{d}y}{(x^2+y^2+z^2)^{3/2}}$,其中

(1) Σ为球面$x^2+y^2+z^2=R^2$之外侧；

(2) Σ为椭球面$\dfrac{x^2}{a^2}+\dfrac{y^2}{b^2}+\dfrac{z^2}{c^2}=1$之外侧.

解　(1) 虽然被积函数P,Q,R在$O(0,0,0)$处无定义,即$O(0,0,0)$为P,Q,R的奇点,但被积函数的x,y,z满足积分曲面的方程,所以有

$$I=\oiint_{\Sigma}\frac{x\mathrm{d}y\mathrm{d}z+y\mathrm{d}z\mathrm{d}x+z\mathrm{d}x\mathrm{d}y}{(x^2+y^2+z^2)^{3/2}}=\frac{1}{R^3}\oiint_{\Sigma}x\mathrm{d}y\mathrm{d}z+y\mathrm{d}z\mathrm{d}x+z\mathrm{d}x\mathrm{d}y,$$

而

$$\oiint_{\Sigma}x\mathrm{d}y\mathrm{d}z+y\mathrm{d}z\mathrm{d}x+z\mathrm{d}x\mathrm{d}y=3V=3\times\frac{4}{3}\pi R^3,$$

所以

$$I=\oiint_{\Sigma}\frac{x\mathrm{d}y\mathrm{d}z+y\mathrm{d}z\mathrm{d}x+z\mathrm{d}x\mathrm{d}y}{(x^2+y^2+z^2)^{3/2}}=\frac{1}{R^3}4\pi R^3=4\pi.$$

(2) $O(0,0,0)$ 为 P,Q,R 的奇点,但本题中我们无法直接利用积分曲面方程将被积函数的分母转化成非零常数,为此,可以考虑以 $O(0,0,0)$ 为球心,以充分小正数 ε 为半径,作球面 $\Sigma_\varepsilon: x^2+y^2+z^2\leqslant\varepsilon^2$,取内侧来挖去奇点.记封闭曲面 Σ 与 Σ_ε 所围成的区域为 Ω,则

$$I=\oiint_{\Sigma+\Sigma_\varepsilon}\frac{x\mathrm{d}y\mathrm{d}z+y\mathrm{d}z\mathrm{d}x+z\mathrm{d}x\mathrm{d}y}{(x^2+y^2+z^2)^{3/2}}-\oiint_{\Sigma_\varepsilon}\frac{x\mathrm{d}y\mathrm{d}z+y\mathrm{d}z\mathrm{d}x+z\mathrm{d}x\mathrm{d}y}{(x^2+y^2+z^2)^{3/2}}$$

$$=\oiint_{\Sigma+\Sigma_\varepsilon}\frac{x\mathrm{d}y\mathrm{d}z+y\mathrm{d}z\mathrm{d}x+z\mathrm{d}x\mathrm{d}y}{(x^2+y^2+z^2)^{3/2}}+\oiint_{\Sigma_\varepsilon^-}\frac{x\mathrm{d}y\mathrm{d}z+y\mathrm{d}z\mathrm{d}x+z\mathrm{d}x\mathrm{d}y}{(x^2+y^2+z^2)^{3/2}}.$$

根据高斯公式有

$$\oiint_{\Sigma+\Sigma_\varepsilon}\frac{x\mathrm{d}y\mathrm{d}z+y\mathrm{d}z\mathrm{d}x+z\mathrm{d}x\mathrm{d}y}{(x^2+y^2+z^2)^{3/2}}=\iiint_\Omega\left[\frac{\partial P}{\partial x}+\frac{\partial Q}{\partial y}+\frac{\partial R}{\partial z}\right]\mathrm{d}V=\iiint_\Omega 0\cdot\mathrm{d}V=0.$$

而

$$\oiint_{\Sigma_\varepsilon^-}\frac{x\mathrm{d}y\mathrm{d}z+y\mathrm{d}z\mathrm{d}x+z\mathrm{d}x\mathrm{d}y}{(x^2+y^2+z^2)^{3/2}}=\frac{1}{\varepsilon^3}\oiint_{\Sigma_\varepsilon^-}x\mathrm{d}y\mathrm{d}z+y\mathrm{d}z\mathrm{d}x+z\mathrm{d}x\mathrm{d}y$$

$$=\frac{1}{\varepsilon^3}\times3\times\frac{4}{3}\pi\varepsilon^3=4\pi.$$

所以

$$I=\oiint_\Sigma\frac{x\mathrm{d}y\mathrm{d}z+y\mathrm{d}z\mathrm{d}x+z\mathrm{d}x\mathrm{d}y}{(x^2+y^2+z^2)^{3/2}}=0+4\pi=4\pi.$$

第四节 对坐标的曲线积分

三、第二型曲线积分的定义

设 L 是三维空间以 A 为起点,B 为终点的有向光滑线段,函数 $P(x,y,z)$ 在 L 上有界,用 $n-1$ 个分点 $M_1(x_1,y_1,z_1),M_2(x_2,y_2,z_2),\cdots,M_{n-1}(x_{n-1},y_{n-1},z_{n-1})$ 将曲线 L 任意分割成 n 个有向小弧段,设 $\Delta x_i=x_i-x_{i-1},\Delta y_i=y_i-y_{i-1},\Delta z_i=z_i-z_{i-1}$,在第 i 个小弧段上任取一点 (ξ_i,η_i,ζ_i),作乘积 $P(\xi_i,\eta_i,\zeta_i)\cdot\Delta x_i$,并求和 $\sum\limits_{i=1}^{n}P(\xi_i,\eta_i,\zeta_i)\cdot\Delta x_i$,如果当各小弧段长度的最大值 $\lambda\to0$ 时,$\lim\limits_{\lambda\to0}\sum\limits_{i=1}^{n}P(\xi_i,\eta_i,\zeta_i)\cdot\Delta x_i$ 存在,则称此极限值为函数 $P(x,y,z)$ 在有向曲线段 L 对坐标 x 的曲线积分,又称第二型曲线积分.记作 $\int_L P(x,y,z)\mathrm{d}x$,即

$$\int_L P(x,y,z)\mathrm{d}x = \lim_{\lambda\to 0}\sum_{i=1}^{n} P(\xi_i,\eta_i,\zeta_i)\cdot\Delta x_i .$$

类似可定义空间有向曲线 L 上对坐标 y,z 的第二型曲线积分分别为

$$\int_L Q(x,y,z)\mathrm{d}y = \lim_{\lambda\to 0}\sum_{i=1}^{n} Q(\xi_i,\eta_i,\zeta_i)\cdot\Delta y_i ,$$

$$\int_L R(x,y,z)\mathrm{d}z = \lim_{\lambda\to 0}\sum_{i=1}^{n} R(\xi_i,\eta_i,\zeta_i)\cdot\Delta z_i ,$$

以及平面有向曲线 L 上对坐标 x,y 的第二型曲线积分分别为

$$\int_L P(x,y)\mathrm{d}x = \lim_{\lambda\to 0}\sum_{i=1}^{n} P(\xi_i,\eta_i)\cdot\Delta x_i ,$$

$$\int_L Q(x,y)\mathrm{d}y = \lim_{\lambda\to 0}\sum_{i=1}^{n} Q(\xi_i,\eta_i)\cdot\Delta y_i .$$

根据极限的运算法则可得

$$\int_L P(x,y)\mathrm{d}x + \int_L Q(x,y)\mathrm{d}y = \int_L P(x,y)\mathrm{d}x + Q(x,y)\mathrm{d}y,$$

$$\int_L P(x,y,z)\mathrm{d}x + \int_L Q(x,y,z)\mathrm{d}y + \int_L R(x,y,z)\mathrm{d}z$$
$$= \int_L P(x,y,z)\mathrm{d}x + Q(x,y,z)\mathrm{d}y + R(x,y,z)\mathrm{d}z.$$

上面两式右端分别称平面组合型的第二型曲线积分和空间组合型的第二型曲线积分.

若空间中变力 $\boldsymbol{F}$ 沿三个坐标轴方向的分力分别为 $P(x,y,z)\boldsymbol{i}, Q(x,y,z)\boldsymbol{j}, R(x,y,z)\boldsymbol{k}$，则第二型曲线积分 $\int_L P(x,y,z)\mathrm{d}x + Q(x,y,z)\mathrm{d}y + R(x,y,z)\mathrm{d}z$ 在物理上表示变力 $\boldsymbol{F} = \{P(x,y,z), Q(x,y,z), R(x,y,z)\}$ 沿有向曲线 L 从其起点到终点所作的功.

根据第二型曲线积分的物理意义，很容易得到第二型曲线积分的如下性质：

(1) 第二型曲线积分关于积分曲线段具有可加性，即

$$\int_{L_1+L_2} P\mathrm{d}x + Q\mathrm{d}y + R\mathrm{d}z = \int_{L_1} P\mathrm{d}x + Q\mathrm{d}y + R\mathrm{d}z + \int_{L_2} P\mathrm{d}x + Q\mathrm{d}y + R\mathrm{d}z.$$

(2) 交换第二型曲线积分的积分曲线的方向，第二型曲线积分变号，即

$$\int_{L^-} P\mathrm{d}x + Q\mathrm{d}y + R\mathrm{d}z = -\int_L P\mathrm{d}x + Q\mathrm{d}y + R\mathrm{d}z.$$

二、两型曲线积分之间的关系

设第二型曲线积分的积分曲线 L 的参数方程为

$$\begin{cases} x = x(t) \\ y = y(t), \\ z = z(t) \end{cases}$$

由于 L 一定光滑有界且有向,则 L 上任意一点 $M(x,y,z)$处的切向量为

$$\boldsymbol{T} = \{x'(t),y'(t),z'(t)\},$$

切向量 $\boldsymbol{T}$ 沿三个坐标轴方向的方向余弦分别为

$$\cos\alpha = \frac{x'(t)}{\sqrt{x'(t)^2 + y'(t)^2 + z'(t)^2}},$$

$$\cos\beta = \frac{y'(t)}{\sqrt{x'(t)^2 + y'(t)^2 + z'(t)^2}},$$

$$\cos\gamma = \frac{z'(t)}{\sqrt{x'(t)^2 + y'(t)^2 + z'(t)^2}}.$$

积分曲线 L 的弧微分为

$$\mathrm{d}s = \sqrt{x'(t)^2 + y'(t)^2 + z'(t)^2}\,\mathrm{d}t.$$

因此可得

$$\begin{aligned}\cos\alpha\cdot\mathrm{d}s &= \frac{x'(t)}{\sqrt{x'(t)^2 + y'(t)^2 + z'(t)^2}}\cdot\sqrt{x'(t)^2 + y'(t)^2 + z'(t)^2}\,\mathrm{d}t\\ &= x'(t)\mathrm{d}t = \mathrm{d}x.\end{aligned}$$

同理可得

$$\cos\beta\cdot\mathrm{d}s = \mathrm{d}y,\cos\gamma\cdot\mathrm{d}s = \mathrm{d}z.$$

所以第一型曲线积分与第二型曲线积分的关系为

$$\int_L P\mathrm{d}x + Q\mathrm{d}y + R\mathrm{d}z = \int_L [P\cos\alpha + Q\cos\beta + R\cos\gamma]\mathrm{d}s,$$

$$\int_L P\mathrm{d}x + Q\mathrm{d}y = \int_L [P\cos\alpha + Q\cos\beta]\mathrm{d}s.$$

三、格林公式及其应用

1. 平面单连通域与复连通域

设 D 为平面区域,如果 D 内任一条封闭曲线所围成的部分均属于 D,则称 D 为平面单连通域(图 8.2(a)),否则称为复连通域(图 8.2(b)).

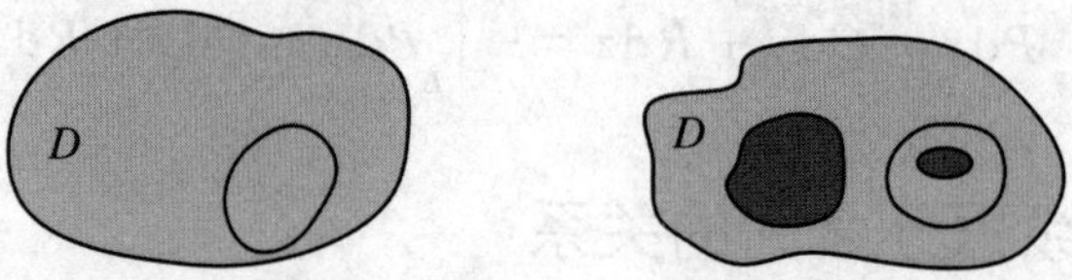

(a) 单连通域　　(b) 复连通域

图 8.2

即含洞以及点洞的区域是复连通域,不含洞以及点洞的区域为单连通域.

2．平面区域 D 的边界曲线 L 的正向规定

对平面区域 D 的边界曲线 L，规定：当观察者沿 L 的这个方向行走时，区域 D 内在他傍边的部分始终位于他的左侧，则观察者行走的方向即为 D 的边界曲线的正向，如图 8.3 所示．

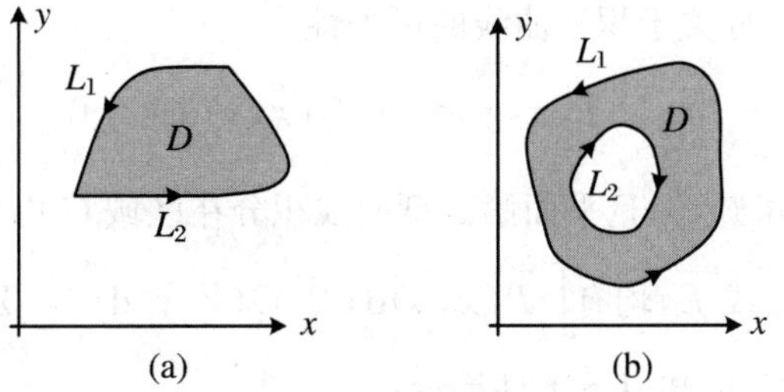

图 8.3

根据上述规则，很容易得出：平面单连通域的边界曲线的正向永远为逆时针方向，平面复连通域的外边界曲线的正向为逆时针方向，内边界曲线的正向是顺时针方向．

3．格林公式

定理 8.2　设平面闭区域 D 的边界曲线整体光滑或分段光滑，函数 $P(x,y)$，$Q(x,y)$ 在 D 上一阶偏导数连续，L 为 D 的正向边界曲线，则

$$\oint_L P(x,y)\mathrm{d}x + Q(x,y)\mathrm{d}y = \iint_D \left(\frac{\partial Q}{\partial x} - \frac{\partial P}{\partial y}\right)\mathrm{d}x\mathrm{d}y.$$

此公式称为平面第二型曲线的格林公式．根据平面两型曲线积分之间的关系

$$\oint_L (P(x,y)\cos\alpha + Q(x,y)\cos\beta)\mathrm{d}s = \iint_D \left(\frac{\partial Q}{\partial x} - \frac{\partial P}{\partial y}\right)\mathrm{d}x\mathrm{d}y,$$

其中，$\cos\alpha$，$\cos\beta$ 为平面光滑曲线 L 的切向量对应的方向余弦．

上述格林公式直观显示了可将平面组合型的第二型曲线积分转化为二重积分求解，但此时一定要确保格林公式的条件成立．

四、平面第二型曲线与路径无关的等价条件

设 G 为平面区域，函数 $P(x,y)$，$Q(x,y)$ 在 G 内具有一阶连续偏导数，A，B 为 G 内任意两点，在 G 内作任意两条从 A 点到 B 点的光滑有向曲线 L_1，L_2（图 8.4）．若恒有

$$\int_{L_1} P(x,y)\mathrm{d}x + Q(x,y)\mathrm{d}y = \int_{L_2} P(x,y)\mathrm{d}x + Q(x,y)\mathrm{d}y$$

则称平面第二型曲线积分 $\int_L P(x,y)\mathrm{d}x + Q(x,y)\mathrm{d}y$ 在 G 内与积分路径无关．此时有

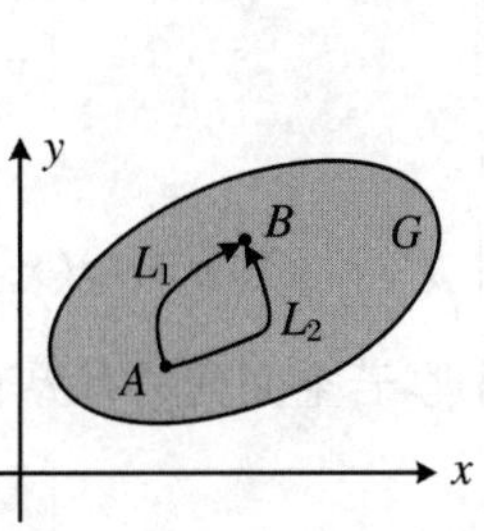

图 8.4

$$\int_{L_1} P(x,y)\mathrm{d}x + Q(x,y)\mathrm{d}y - \int_{L_2} P(x,y)\mathrm{d}x + Q(x,y)\mathrm{d}y = 0,$$

即

$$\int_{L_1} P(x,y)\mathrm{d}x + Q(x,y)\mathrm{d}y + \int_{L_2^-} P(x,y)\mathrm{d}x + Q(x,y)\mathrm{d}y = 0,$$

根据第二型曲线积分关于积分曲线的可加性

$$\oint_{L_1+L_2^-} P(x,y)\mathrm{d}x + Q(x,y)\mathrm{d}y = 0$$

由于L_1,L_2的任意性可知,一旦平面第二型曲线积分在区域G内与路径无关,则对G内的任意一条封闭光滑曲线L,均有$\oint_L P(x,y)\mathrm{d}x + Q(x,y)\mathrm{d}y = 0$.

根据微分学的知识,可知以下条件等价:

(1) 平面第二型曲线$\int_L P(x,y)\mathrm{d}x + Q(x,y)\mathrm{d}y$在$G$内与积分路径无关.

(2) 对G内的任意一条封闭的光滑曲线L,均有

$$\oint_L P(x,y)\mathrm{d}x + Q(x,y)\mathrm{d}y = 0.$$

(3) 函数$P(x,y)$,$Q(x,y)$在G内一阶偏导数连续,且

$$\frac{\partial P}{\partial y} = \frac{\partial Q}{\partial x}.$$

(4) $P(x,y)\mathrm{d}x + Q(x,y)\mathrm{d}y = 0$为全微分方程.

(5) $P(x,y)\mathrm{d}x + Q(x,y)\mathrm{d}y$为某一个二元函数$\mu(x,y)$的全微分.

(6) $\{P(x,y),Q(x,y)\}$为某一个二元函数$\mu(x,y)$在点(x,y)处的梯度.

五、平面第二型曲线积分的计算

设平面第二型曲线积分$\int_L P(x,y)\mathrm{d}x + Q(x,y)\mathrm{d}y$的积分曲线$L$的参数方程为

$$\begin{cases} x = x(t) \\ y = y(t) \end{cases} \quad (\text{起点处 } t = \alpha, \text{终点处 } t = \beta),$$

则

$$\int_L P(x,y)\mathrm{d}x + Q(x,y)\mathrm{d}y = \int_\alpha^\beta [P(x(t),y(t))x'(t) + Q(x(t),y(t))y'(t)]\mathrm{d}t.$$

同理,若空间光滑有界有向曲线L的参数方程为

$$\begin{cases} x = x(t) \\ y = y(t) \\ z = z(t) \end{cases} \quad (\text{起点处 } t = \alpha, \text{终点处 } t = \beta),$$

则有

$$\int_L P\mathrm{d}x + Q\mathrm{d}y + R\mathrm{d}z = \int_\alpha^\beta [P(x(t),y(t),z(t))x'(t) + Q(x(t),y(t),z(t))y'(t) + R(x(t),y(t),z(t))z'(t)]\mathrm{d}t.$$

即第二型曲线可以转化定积分求解，但它与第一型曲线积分转化为定积分求解的不同之处在于：第二型曲线积分转化为定积分求解时，定积分的下限为起点处的参变量的值 α，上限为终点处的参变量的值 β，且 α 不一定小于 β.

除了可以将平面第二型曲线积分转化为定积分求解外，格林公式也是求解平面第二型曲线 $\int_L P(x,y)\mathrm{d}x + Q(x,y)\mathrm{d}y$ 一个重要方法，也是历年考研中常见题型之一. 使用格林公式求解第二型曲线积分时要确保格林公式的条件同时成立. 如果条件不能同时成立时，我们可以适当改造条件使之满足格林公式：如积分曲线不封闭时，可通过添加直线段使之封闭，然后根据第二型曲线积分关于积分曲线的可加性处理；如积分曲线的方向不满足时，可以通过交换积分曲线的方向，同时添加一个负号使之平衡；如被积函数 $P(x,y)$，$Q(x,y)$ 存在奇点，可以考虑利用积分曲线方程去奇点或根据被积函数的特点选择相应的封闭曲线挖奇点，再根据第二型曲线积分关于积分曲线的可加性处理.

若 $\int_L P(x,y)\mathrm{d}x + Q(x,y)\mathrm{d}y$ 满足与积分路径无关的条件，通常可以取从 L 的起点到终点处的平行于坐标轴的折线段作为积分路径来求解平面第二型曲线积分，因为积分曲线平行坐标轴时，第二型曲线积分相当于定积分.

例 8.9　平面曲线 L 是沿抛物线 $x^2 = 2(y+1)$ 由点 $A(-2,1)$ 到点 $B(2,1)$ 的一段，求曲线积分

$$I = \int_L \frac{x}{x^2+y^2}\mathrm{d}x - \frac{y}{x^2+y^2}\mathrm{d}y.$$

解　由点 $B(2,1)$ 到点 $A(-2,1)$ 构造有向直线段 $\overline{BA}$，则封闭曲线 $L+\overline{BA}$ 所围成的区域 D 包含原点（为奇点），而除原点外均有 $\dfrac{\partial P}{\partial y} = \dfrac{\partial Q}{\partial x} = \dfrac{y^2-x^2}{(x^2+y^2)^2}$，则根据第二型曲线积分的性质有：绕原点的任意两条封闭曲线（取同向）上的平面第二型曲线积分相等，取 $L_\varepsilon: x^2+y^2=\varepsilon^2$，逆时针方向为正，则

$$\oint_{L+\overline{BA}} \frac{x\mathrm{d}y - y\mathrm{d}x}{x^2+y^2} = \oint_{L_\varepsilon} \frac{x\mathrm{d}y - y\mathrm{d}x}{x^2+y^2} = \frac{1}{\varepsilon^2}\oint_{L_\varepsilon} x\mathrm{d}y - y\mathrm{d}x = \frac{1}{\varepsilon^2}\times 2\times \pi\varepsilon^2 = 2\pi.$$

而

$$\int_{\overline{BA}} \frac{x\mathrm{d}y - y\mathrm{d}x}{x^2+y^2} = -\int_2^{-2}\frac{1}{1+x^2}\mathrm{d}x = 2\arctan 2.$$

所以

$$\begin{aligned} I &= \int_L \frac{x}{x^2+y^2}\mathrm{d}x - \frac{y}{x^2+y^2}\mathrm{d}y \\ &= \oint_{L+\overline{BA}} \frac{x}{x^2+y^2}\mathrm{d}x - \frac{y}{x^2+y^2}\mathrm{d}y - \int_{\overline{BA}} \frac{x\mathrm{d}y - y\mathrm{d}x}{x^2+y^2} \end{aligned}$$

$$= 2\pi - 2\arctan 2.$$

例 8.10 求曲线积分 $I = \oint_L \dfrac{-y\mathrm{d}x + x\mathrm{d}y}{x^2+y^2}$,其中

(1) L 为圆周$(x-1)^2+(y-1)^2=1$之正向.

(2) L 为圆周$x^2+y^2=a^2$之正向.

(3) L 为椭圆周$\dfrac{x^2}{a^2}+\dfrac{y^2}{b^2}=1$之正向.

解 记 $P(x,y)=\dfrac{-y}{x^2+y^2}, Q(x,y)=\dfrac{x}{x^2+y^2}$,则

$$\frac{\partial P}{\partial y}=\frac{y^2-x^2}{(x^2+y^2)^2}=\frac{\partial Q}{\partial x}.$$

(1) 当积分曲线 L 为圆周$(x-1)^2+(y-1)^2=1$之正向时,由格林公式可得

$$I=\oint_L \frac{-y\mathrm{d}x+x\mathrm{d}y}{x^2+y^2}=\iint_D\left(\frac{\partial Q}{\partial x}-\frac{\partial P}{\partial y}\right)\mathrm{d}x\mathrm{d}y=0.$$

(2) 当积分曲线 L 为圆周 $x^2+y^2=a^2$ 之正向时,不满足格林公式的条件,因为 $P(x,y),Q(x,y)$在点 $O(0,0)$处一阶偏导数不连续,即 $O(0,0)$为奇点,但积分表达中 x,y 满足积分曲线方程,所以有

$$I=\oint_L \frac{-y\mathrm{d}x+x\mathrm{d}y}{x^2+y^2}=\frac{1}{a^2}\oint_L -y\mathrm{d}x+x\mathrm{d}y=\frac{1}{a^2}\times 2\times\pi a^2=2\pi.$$

(3) 当积分曲线 L 为椭圆周$\dfrac{x^2}{a^2}+\dfrac{y^2}{b^2}=1$之正向时,$O(0,0)$依然为 $P(x,y),Q(x,y)$ 的奇点,但此时无法利用积分曲线方程去奇点,为此,可以以 $O(0,0)$为圆心,充分小的正数 ε 为半径,作圆周 $L_\varepsilon: x^2+y^2=\varepsilon^2$,(取顺时方向)来挖奇点,并记 L_ε 与 L 所围成的平面区域为 D_ε,则此平面第二型曲线积分在 D_ε 上满足格林公式,同时根据第二型曲线积分的性质有

$$\begin{aligned}
I&=\oint_L \frac{-y\mathrm{d}x+x\mathrm{d}y}{x^2+y^2}\\
&=\oint_{L+L_\varepsilon}\frac{-y\mathrm{d}x+x\mathrm{d}y}{x^2+y^2}-\oint_{L_\varepsilon}\frac{-y\mathrm{d}x+x\mathrm{d}y}{x^2+y^2}\\
&=\iint_{D_\varepsilon}\left(\frac{\partial Q}{\partial x}-\frac{\partial P}{\partial y}\right)\mathrm{d}x\mathrm{d}y+\oint_{L_\varepsilon^-}\frac{-y\mathrm{d}x+x\mathrm{d}y}{x^2+y^2}\\
&=0+\frac{1}{\varepsilon^2}\oint_{L_\varepsilon^-}-y\mathrm{d}x+x\mathrm{d}y\\
&=\frac{1}{\varepsilon^2}\times 2\times\pi\times\varepsilon^2=2\pi.
\end{aligned}$$

例 8.11 计算曲线积分$\oint_L \dfrac{x\mathrm{d}y-y\mathrm{d}x}{4x^2+y^2}$,其中 L 是以点$(1,0)$为中心 R 为半径的圆周

$(R>1)$，逆时针方向.

解　记 $P(x,y)=\frac{-y}{4x^2+y^2}$，$Q(x,y)=\frac{x}{4x^2+y^2}$，则 $\frac{\partial P}{\partial y}=\frac{\partial Q}{\partial x}$，但 $O(0,0)$ 为奇点，所以不满足格林公式，为此我们在曲线 L 内以点 $O(0,0)$ 为中心作充分小的椭圆周 $L_\varepsilon:4x^2+y^2=\varepsilon^2$，取顺时方向，并记 L_ε 与 L 所围成的平面区域为 D_ε，则此平面第二型曲线积分在 D_ε 上满足格林公式，同时根据第二型曲线积分的性质有

$$\begin{aligned}I&=\oint_L\frac{-y\mathrm{d}x+x\mathrm{d}y}{4x^2+y^2}=\oint_{L+L_\varepsilon}\frac{-y\mathrm{d}x+x\mathrm{d}y}{4x^2+y^2}-\oint_{L_\varepsilon}\frac{-y\mathrm{d}x+x\mathrm{d}y}{4x^2+y^2}\\&=\iint_{D_\varepsilon}\left(\frac{\partial Q}{\partial x}-\frac{\partial P}{\partial y}\right)\mathrm{d}x\mathrm{d}y+\oint_{L_\varepsilon^-}\frac{-y\mathrm{d}x+x\mathrm{d}y}{4x^2+y^2}\\&=0+\frac{1}{\varepsilon^2}\oint_{L_\varepsilon^-}-y\mathrm{d}x+x\mathrm{d}y=\frac{1}{\varepsilon^2}\times2\times\pi\times\frac{\varepsilon}{2}\times\varepsilon=\pi.\end{aligned}$$

六、斯托克斯公式及其应用

斯托克斯公式是格林公式的推广，它将空间曲线积分与曲面积分有效地联系起来.

定理 8.3　设 L 是整体光滑或分段光滑的封闭有向曲线，曲面 Σ 是以封闭曲线 L 为边界的有向曲面，且 Σ 的侧与 L 的正向符合右手规则. 若函数 $P(x,y,z)$，$Q(x,y,z)$，$R(x,y,z)$ 在曲面 Σ 连同它的边界 L 上具有一阶连续偏导数，则

$$\oint_L P(x,y,z)\mathrm{d}x+Q(x,y,z)\mathrm{d}y+R(x,y,z)\mathrm{d}z=\iint_\Sigma\begin{vmatrix}\mathrm{d}y\mathrm{d}z & \mathrm{d}z\mathrm{d}x & \mathrm{d}x\mathrm{d}y\\ \frac{\partial}{\partial x} & \frac{\partial}{\partial y} & \frac{\partial}{\partial z}\\ P & Q & R\end{vmatrix}.$$

此公式称为斯托克斯公式.

根据两型曲面积分的关系有

$$\oint_L P(x,y,z)\mathrm{d}x+Q(x,y,z)\mathrm{d}y+R(x,y,z)\mathrm{d}z=\iint_\Sigma\begin{vmatrix}\cos\alpha & \cos\beta & \cos\gamma\\ \frac{\partial}{\partial x} & \frac{\partial}{\partial y} & \frac{\partial}{\partial z}\\ P & Q & R\end{vmatrix}\mathrm{d}S.$$

其中，$\cos\alpha$，$\cos\beta$，$\cos\gamma$ 为积分曲面 Σ 的侧对应的法向量的方向余弦.

斯托克斯公式是求解空间第二型曲线积分的一种非常有效的方法，也是历年考研中的常考题型. 空间第二型曲线积分利用斯托克斯转化曲面积分求解时，积分曲面 Σ 一般取为封闭曲线 L 张成的已知的便于计算的曲面，如果转化成第二型曲面积分求解时，此

时 Σ 的侧与 L 的正向符合右手规则.

由于空间曲线可以利用一般方程或参数方程表示,通常情况下若积分曲线由参数方程表示时,可以将空间第二型曲线积分转化为定积分求解;若积分曲线由一般方程表示时,可以用斯托克斯公式求;如果空间曲线的一般方程中有一个为平面方程,还可以将空间第二型曲线积分转化为平面第二型曲线积分求解.

例 8.12 设空间曲线 L 为球面 $x^2+y^2+z^2=a^2$ 与平面 $x+y+z=0$ 的交线,且从 ox 轴上充分大的正数点看它,L 的方向为逆时针方向,求 $I=\oint_L(y+1)\mathrm{d}x+(z+2)\mathrm{d}y+(x+3)\mathrm{d}z$.

分析 由于空间曲线 L 的方程是以一般方程的形式给定的,所以本题首选求解方法应考虑斯托克斯公式,其次积分曲线 L 的一般方程中含有一个 x,y,z 的三元一次方程,所以亦可将其转化为平面第二型曲线积分求解,当然也可将 L 的一般方程转化为参数式方程再利用定积分求此积分.

解 (方法一) 利用斯托克斯公式求解:

因此为此空间第二型曲线积分满足斯托克斯公式的条件,所以有

$$\begin{aligned}I&=\oint_L(y+1)\mathrm{d}x+(z+2)\mathrm{d}y+(x+3)\mathrm{d}z\\&=\iint_\Sigma\begin{vmatrix}\mathrm{d}y\mathrm{d}z&\mathrm{d}z\mathrm{d}x&\mathrm{d}x\mathrm{d}y\\\dfrac{\partial}{\partial x}&\dfrac{\partial}{\partial y}&\dfrac{\partial}{\partial z}\\y+1&z+2&x+3\end{vmatrix}\\&=\iint_\Sigma(0-1)\mathrm{d}y\mathrm{d}z+(0-1)\mathrm{d}z\mathrm{d}x+(0-1)\mathrm{d}x\mathrm{d}y\\&=\iint_\Sigma-\mathrm{d}y\mathrm{d}z-\mathrm{d}z\mathrm{d}x-\mathrm{d}x\mathrm{d}y,\end{aligned}$$

其中,Σ 为平面 $x+y+z=0$ 介于曲线 L 内的部分,根据右手规则,应取上侧.即其侧对应的法向量 $\boldsymbol{n}=\{1,1,1\}$,故有 $\mathrm{d}y\mathrm{d}z=\mathrm{d}x\mathrm{d}y,\mathrm{d}z\mathrm{d}x=\mathrm{d}x\mathrm{d}y$.所以

$$\begin{aligned}I&=\oint_L(y+1)\mathrm{d}x+(z+2)\mathrm{d}y+(x+3)\mathrm{d}z\\&=\iint_\Sigma-\mathrm{d}y\mathrm{d}z-\mathrm{d}z\mathrm{d}x-\mathrm{d}x\mathrm{d}y=-3\iint_\Sigma\mathrm{d}x\mathrm{d}y\\&=-3\iint_{D_{xy}:\,2x^2+2y^2+2xy\leqslant a^2}\mathrm{d}x\mathrm{d}y=-3\times\pi\times a\times\frac{a}{\sqrt{3}}=-\sqrt{3}\pi a^2.\end{aligned}$$

(方法二) 转化为平面第二型曲线积分求解:

由于积分表达式中 x,y,z 满足积分曲线的方程,而积分曲线 L 是球面 $x^2+y^2+z^2=a^2$ 与平面 $x+y+z=0$ 的交线,所以有 $z=-x-y$,故 $\mathrm{d}z=-\mathrm{d}x-\mathrm{d}y$.又因 L 在 xoy 坐标面的投影曲线为 L':$2x^2+2y^2+2xy=a^2$.于是有

$$
\begin{aligned}
I &= \oint_L (y+1)\mathrm{d}x + (z+2)\mathrm{d}y + (x+3)\mathrm{d}z \\
&= \oint_{L'} (y+1)\mathrm{d}x + (-x-y+2)\mathrm{d}y + (x+3)\cdot(-\mathrm{d}x-\mathrm{d}y) \\
&= \oint_{L'} (y-x-2)\mathrm{d}x - (2x+y-1)\mathrm{d}y.
\end{aligned}
$$

根据格林公式有

$$
\begin{aligned}
\oint_{L'} (y-x-2)\mathrm{d}x - (2x+y-1)\mathrm{d}y &= \iint\limits_{D_{xy}:\,2x^2+2y^2+2xy\leqslant a^2} \left(\frac{\partial Q}{\partial x} - \frac{\partial P}{\partial y}\right)\mathrm{d}x\mathrm{d}y \\
&= \iint\limits_{D_{xy}:\,2x^2+2y^2+2xy\leqslant a^2} -3\mathrm{d}x\mathrm{d}y = -\sqrt{3}\pi a^2.
\end{aligned}
$$

（方法三） 转化为定积分求解：

由题意知，L 的参数方程为

$$
\begin{cases}
x = \dfrac{a}{\sqrt{2}}\left(\dfrac{1}{\sqrt{3}}\cos t - \sin t\right) \\
y = \dfrac{a}{\sqrt{2}}\left(\dfrac{1}{\sqrt{3}}\cos t + \sin t\right), \\
z = -\sqrt{\dfrac{2}{3}}\cos t
\end{cases}
$$

起点处 $t=0$，终点处 $t=2\pi$.

将参数方程代入第二型曲线积分有

$$
\begin{aligned}
I &= \oint_L (y+1)\mathrm{d}x + (z+2)\mathrm{d}y + (x+3)\mathrm{d}z \\
&= \int_0^{2\pi} \left[\frac{a}{\sqrt{2}}\left(\frac{1}{\sqrt{3}}\cos t + \sin t\right) + 1\right]\mathrm{d}\left[\frac{a}{\sqrt{2}}\left(\frac{1}{\sqrt{3}}\cos t - \sin t\right)\right] \\
&\quad + \left[-\sqrt{\frac{2}{3}}a\cos t + 2\right]\mathrm{d}\left[\frac{a}{\sqrt{2}}\left(\frac{1}{\sqrt{3}}\cos t + \sin t\right)\right] \\
&\quad + \left[\frac{a}{\sqrt{2}}\left(\frac{1}{\sqrt{3}}\cos t - \sin t\right) + 3\right]\mathrm{d}\left[-\sqrt{\frac{2}{3}}a\cos t\right] \\
&= \int_0^{2\pi} \frac{a}{\sqrt{2}}\left[\sqrt{3}\sin t + \cos t - \sqrt{\frac{3}{2}}a\right]\mathrm{d}t = -\sqrt{3}\pi a^2.
\end{aligned}
$$

另外，需要说明一点是，在计算第二型曲线积分时可以考虑对称性的应用，此时不仅要考虑积分曲线对称性与被积函数的奇偶性，还要考虑积分路径的方向.

第五节 场论初步

物理量在空间或空间中的一部分中的分布称为场.当物理量为数量时称为数量场，当物理量是向量时称为向量场.若形成场的物理量不仅随位置的改变而改变，也随时间的改变而改变，则称为不定常场；若形成场的物理量不随时间而改变，只随位置而改变，则称为定常场.本科阶段数学只讨论不随时间变化的稳定场，且与坐标轴的选取无关，其主要研究内容包括方向导数与梯度、散度、旋度等内容.其中方向导数与梯度的运算对象是数量，散度与旋度的运算对象是向量.

一、方向导数与梯度

设有数量场 $u=f(P)$，$P\in V$，l 为自点 P 引出的一条射线，记 $\boldsymbol{l}^0=\cos\alpha\boldsymbol{i}+\cos\beta\boldsymbol{j}+\cos\gamma\boldsymbol{k}$ 为与 l 同向的非零单位向量，P' 为射线 l 上另外一点，其到点 P' 的距离为 $\rho=|PP'|$，若 $\lim\limits_{\rho\to 0}\dfrac{f(P')-f(P)}{\rho}$ 存在，则称此极限值为函数 $u=f(P)$ 在点 P 处沿方向 l 的方向导数，记作 $\left.\dfrac{\partial u}{\partial l}\right|_P$.即

$$\left.\frac{\partial u}{\partial l}\right|_P=\lim_{\rho\to 0}\frac{f(P')-f(p)}{\rho}.$$

根据多元函数全微分的知识可知，当 $u=f(P)$ 在点 P 处可微时应有

$$\left.\frac{\partial u}{\partial l}\right|_P=\frac{\partial u}{\partial x}\cos\alpha+\frac{\partial u}{\partial y}\cos\beta+\frac{\partial u}{\partial z}\cos\gamma.$$

直角坐标系下，若数量场 $u=f(x,y,z)$ 在点 $P(x,y,z)$ 处的一阶偏导数连续，则称向量 $\dfrac{\partial u}{\partial x}\boldsymbol{i}+\dfrac{\partial u}{\partial y}\boldsymbol{j}+\dfrac{\partial u}{\partial z}\boldsymbol{k}$ 为函数 $u=f(x,y,z)$ 在点 $P(x,y,z)$ 处的梯度，记作

$$\operatorname{grad} u\,|_P=\frac{\partial u}{\partial x}\boldsymbol{i}+\frac{\partial u}{\partial y}\boldsymbol{j}+\frac{\partial u}{\partial z}\boldsymbol{k}\,|_P.$$

因为函数 $u=f(P)$ 在点 P 处沿方向 l 的方向导数

$$\begin{aligned}\left.\frac{\partial u}{\partial l}\right|_P&=\frac{\partial u}{\partial x}\cos\alpha+\frac{\partial u}{\partial y}\cos\beta+\frac{\partial u}{\partial z}\cos\gamma\\&=\left\{\frac{\partial u}{\partial x},\frac{\partial u}{\partial y},\frac{\partial u}{\partial z}\right\}\cdot\{\cos\alpha,\cos\beta,\cos\gamma\}\\&=\operatorname{grad} u\cdot\boldsymbol{l}^0\end{aligned}$$

所以函数 $u=f(P)$ 在点 P 处沿方向 l 的方向导数即为梯度 $\operatorname{grad} u$ 在方向 l 上的投

影,同时可得:

(1) 沿梯度正方向,函数 $u=f(P)$ 在点 P 处的方向导数取得最大值,最大值为 $|\mathrm{grad}\,u|$,即沿梯度的正向,函数 $u=f(P)$ 增加得最快,此时变化率为 $|\mathrm{grad}\,u|$.

(2) 沿梯度反方向,函数 $u=f(P)$ 在点 P 处的方向导数取得最小值,最小值为 $-|\mathrm{grad}\,u|$,即沿梯度的负向,函数 $u=f(P)$ 减小得最快,此时变化率为 $-|\mathrm{grad}\,u|$.

(3) 垂直于梯度的方向,函数 $u=f(P)$ 在点 P 处的方向导数为 0,即垂直于梯度的方向,函数不变,此时变化率为 0.

例 8.13　设有函数 $z=f(x,y)=\sqrt{x^2+y^2}$.

(1) 函数 $z=f(x,y)$ 在点 $O(0,0)$ 处的两个偏导数是否存在?若存在,求之.

(2) $z=f(x,y)$ 在点 $O(0,0)$ 处沿任意方向的方向导数是否存在?若存在,求之.

解　(1) 由偏导数的定义可知

$$f_x(0,0)=\lim_{x\to 0}\frac{f(x,0)-f(0,0)}{x-0}=\lim_{x\to 0}\frac{|x|}{x},$$

$$f_y(0,0)=\lim_{y\to 0}\frac{f(0,y)-f(0,0)}{y-0}=\lim_{x\to 0}\frac{|y|}{y}.$$

根据单侧导数准则可知 $z=f(x,y)$ 在点 $O(0,0)$ 处的两个偏导数不存在.

(2) 因为 $z=f(x,y)$ 在点 $O(0,0)$ 处的两个偏导数不存在,所以 $z=f(x,y)$ 在点 $O(0,0)$ 处肯定不可微. 因此应根据定义求 $z=f(x,y)$ 在点 $O(0,0)$ 处沿任意方向的方向导数.

设 $P(x,y)$ 为自原点 $O(0,0)$ 出发的任意射线 l 上的任意一点,根据方向导数的定义有,函数 $z=f(x,y)$ 在点 $O(0,0)$ 处沿任意方向 l 的方向导数

$$\frac{\partial f}{\partial l}=\lim_{\rho\to 0}\frac{f(x,y)-f(0,0)}{\rho}=\lim_{\rho\to 0}\frac{\sqrt{x^2+y^2}}{\sqrt{x^2+y^2}}=1,$$

即函数 $z=f(x,y)$ 在点 $O(0,0)$ 处沿任意方向 l 的方向导数都存在且为 1. 感兴趣的同学可以思考此方向导数的意义.

二、散度

若空间或空间一部分中的每一点处都有确定的向量 $\boldsymbol{A}=\{P,Q,R\}$,其中 P,Q,R 都是 x,y,z 的函数. 假定它们均为单值连续函数且存在偏导数,必要时还会假定它们具有二阶偏导数.

在向量场确定的区域内,若曲线 L 上任意一点处的切线恰好与该点的场向量重合,则称此曲线为向量场的向量线. 向量线是向量场研究中一个非常重要的概念,如电磁场研究中的电力线、磁力线就是常见的向量线.

设 $M(x,y,z)$ 为向量场 $\boldsymbol{A}=\{P,Q,R\}$ 中的向量线 L 上的任意一点,根据多元函数微分学知识在几何上的应用,很容易得出向量线 L 应满足微分方程

$$\frac{\mathrm{d}x}{P}=\frac{\mathrm{d}y}{Q}=\frac{\mathrm{d}z}{R}.$$

由向量线组成的曲面称向量面.

设向量场 $\boldsymbol{A}=\{P,Q,R\}$,在场中作包含点 $M(x,y,z)$的任意一张封闭曲面 Σ,取外侧为正向,Σ 围成的区域 Ω 的体积为 V,则由高斯公式可得

$$\oint\!\!\!\oint_{\Sigma}P\mathrm{d}y\mathrm{d}z+Q\mathrm{d}z\mathrm{d}x+R\mathrm{d}x\mathrm{d}y=\iiint_{\Omega}\left(\frac{\partial P}{\partial x}+\frac{\partial Q}{\partial y}+\frac{\partial R}{\partial z}\right)\mathrm{d}V.$$

量$\frac{\partial P}{\partial x}+\frac{\partial Q}{\partial y}+\frac{\partial R}{\partial z}$称为向量场$\boldsymbol{A}=\{P,Q,R\}$在点$M(x,y,z)$处的散度,记作 $\operatorname{div}\boldsymbol{A}$,即

$$\operatorname{div}\boldsymbol{A}=\frac{\partial P}{\partial x}+\frac{\partial Q}{\partial y}+\frac{\partial R}{\partial z}.$$

向量场 $\boldsymbol{A}=\{P,Q,R\}$在一点$M(x,y,z)$处的散度为一数量,散度的全体构成了一个数量场.

由散度的定义式,可以将高斯公式改写为

$$\oint\!\!\!\oint_{\Sigma}P\mathrm{d}y\mathrm{d}z+Q\mathrm{d}z\mathrm{d}x+R\mathrm{d}x\mathrm{d}y=\iiint_{\Omega}\operatorname{div}\boldsymbol{A}\cdot\mathrm{d}V.$$

利用三重积分的中值定理,上式可进一步改写为

$$\operatorname{div}\boldsymbol{A}=\lim_{\Sigma\to M}\frac{\oint\!\!\!\oint_{\Sigma}P\mathrm{d}y\mathrm{d}z+Q\mathrm{d}z\mathrm{d}x+R\mathrm{d}x\mathrm{d}y}{V}.$$

即可得散度表示向量场 $\boldsymbol{A}=\{P,Q,R\}$在点$M(x,y,z)$处源的强度.亦即为此源发出的流量关于体积的变化率,同时也说明了散度的定义与坐标轴的选择无关.

当散度 $\operatorname{div}\boldsymbol{A}=0$ 时,表示向量场 $\boldsymbol{A}$ 中既无源又无汇.

由散度的定义可得如下性质:

(1) 当 μ,λ 为常数时有

$$\operatorname{div}(\mu\boldsymbol{A}+\lambda\boldsymbol{B})=\mu\operatorname{div}\boldsymbol{A}+\lambda\operatorname{div}\boldsymbol{B}.$$

(2) 当 μ 为数量函数时有

$$\operatorname{div}(\mu\boldsymbol{A})=\mu\operatorname{div}\boldsymbol{A}+\operatorname{grad}\mu\cdot\boldsymbol{A}.$$

例 8.14 设 $\boldsymbol{a}$ 为常向量,$\boldsymbol{r}=x\boldsymbol{i}+y\boldsymbol{j}+z\boldsymbol{k}$,$r=\sqrt{x^2+y^2+z^2}$,求证:$\operatorname{div}[r(\boldsymbol{a}\times\boldsymbol{r})]=0$.

解 设 $\boldsymbol{a}=\{a_1,a_2,a_3\}$,因为

$$\boldsymbol{a}\times\boldsymbol{r}=\begin{vmatrix}\boldsymbol{i}&\boldsymbol{j}&\boldsymbol{k}\\a_1&a_2&a_3\\x&y&z\end{vmatrix}=\{a_2z-a_3y,a_3x-a_1z,a_1y-a_2x\},$$

所以

$$\operatorname{div}(\boldsymbol{a}\times\boldsymbol{r})=\frac{\partial(a_2z-a_3y)}{\partial x}+\frac{\partial(a_3x-a_1z)}{\partial y}+\frac{\partial(a_1y-a_2x)}{\partial z}=0.$$

又因为

$$\operatorname{grad} r = \left\{\frac{x}{\sqrt{x^2+y^2+z^2}}, \frac{y}{\sqrt{x^2+y^2+z^2}}, \frac{z}{\sqrt{x^2+y^2+z^2}}\right\} = \frac{1}{r}\cdot \boldsymbol{r}.$$

所以

$$\operatorname{grad} r \cdot (\boldsymbol{a}\times\boldsymbol{r}) = 0,$$

$$\operatorname{div}[r(\boldsymbol{a}\times\boldsymbol{r})] = r\cdot\operatorname{div}(\boldsymbol{a}\times\boldsymbol{r}) + \operatorname{grad} r\cdot(\boldsymbol{a}\times\boldsymbol{r}) = 0+0=0.$$

三、旋度与环流量

设有向量场 $\boldsymbol{A}=\{P,Q,R\}$，其中 P,Q,R 具有一阶连续偏导数，则向量 $\boldsymbol{A}=\{P,Q,R\}$ 沿场内任意一条光滑有界有向曲线 L 上的第二型曲线积分为

$$\int_L P\mathrm{d}x + Q\mathrm{d}y + R\mathrm{d}z.$$

当 L 为封闭曲线时，$\int_L P\mathrm{d}x + Q\mathrm{d}y + R\mathrm{d}z$ 称为向量 $\boldsymbol{A}=\{P,Q,R\}$ 沿封闭曲线 L 的环流量.

设封闭曲线 L 为某一光滑有向曲面 Σ 的边界曲线，则由斯托克斯公式，向量 $\boldsymbol{A}=\{P,Q,R\}$ 沿封闭曲线 L 的环流量可以表示成第二型曲面积分

$$\int_L P\mathrm{d}x + Q\mathrm{d}y + R\mathrm{d}z = \iint_\Sigma \left(\frac{\partial R}{\partial y}-\frac{\partial Q}{\partial z}\right)\mathrm{d}y\mathrm{d}z + \left(\frac{\partial P}{\partial z}-\frac{\partial R}{\partial x}\right)\mathrm{d}z\mathrm{d}x + \left(\frac{\partial Q}{\partial x}-\frac{\partial P}{\partial y}\right)\mathrm{d}x\mathrm{d}y.$$

称向量 $\left\{\frac{\partial R}{\partial y}-\frac{\partial Q}{\partial z}, \frac{\partial P}{\partial z}-\frac{\partial R}{\partial x}, \frac{\partial Q}{\partial x}-\frac{\partial P}{\partial y}\right\}$ 为向量 $\boldsymbol{A}=\{P,Q,R\}$ 的旋度（或涡旋量），记作 $\operatorname{rot}\boldsymbol{A}$，即

$$\operatorname{rot}\boldsymbol{A} = \begin{vmatrix} \boldsymbol{i} & \boldsymbol{j} & \boldsymbol{k} \\ \frac{\partial}{\partial x} & \frac{\partial}{\partial y} & \frac{\partial}{\partial z} \\ P & Q & R \end{vmatrix}.$$

利用旋度的定义，斯托克斯公式可以改写成向量形式：

$$\int_L P\mathrm{d}x + Q\mathrm{d}y + R\mathrm{d}z = \iint_\Sigma \operatorname{rot}\boldsymbol{A}\cdot\mathrm{d}\boldsymbol{S}.$$

由此可得，向量 $\boldsymbol{A}=\{P,Q,R\}$ 沿封闭曲线 L 的环流量等于它的散度（或涡旋量 $\operatorname{rot}\boldsymbol{A}$ 通过 L 张成任意一张曲面 Σ 的流量）.

环流量关于面积的变化率称为环流密度，记作 $\boldsymbol{\omega}(M)$，即

$$\boldsymbol{\omega}(M) = \lim_{\Sigma\to M}\frac{\iint_\Sigma \operatorname{rot}\boldsymbol{A}\cdot\mathrm{d}\boldsymbol{S}}{S},$$

其中，S 为曲面 Σ 的面积.

如果对于向量场 $\boldsymbol{A}=A(M)$，在点 M 处存在另一向量 $\boldsymbol{a}=a(M)$，使得向量 $\boldsymbol{a}=a(M)$在每一个方向 $\boldsymbol{n}$ 上的投影都等于向量$\boldsymbol{A}=A(M)$在点 M 处的环流密度，那么向量 $\boldsymbol{a}=a(M)$也称向量 $\boldsymbol{A}=A(M)$在点 M 处的旋度，即有 rot $\boldsymbol{A}=\boldsymbol{a}$ 且（rot $\boldsymbol{A}\cdot\boldsymbol{n}^{\circ}$）$=\omega(M)$. 于是向量场 $\boldsymbol{A}=A(M)$在点 M 处的环流密度最大，且$|\text{rot}\,\boldsymbol{A}|$就是最大的环流密度.

由旋度的定义，可得旋度的如下性质：

(1) 当 μ,λ 为常数时有

$$\text{rot}\,(\mu\boldsymbol{A}+\lambda\boldsymbol{B})=\mu\,\text{rot}\,\boldsymbol{A}+\lambda\,\text{rot}\,\boldsymbol{B}.$$

(2) 当 μ 为数量函数时有

$$\text{rot}\,(\mu\boldsymbol{A})=\mu\,\text{rot}\,\boldsymbol{A}+\text{grad}\,\mu\times\boldsymbol{A}$$

例 8.15 设 $\boldsymbol{a}=\{a_x,a_y,a_z\}$，$\boldsymbol{b}=\{b_x,b_y,b_z\}$，求 div $(\boldsymbol{a}\times\boldsymbol{b})$.

解

$$\begin{aligned}\text{div}\,(\boldsymbol{a}\times\boldsymbol{b})&=\frac{\partial}{\partial x}(a_yb_z-a_zb_y)+\frac{\partial}{\partial y}(a_zb_x-a_xb_z)+\frac{\partial}{\partial z}(a_xb_y-a_yb_x)\\&=b_x\left(\frac{\partial a_z}{\partial y}-\frac{\partial a_y}{\partial z}\right)+b_y\left(\frac{\partial a_x}{\partial z}-\frac{\partial a_z}{\partial x}\right)+b_z\left(\frac{\partial a_y}{\partial x}-\frac{\partial a_z}{\partial y}\right)\\&\quad-a_x\left(\frac{\partial b_z}{\partial y}-\frac{\partial b_y}{\partial z}\right)-a_y\left(\frac{\partial b_x}{\partial z}-\frac{\partial b_z}{\partial x}\right)+a_z\left(\frac{\partial b_y}{\partial x}-\frac{\partial b_z}{\partial y}\right),\end{aligned}$$

即有

$$\text{div}\,(\boldsymbol{a}\times\boldsymbol{b})=\boldsymbol{b}\cdot\text{rot}\,\boldsymbol{a}-\boldsymbol{a}\cdot\text{rot}\,\boldsymbol{b}.$$

同样可得

$$\begin{aligned}\text{rot}\,(\boldsymbol{a}\times\boldsymbol{b})=&\left(b_x\frac{\partial}{\partial x}+b_y\frac{\partial}{\partial y}+b_z\frac{\partial}{\partial z}\right)\boldsymbol{a}-\left(a_x\frac{\partial}{\partial x}+a_y\frac{\partial}{\partial y}+a_z\frac{\partial}{\partial z}\right)\boldsymbol{b}\\&+(\text{div}\,\boldsymbol{b})\boldsymbol{a}-(\text{div}\,\boldsymbol{a})\boldsymbol{b}.\end{aligned}$$

四、梯度、散度、旋度之间的运算关系

因为向量场的梯度是一向量，散度是一数量，旋度是一向量，所以向量场的梯度、散度、旋度之间还可以进行以下运算：

div (grad f)，　div (rot $\boldsymbol{A}$)，　rot (grad f)，　grad (div $\boldsymbol{A}$)，　rot (rot $\boldsymbol{A}$)

通过求二阶偏导数，容易得出如下结果：

(1) div (rot $\boldsymbol{A}$) $=0$；

(2) rot (grad f) $=0$；

(3) div (grad f) $=\Delta f$.

这里 $\Delta=\dfrac{\partial^2}{\partial x^2}+\dfrac{\partial^2}{\partial y^2}+\dfrac{\partial^2}{\partial z^2}$就是拉普拉斯算子.

例 8.16 设 $\boldsymbol{r}=x\boldsymbol{i}+y\boldsymbol{j}+z\boldsymbol{k}$，$r=\sqrt{x^2+y^2+z^2}$，求 $\operatorname{rot}\left(\dfrac{1}{r^3}\boldsymbol{r}\right)$.

解 由于

$$\operatorname{rot}(\boldsymbol{r}) = \operatorname{rot}(x\boldsymbol{i}+y\boldsymbol{j}+z\boldsymbol{k}) = \boldsymbol{0},$$

$$\operatorname{grad}\left(\frac{1}{r^3}\right)=-\frac{3}{r^4}\operatorname{grad} r=-\frac{3}{r^5}\boldsymbol{r},$$

$$\boldsymbol{r}\times\boldsymbol{r}=\boldsymbol{0},$$

根据旋度的运算性质有

$$\operatorname{rot}\left(\frac{1}{r^3}\boldsymbol{r}\right)=\frac{1}{r^3}\operatorname{rot}\boldsymbol{r}+\operatorname{grad} r\times\boldsymbol{r}=0-\frac{3}{r^5}\boldsymbol{r}\times\boldsymbol{r}=\boldsymbol{0}.$$

注 此题亦可以按旋度的定义通过直接求偏导数得到相同的结果.

例 8.17 设函数 μ 具有二阶连续偏导数，$\boldsymbol{n}$ 是封闭曲面 Σ 的外法向量，Σ 围成的空间区域为 Ω，证明

$$\oint\!\!\!\oint_{\Sigma}\mu\frac{\partial\mu}{\partial n}\mathrm{d}S=\iiint_{\Omega}(\operatorname{grad}\mu)^2\mathrm{d}V+\iiint_{\Omega}\mu\cdot\operatorname{div}(\operatorname{grad}\mu)\mathrm{d}V.$$

证 记与 $\boldsymbol{n}$ 同向的单位外法线向量 $\boldsymbol{n}^{\circ}=\{\cos\alpha,\cos\beta,\cos\gamma\}$，则由题意有

$$\frac{\partial\mu}{\partial n}=\operatorname{grad}\mu\cdot\boldsymbol{n}^{\circ}=\frac{\partial\mu}{\partial x}\cos\alpha+\frac{\partial\mu}{\partial y}\cos\beta+\frac{\partial\mu}{\partial z}\cos\gamma,$$

$$\operatorname{div}(\operatorname{grad}\mu)=\frac{\partial^2\mu}{\partial x^2}+\frac{\partial^2\mu}{\partial y^2}+\frac{\partial^2\mu}{\partial z^2},$$

所以有

$$\begin{aligned}\oint\!\!\!\oint_{\Sigma}\mu\frac{\partial\mu}{\partial n}\mathrm{d}S&=\oint\!\!\!\oint_{\Sigma}\mu\left(\frac{\partial\mu}{\partial x}\cos\alpha+\frac{\partial\mu}{\partial y}\cos\beta+\frac{\partial\mu}{\partial z}\cos\gamma\right)\mathrm{d}S\\&=\oint\!\!\!\oint_{\Sigma}\mu\frac{\partial\mu}{\partial x}\mathrm{d}y\mathrm{d}z+\mu\frac{\partial\mu}{\partial y}\mathrm{d}z\mathrm{d}x+\mu\frac{\partial\mu}{\partial z}\mathrm{d}x\mathrm{d}y.\end{aligned}$$

根据高斯公式有

$$\begin{aligned}\oint\!\!\!\oint_{\Sigma}\mu\frac{\partial\mu}{\partial n}\mathrm{d}S&=\iiint_{\Omega}\left[\frac{\partial}{\partial x}\left(\mu\frac{\partial\mu}{\partial x}\right)+\frac{\partial}{\partial y}\left(\mu\frac{\partial\mu}{\partial y}\right)+\frac{\partial}{\partial z}\left(\mu\frac{\partial\mu}{\partial z}\right)\right]\mathrm{d}V\\&=\iiint_{\Omega}\left[\left(\frac{\partial\mu}{\partial x}\right)^2+\left(\frac{\partial\mu}{\partial y}\right)^2+\left(\frac{\partial\mu}{\partial z}\right)^2+\mu\left(\frac{\partial^2\mu}{\partial x^2}+\frac{\partial^2\mu}{\partial y^2}+\frac{\partial^2\mu}{\partial z^2}\right)\right]\mathrm{d}V\\&=\iiint_{\Omega}(\operatorname{grad}\mu)^2\mathrm{d}v+\iiint_{\Omega}\mu\cdot\operatorname{div}(\operatorname{grad}\mu)\mathrm{d}V.\end{aligned}$$

习　题

1. 设 L 是圆周 $x^2+y^2=2x$,,则 $\int_L x\mathrm{d}s=$ ______.

2. 设曲线积分 $\int_L (x^4+4xy^p)\mathrm{d}x+(6x^{p-1}y^2-5y^4)\mathrm{d}y$ 与路径无关，则 $p=$ ______.

A. 1　　B. 2　　C. 3　　D. 4

3. 设 $f(u)$ 是 u 的连续可微函数且 $\int_0^4 f(u)\mathrm{d}u=A\neq 0$,$L$ 为半圆周 $y=\sqrt{2x-x^2}$,起点为原点,终点为(2,0),则 $\int_L f(x^2+y^2)(x\mathrm{d}x+y\mathrm{d}y)=$ ______.

4. 设 L 为闭曲线 $|x|+|y|=2$，逆时针方向为正，则 $\oint_L \dfrac{ax\mathrm{d}y-by\mathrm{d}x}{|x|+|y|}=$ ______.

5. 设 S 为平面 $x+y+z=4$ 被圆柱面 $x^2+y^2=1$ 截下的有限部分,则 $\iint_S z\mathrm{d}s=$ ______.

6. 设 S 为平面 $x-2z=100$ 位于柱面 $x^2+(y-1)^2=1$ 内的下侧,则 $\iint_S \mathrm{d}z\mathrm{d}x-\mathrm{d}x\mathrm{d}y=$ ______.

A. π　　B. $-\pi$　　C. 2π　　D. -2π

7. 质点在变力 $\boldsymbol{F}=yz\boldsymbol{i}+zx\boldsymbol{j}+xy\boldsymbol{k}$ 的作用下,由原点沿直线运动到椭球面 $\dfrac{x^2}{a^2}+\dfrac{y^2}{b^2}+\dfrac{z^2}{c^2}=1$ 上第一卦限内的点 $P(\xi,\eta,\zeta)$. (ξ,η,ζ) 取何值时力 $\boldsymbol{F}$ 做功最大?最大值是多少?

8. 求 $I=\int_L [\mathrm{e}^x\sin y-b(x+y)]\mathrm{d}x+(\mathrm{e}^x\cos y-ax)\mathrm{d}y$,其中 a,b 为正常数,L 为从 $A(2a,0)$ 沿曲线 $y=\sqrt{2ax-x^2}$ 到点 $O(0,0)$ 的弧.

9. 设半径为 R 的球面 S 的球心在定球面 $\Sigma:x^2+y^2+z^2=a^2$ 上,问 R 为何值时,球面 S 在定球面内部的那部分面积最大.

10. 计算积分 $I=\iint_S x^2\mathrm{d}y\mathrm{d}z+y^2\mathrm{d}z\mathrm{d}x+z^2\mathrm{d}x\mathrm{d}y$,其中 S 是三个坐标面与平面 $x+y+z=1$ 围成的四面体的外表面.

11. 求 $I=\iint_S x(y-z)\mathrm{d}y\mathrm{d}z+(x-y)\mathrm{d}x\mathrm{d}y$,其中 S 为 $x^2+y^2=1(0\leqslant z\leqslant 2)$ 的外侧.

12. 求 $I = \iint_S x^2\mathrm{d}y\mathrm{d}z + z\mathrm{d}x\mathrm{d}y$，其中 S 为抛物面 $z = x^2 + y^2$ 介于 $z = 0$ 和 $z = 1$ 之间的部分下侧.

13. 设 S 为下半球面 $z = -\sqrt{a^2 - x^2 - y^2}$ 的上侧，求 $I = \iint_S \frac{ax\mathrm{d}y\mathrm{d}z + (a + z)^2\mathrm{d}x\mathrm{d}y}{(x^2 + y^2 + z^2)^{\frac{1}{2}}}$.

14. 求曲线积分 $\oint_L \frac{-y\mathrm{d}x + x\mathrm{d}y}{x^2 + y^2} + z\mathrm{d}z$，

(1) L 是一条既不与 z 轴相交，也不绕 z 轴的简单有向、逐段光滑的闭曲线.

(2) L 是一条绕 z 轴的简单有向、逐段光滑的闭曲线，从 z 轴正向往下看为逆时针方向.

15. 求高斯积分 $\oiint_S \frac{\cos(\boldsymbol{r}, \boldsymbol{n})}{r^2}\mathrm{d}s$，其中 S 为一个不经过原点的光滑封闭曲面，$\boldsymbol{n}$ 为 S 上点 (x, y, z) 处的单位外法向量，$\boldsymbol{r} = xi + yj + zk$，$r = |\boldsymbol{r}|$.

16. 求曲线积分 $\oint_L x\mathrm{d}y - y\mathrm{d}x$，其中 L 为上半球面 $x^2 + y^2 + z^2 = 1(z \geqslant 0)$ 与柱面 $x^2 + y^2 = x$ 的交线，从 z 轴正向往下看，L 正向取逆时针方向.

17. 设数量场 $\mu = \ln\sqrt{x^2 + y^2 + z^2}$，求 $\mathrm{div}\,(\mathrm{grad}\,\mu)$.

18. 设数量场 $\mu = \sqrt{x^2 + y^2 + z^2}$，求 $\mathrm{div}\,(\mathrm{grad}\,\mu)$.

19. 设数量场 $\mu = \arctan\frac{x}{y}$，求 $\mathrm{rot}\,(\mathrm{grad}\,\mu)$.

20. 设向量场 $\boldsymbol{A} = \{x - z, x^3 + yz, -3xy^2\}$，求 $\mathrm{div}\,(\mathrm{rot}\,\boldsymbol{A})$.

21. 设向量场 $\boldsymbol{A} = \{y\cos(xy), x\cos(xy), \sin z\}$，求 $\mathrm{rot}\,\boldsymbol{A}$.

22. 设向量场 $\boldsymbol{A} = \{axz + x^2, by + xy^2, z - z^2 + cxz - 2xyz\}$，求常数 a, b, c 的值使得 $\mathrm{div}\,\boldsymbol{A} = 0$.

23. 试求圆周 $x^2 + y^2 = 1$ 上的点与相应的方向，使得函数 $f(x, y) = 3x^2 + y^2$ 在此点沿此方向的方向导数取得最大值.

24. 求向量场 $\boldsymbol{A} = \{xz, xy, yz\}$ 的散度在点 $P_0(1,2-2)$ 处沿曲线 L：$\begin{cases} x = t^3 \\ y = 2t^2 \\ z = -2t^3 \end{cases}$ 在该点切线方向上的方向导数，并求该散度在点 $P_0(1,2-2)$ 处的最大方向导数.

第九章　微积分在经济学中的应用

经济系统的核心是社会生产系统.本模块的主要内容是微积分在经济学中的应用,读者应掌握经济学中的优化理论、微分学在经济学中的应用、积分学在经济学中的应用,一阶线性差分方程的求解,特别是相关数学模型的建立等内容.

第一节　极限理论在经济学中的应用

一、复利

复利是指按本金计算的每个存款周期的利息在期末加入本金,并在以后的各期内再计利息.

(1) 现在银行存入 P 元,在一个存款周期(如一年)到期后,银行支付的利息不被取出,而与本金一起存入银行,这样在下一个存款周期到期后原本金和已有利息一起可以获得新利息,如此继续下去.设银行每个存款周期的利率为 r,则 t 个存款周期后存款余款为

$$A_t = P(1+r)^t.$$

(2) 设某银行年利率为 r,一年支付 n 次,初始存款为 P 元,则在 t 年后的余款为

$$A_t = P\left(1+\frac{r}{n}\right)^{nt}.$$

因为 $P\left(1+\frac{r}{n}\right)^{nt} = P\left[\left(1+\frac{r}{n}\right)^{\frac{n}{r}}\right]^{rt}$,且 $\left(1+\frac{r}{n}\right)^{\frac{n}{r}}$ 关于 n 严格单调增,所以支付的频率 n 越大,可赚取的钱越多.称 $\left[\left(1+\frac{r}{n}\right)^{n}-1\right]\times 100\%$ 为年有效收益,银行称之为票面率.

(3) 由于 $\lim\limits_{n\to\infty}\left(1+\frac{r}{n}\right)^{nt} = \lim\limits_{n\to\infty}\left[\left(1+\frac{r}{n}\right)^{\frac{n}{r}}\right]^{rt} = \mathrm{e}^{rt}$,所以当初始存款为 1 元时,且按年支付的次数(即 n)趋向无穷大时,称 t 年后存款余款为按连续复利计算得到的存款余款.

如:初始存款为 P,年利率为 r,则按连续复利计息 t 年后的存款余款为 Pe^{rt}.

二、现值与将来值

在不考虑利息损失和通货膨胀等因素的情况下,现存在银行 100 元,年利率为 r.若以年复利方式获得利息(即以年为计息单位,每年支付一次利息),那么一年后的存款余款为 $100(1+r)$.因此可以说今天的 100 元相当于一年后的 $100(1+r)$元.称这 $100(1+r)$元是 100 元的将来值;而 100 元为 $100(1+r)$元的现值.

一般地,称 P 元存款的将来值为 B 元是指在将来指定的时刻原来的 P 元加上利息正好为 B 元.如果按连续复利计算,现值与将来值之间的关系为

$$B = Pe^{rt}, \quad P = Be^{-rt}.$$

例 9.1　假设买彩票中奖 100 万元,要在两种兑奖方式中选择,且两种兑奖方式都从现在起支付,一种方法是分四年支付,每年支付 25 万元;另一种方法是一次付清 92 万元(扣税后).设年利率为 6%,以连续复利计息且不纳税,问选择哪一种方式更有收益.

解　正常情况下我们应选择使总值最大的方法.

因为第二种方法的总现值为 92 万元,而第一种方法的总现值为

$$\begin{aligned} P &= 25 + 25e^{-0.06} + 25e^{-0.06\times 2} + 25e^{-0.06\times 3} \\ &\approx 25 + 23.5411 + 22.1730 + 20.8818 = 91.5989. \end{aligned}$$

因此选择一次支付 92 万元更合算.

第二节　积分理论在经济学的应用

一、总成本、总收益、总利润

总成本是固定成本与可变成本之和,它是产量 x 的函数,一般记作 $C(x)$.

总收益是指生产者销售一定量的产品所获得的全部收入,它是商品量 x 与价格的乘积,一般记作 $R(x)$.

总利润是总收益与总成本之差,即 $L(x)=R(x)-C(x)$.

函数 $y=f(x)$的导数在经济学称为边际函数.因此,边际成本为 $C'(x)$,边际收益为 $R'(x)$,边际利润为 $L'(x)$.

例 9.2　设某产品每天生产 x 个单位时的固定成本为 20 元,边际成本函数为

$$C'(x) = 0.4x + 2 \quad (\text{元}/\text{单位}).$$

(1) 求总成本函数 $C(x)$.

(2) 如果这种产品销售单价为 18 元,且产品可以全部售出,求总利润函数 $L(x)$,并

求每天生产多少个单位时才能获得最大利润.

解 (1) 由题意可知总成本函数为

$$C(x)=\int_0^x C'(x)\mathrm{d}x+C(0)=\int_0^x(0.4x+2)\mathrm{d}x+20=0.2x^2+2x+20.$$

(2) 总利润函数为

$$L(x)=R(x)-C(x)=18x-(0.2x^2+2x+20)=-0.2x^2+16x-20.$$

令 $L'(x)=-0.4x+16=0$,有 $x=40$,且 $L''(x)<0$. 所以每天生产 40 单位产品时,利润最大,且最大利润 $L(40)=300$ 元.

二、连续收入流

通常,支付给某人的款项或某人获得的款项是离散支付或获得的,即在某一特定时刻支付或获得的,但对一个庞大的系统(或公司),其支付或获得是随时流进或流出的,这些支付可以表示成连续的收入流,它可表示成 $P(t)$元/年,这里 $P(t)$是一速率,是时间 t 的函数.

对连续的收入流,同样可考虑其现值与将来值. 它的将来值等于把收入流存入银行,加上利息后的存款值,它的现值即为现在存入银行的收入流.

考虑连续收入流时,假设其利息是以连续复利的方式盈取的. 设年利率为 r,下面计算由 $P(t)$元/年表示的收入流从现在开始到 T 年的这段时间的总现值与总将来值.

在时间微元$[t,t+\Delta t]\subset[0,T]$内所应收入的数额近似等于 $P(t)\cdot\Delta t$,在$[t,t+\Delta t]$内收入数额的现值近似等于 $P(t)\cdot\Delta t\cdot \mathrm{e}^{-rt}$,在 T 时的将来值近似等于$P(t)\cdot\Delta t\cdot \mathrm{e}^{r(T-t)}$,因此总现值等于$\int_0^T P(t)\mathrm{e}^{-rt}\mathrm{d}t$;总将来值为$\int_0^T P(t)\mathrm{e}^{r(T-t)}\mathrm{d}t$.

注 总将来值等于总现值乘以 e^{rT}.

例 9.3 设年利率为 10%,按连续复利的方式盈利,则以每年 100 万元流进的收入流在 20 年中的总现值为

$$\int_0^{20}100\mathrm{e}^{-0.1t}\mathrm{d}t=1000(1-\mathrm{e}^{-2})\approx 864.66 \quad (\text{万元}).$$

总将来值为

$$\int_0^{20}100\mathrm{e}^{0.1(20-t)}\mathrm{d}t=\mathrm{e}^2\times1000(1-\mathrm{e}^{-2})\approx 6389.06 \quad (\text{万元}).$$

三、消费者剩余与生产者剩余

需求是指消费者在一定的价格条件下,愿意支付并有能力购买的商品量. 需求是由多因素决定的,其中商品的价格是决定需求的一个主要因素. 设 P 是商品的价格,Q 为需求量,则称 $Q=f(P)$为需求函数,很明显需求函数是关于 P 的严格单调减函数,因此亦可以用其反函数 $P=f^{-1}(Q)$表示需求函数.

供给是指在一定的条件下，生产者愿意出售并有可能出售的商品量．这里只讨论供给量与价格的关系．设商品价格为 P，Q 为供给量，则称 $Q=g(P)$ 为供给函数（图 9.1）．一般情况下，价格越低，生产者越不愿意生产，供给少；反之，价格越高，供给量越大，即供给函数是关于 P 的严格单调增函数，因此亦可用 $P=g^{-1}(Q)$ 表示供给函数．

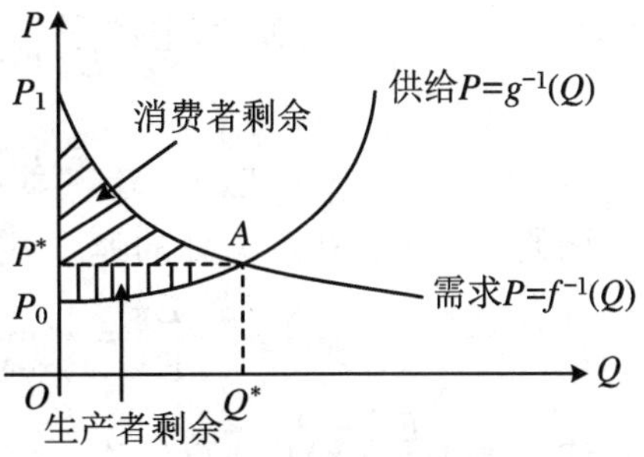

图 9.1

需求量与供给量相等的价格称为均衡价格，右图中两曲线交点处的纵坐标 P^* 就表示均衡价格，横坐标 Q^* 就表示均衡商品量．

如果有的消费者以比他们原来预期的价格（如均衡价格）低的价格购得某种商品，由此而节省下来的钱的总数称为消费者剩余．

假设消费者以较高的价格 $P=f^{-1}(Q)$ 购买某种商品并愿意支付，则在 $[Q,Q+\Delta Q]$ 内消费者的消费量近似为 $P\Delta Q=f^{-1}(Q)\Delta Q$，故消费者的总消费量为 $\int_0^{Q^*}f^{-1}(Q)\mathrm{d}Q$．即为曲边梯形 OQ^*AP_1 的面积；如果消费者以均衡价格 P^* 购得商品，则其实际消费量为 P^*Q^*，因此消费者剩余为 $\int_0^{Q^*}f^{-1}(Q)\mathrm{d}Q-P^*Q^*$．

如果生产者以均衡价格出售某种商品，而没有以他们原计划较低的价格出售该商品，由此获得的额外收入称为生产者剩余．

因为 P^*Q^* 为生产者实际出售商品的收入总额；而 $\int_0^{Q^*}g^{-1}(Q)\mathrm{d}Q$ 为生产者按原计划以较低的价格出售商品的收入总额，故生产者剩余为 $P^*Q^*-\int_0^{Q^*}g^{-1}(Q)\mathrm{d}Q$．

第三节　导数在经济学中的应用

边际函数与函数的弹性是利用导数研究经济学问题的两个重要概念．

设函数 $y=f(x)$ 在点 x_0 处可导，函数的相对改变量 $\dfrac{\Delta y}{y_0}=\dfrac{f(x_0+\Delta x)-f(x_0)}{f(x_0)}$ 与自变量的相对改变量 $\dfrac{\Delta x}{x_0}$ 之比 $\dfrac{\Delta y/y_0}{\Delta x/x_0}$ 称为函数 $y=f(x)$ 从点 x_0 到点 $x_0+\Delta x$ 的相对变化率，或者称为该两点间的弹性．当 $\Delta x\to 0$ 时，若 $\dfrac{\Delta y/y_0}{\Delta x/x_0}$ 的极限存在，则称此极限值为函数

$y=f(x)$在点 x_0 处的弹性,记作$\left.\frac{Ey}{Ex}\right|_{x=x_0}$,即

$$\left.\frac{Ey}{Ex}\right|_{x=x_0}=\lim_{\Delta x\to 0}\frac{\Delta y/y_0}{\Delta x/x_0}=f'(x_0)\frac{x_0}{f(x_0)}.$$

函数 $y=f(x)$在点 x 处的弹性函数为

$$\frac{Ey}{Ex}=\lim_{\Delta x\to 0}\frac{\Delta y/y}{\Delta x/x}=f'(x)\frac{x}{f(x)}.$$

注 弹性$\frac{E}{Ex}f(x)$反映出了随 x 的变化函数$f(x)$变化幅度的大小,即 $f(x)$对 x 的变化所反映出的强烈程度或灵敏度.两点的弹性有“方向的”,相对性是相对初值而言的.

一、需求弹性

需求函数的弹性函数称为需求弹性.由于需求函数 $Q=f(P)$是价格 P 的单调减函数,即 ΔP 与 ΔQ 异号,于是$\frac{\Delta Q/Q}{\Delta P/P}$及$f'(P)\frac{P}{Q}$皆为负数.为了用正数表示需求弹性,故规定需求 Q 对价格P 的弹性为

$$\eta(p)=-f'(P)\frac{P}{Q}=-f'(P)\frac{P}{f(P)}.$$

由于供给函数 $Q=g(P)$是 P 的单调增函数,则供给 Q 对价格P 的供给弹性为

$$\varepsilon(P)=g'(P)\frac{P}{Q}=g'(P)\frac{P}{g(P)}.$$

注 由于总收益 R 是商品价格与销售量Q 的乘积,即 $R=PQ=Pf(P)$.

综上有

$$R'(P)=f(P)+Pf'(P)=f(P)\left[1+f'(P)\frac{P}{f(P)}\right]=[1-\eta(P)].$$

所以有:

(1) 当需求弹性 $0<\eta(P)<1$ 时,总收益 R 随价格P 的上涨而提高;

(2) 当需求弹性 $\eta(P)>1$ 时,总收益 R 随价格P 的上涨而减少;

(3) 当需求弹性 $\eta(P)=1$ 时,总收益达到最大值.

例 9.4 已知一个生产周期内,某产品的总成本 C 是产量x 的函数$C(x)=ae^{bx}$,a,b 为正常数.求:

(1) 使单位成本最小的产量.

(2) 单位成本最小时的总成本的边际成本.

解 (1) 单位成本 $\overline{C}(x)=\frac{C(x)}{x}=\frac{a}{x}e^{bx}$,则

$$\overline{C}'(x)=-\frac{a}{x^2}e^{bx}+\frac{ab}{x}e^{bx}=\frac{a}{x}(bx-1)e^{bx}=0\quad\Rightarrow\quad x=\frac{1}{b}.$$

又因为 $\overline{C}''\left(\frac{1}{b}\right)>0$，所以当产量 $x=\frac{1}{b}$时，单位成本取最小值．

（2）当产量 $x=\frac{1}{b}$时，$C'\left(\frac{1}{b}\right)=abe^{b\times\frac{1}{b}}=abe$，即为总成本的边际成本．

例 9.5　设某商品的需求函数为 $Q=20-\frac{\sqrt{P}}{2}$，其中 Q 为需求量，P 为价格．

（1）求需求弹性函数 $\eta(P)$．

（2）价格 P 在什么范围内，总收益 R 随价格 P 的上涨而增大；P 在什么范围内，总收益 R 随价格 P 的上涨而减小；P 取何值时，总收益 R 达到最大值；

（3）在 $P=4$ 时，若价格上涨 1%，总收益是增大还是减小，求出相应的变化百分比．

解　（1）因为需求函数 $Q=20-\frac{\sqrt{P}}{2}$，所以需求弹性函数为

$$\eta(P)=-f'(P)\frac{P}{f(P)}=-\left(-\frac{1}{4\sqrt{P}}\right)\frac{P}{20-\frac{\sqrt{P}}{2}}=\frac{\sqrt{P}}{80-2\sqrt{P}}.$$

（2）根据总收益与需求弹性之间的关系可知：

① 当 $0<\eta(P)<1\Leftrightarrow P<\frac{6400}{9}$时，总收益 R 随价格 P 的上涨而增大．

② 当 $\eta(P)>1\Leftrightarrow P>\frac{6400}{9}$时，总收益 R 随价格 P 的上涨而减小．

③ 当 $\eta(P)=1\Leftrightarrow P=\frac{6400}{9}$时，总收益 R 取到最大值．

（3）当 $P=4$ 时，需求弹性 $\eta(4)=\frac{2}{76}<1$，此时价格上涨，总收益应增加．

因为总收益

$$R=R(P)=Pf(P)=P\left(20-\frac{\sqrt{P}}{2}\right)\quad\Rightarrow\quad R'(P)=20-\frac{3}{4}\sqrt{P},$$

所以总收益在 $P=4$ 时关于价格的弹性为

$$\left.\frac{ER}{EP}\right|_{P=4}=R'(4)\frac{4}{R(4)}=\left(20-\frac{3}{4}\sqrt{4}\right)\frac{4}{4\times\left(20-\frac{\sqrt{4}}{2}\right)}=\frac{74}{76}\approx 0.97.$$

即当 $P=4$ 时，价格每上涨 1%，总收益增加 0.97%．

例 9.6　设某商品的需求函数为 $Q=Q(P)$，收益函数为 $R=QP$，P 为价格，Q 为需求量（等于产量），需求函数 $Q=Q(P)$为 P 的单调减函数，设 $Q(P_0)=Q_0$，边际收益 $\left.\frac{dR}{dQ}\right|_{Q=Q_0}=a>0$，收益函数 $R=PQ(P)$关于价格 P 的边际$\left.\frac{dR}{dP}\right|_{P=P_0}=c<0$，需求函数关

于价格 P 的弹性 $\left.\frac{EQ}{EP}\right|_{P=P_0}=b>1$，求 P_0, Q_0.

解 由于需求弹性

$$\frac{EQ}{EP}=-Q'(P)\frac{P}{Q}=-PQ^{-1}\frac{\mathrm{d}Q}{\mathrm{d}P} \Rightarrow \frac{\mathrm{d}Q}{\mathrm{d}P}=-\frac{1}{P}Q\frac{EQ}{EP}.$$

又因为

$$R=PQ(P) \Rightarrow \frac{\mathrm{d}R}{\mathrm{d}Q}=P+Q\frac{\mathrm{d}P}{\mathrm{d}Q}.$$

所以

$$\frac{\mathrm{d}R}{\mathrm{d}Q}=P+Q\frac{\mathrm{d}P}{\mathrm{d}Q}=P+Q\left[-\frac{1}{P}Q\frac{ER}{EP}\right]^{-1}=P-P\left[\frac{ER}{EP}\right]^{-1}.$$

对上式两边取 $P=P_0$ 有

$$a=P_0-P_0\frac{1}{b} \Rightarrow P_0=\frac{ab}{b-1}.$$

又因为 $R=PQ(P)$.

所以有

$$\frac{\mathrm{d}R}{\mathrm{d}P}=Q+P\frac{\mathrm{d}Q}{\mathrm{d}P}=Q+P\left[-\frac{1}{P}Q\frac{ER}{EP}\right].$$

即

$$\frac{\mathrm{d}R}{\mathrm{d}P}=Q-Q\frac{ER}{EP},$$

对上式两边取 $P=P_0$ 有

$$c=Q_0-Q_0b \Rightarrow Q_0=\frac{c}{1-b}.$$

例 9.7 设商家销售某商品的价格满足 $P=7-0.2x$，x 为销售量(吨)，P 的单位为万元/吨，商品的不变成本为 1 万元，可变成本为 $3x$ 万元，商家追求利润最大化，政府对商品征税.

(1) 求商家纳税前的最大利润以及此时的产量与价格.

(2) 若每销售一吨商品，政府征税 t 万元(称为税率)，求征税后商家获得最大利润时的销售量.

(3) 当商家获最大税后利润时，要使政府税收总额最大，税率 t 应为多少?

解 由题意可知，总收益函数 $R(x)=Px=7x-0.2x^2$；总成本函数为 $C(x)=3x+1$.

(1) 纳税前的总利润函数为

$$L(x)=R(x)-C(x)=-0.2x^2+4x-1.$$

令 $L'(x)=-0.4x+4=0 \Rightarrow x=10$. 又因为 $L''(x)<0$. 所以当 $x=10$ 时，商家利润最大，最大利润为 19 万元，此时产量为 $x=10$ 吨，价格

$$P=7-0.2\times10=5 \quad (\text{元/吨}).$$

(2) 征税后的商家利润函数为

$$L(x) = R(x) - C(x) - tx = -0.2x^2 + 4x - 1 - tx.$$

令 $L'(x) = -0.4x + 4 - t = 0 \Rightarrow x = 10 - 2.5t$. 又因为 $L''(x) < 0$,所以当销售量 $x = 10 - 2.5t$ 时,税后商家利润达到最大.

(3) 当税后商家利润最大时,政府所收的税额为 $T = tx = (10 - 2.5t)t$.

令 $T'(t) = 10 - 5t = 0 \Rightarrow t = 2$. 又因为 $T''(t) < 0$,所以当税率 $t = 2$ 时政府所征税额最大.

第四节　多元函数微分学在经济学中的应用

这里考察的重点内容是多元函数的无条件极(最)值与条件极(最)值的求解,具体求解方法,请参考第六章"多元函数微分学".

例 9.8　某商品的生产函数为 $Q = 6x^{\frac{1}{3}}y^{\frac{1}{2}}$,其中 x 为资本投入,y 为劳动力投入,已知资本投入价格为 4,劳动力投入价格为 3,产品销售价格 $P = 2$.

(1) 求生产该商品利润最大时的投入与产出水平及最大利润.

(2) 若总投入限定为 60 个单位,求这时取最大利润时的投入情况以及相应的最大利润.

(3) 若总投入限定在 100 个单位范围之内,求此时的最大利润.

解　(1) 利润函数

$$L = PQ - 4x - 3y = 12x^{\frac{1}{3}}y^{\frac{1}{2}} - 4x - 3x = L(x, y).$$

这是一个二元函数的无条件最值.

令

$$\begin{cases} \dfrac{\partial L}{\partial x} = 4x^{-\frac{2}{3}}y^{\frac{1}{2}} - 4 = 0 \\ \dfrac{\partial L}{\partial y} = 6x^{\frac{1}{3}}y^{-\frac{1}{2}} - 3 = 0 \end{cases} \Rightarrow \begin{cases} x = 8 \\ y = 16 \end{cases},$$

$$\frac{\partial^2 L}{\partial x^2} = -\frac{8}{3}x^{-\frac{5}{3}}y^{\frac{1}{2}},\quad \frac{\partial^2 L}{\partial x \partial y} = 2x^{-\frac{1}{3}}y^{-\frac{1}{2}},\quad \frac{\partial^2 L}{\partial y^2} = -3x^{-\frac{1}{3}}y^{-\frac{3}{2}}.$$

因为 $\left[\dfrac{\partial^2 L}{\partial x^2} \times \dfrac{\partial^2 L}{\partial y^2} - \left(\dfrac{\partial^2 L}{\partial x \partial y}\right)^2\right]\Big|_{\substack{x=8\\y=16}} = \dfrac{1}{32} > 0$,且 $\dfrac{\partial^2 L}{\partial x^2}\Big|_{\substack{x=8\\y=16}} = -\dfrac{1}{3} < 0$. 所以当资本投入为 8,劳动力投入为 16 时,商家利润最大,最大利润为 16,此时的产出水平 $Q = 6 \times 8^{\frac{1}{3}} \times 16^{\frac{1}{2}} = 48$.

(2) 此问题等价于求利润函数 $L = PQ - 4x - 3y = 12x^{\frac{1}{3}}y^{\frac{1}{2}} - 4x - 3x$ 在约束条件

$4x+3y=60$ 下的最大值.

令

$$F(x,y,\lambda)=PQ-4x-3y+\lambda(4x+3y-60)$$
$$=12x^{\frac{1}{3}}y^{\frac{1}{2}}-4x-3x+\lambda(4x+3y-60).$$

$$\begin{cases}\dfrac{\partial F}{\partial x}=4x^{-\frac{2}{3}}y^{\frac{1}{2}}-4+4\lambda=0\\ \dfrac{\partial F}{\partial y}=6x^{\frac{1}{3}}y^{-\frac{1}{2}}-3+3\lambda=0\\ \dfrac{\partial F}{\partial \lambda}=4x+3y-60=0\end{cases}\Rightarrow\begin{cases}x=6\\ y=12\end{cases}.$$

根据判定可得当总投入为 60 个单位时，如果资本投入为 6，劳动力投入为 12 时，商家利润最大，最大利润为 $L=12\times6^{\frac{1}{3}}\times12^{\frac{1}{2}}-60\approx15.53$.

(3) 此问题等价于注利润函数 $L=PQ-4x-3y=12x^{\frac{1}{3}}y^{\frac{1}{2}}-4x-3x$ 在约束条件 $4x+3y\leqslant100$ 下的最大值.

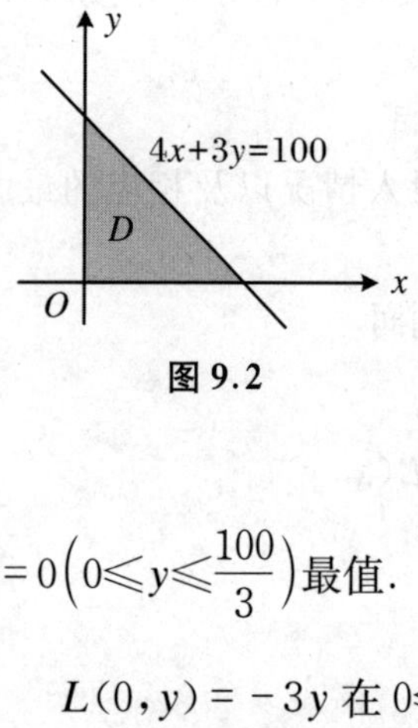

图 9.2

① 先求 $L=PQ-4x-3y=12x^{\frac{1}{3}}y^{\frac{1}{2}}-4x-3x$ 在 D 内部(图 9.2)的可能的极值点：

$$\begin{cases}\dfrac{\partial L}{\partial x}=4x^{-\frac{2}{3}}y^{\frac{1}{2}}-4=0\\ \dfrac{\partial L}{\partial y}=6x^{\frac{1}{3}}y^{-\frac{1}{2}}-3=0\end{cases}\Rightarrow\begin{cases}x=8\\ y=16\end{cases},$$

且 $L(8,16)=16$.

② 求 $L=PQ-4x-3y=12x^{\frac{1}{3}}y^{\frac{1}{2}}-4x-3x$ 在边界上的 $x=0\left(0\leqslant y\leqslant\dfrac{100}{3}\right)$ 最值.

$L(0,y)=-3y$ 在 $0\leqslant y\leqslant\dfrac{100}{3}$ 上的最大值为 0，最小值为 -100.

③ 求 $L=PQ-4x-3y=12x^{\frac{1}{3}}y^{\frac{1}{2}}-4x-3x$ 在边界 $y=0(0\leqslant x\leqslant25)$ 上的最值.

$L(0,y)=-4x$ 在 $0\leqslant x\leqslant25$ 上的最大值为 0，最小值为 -100.

④ 求 $L=PQ-4x-3y=12x^{\frac{1}{3}}y^{\frac{1}{2}}-4x-3x$ 在边界 $4x+3y=100(0\leqslant x\leqslant25)$ 上的最值.

令

$$F(x,y,\lambda)=PQ-4x-3y=12x^{\frac{1}{3}}y^{\frac{1}{2}}-4x-3x+\lambda(4x+3y-60)$$

$$\begin{cases}\dfrac{\partial F}{\partial x}=4x^{-\frac{2}{3}}y^{\frac{1}{2}}-4+4\lambda=0\\ \dfrac{\partial F}{\partial y}=6x^{\frac{1}{3}}y^{-\frac{1}{2}}-3+3\lambda=0\\ \dfrac{\partial F}{\partial \lambda}=4x+3y-60=0\end{cases}\Rightarrow\begin{cases}x=10\\ y=20\end{cases}\Rightarrow L(10,20)\approx 15.33.$$

综上所述，当总投入限定在100个单位范围之内时，仍然是资本投入为8，劳动投入为16时利润最大，最大利润仍为16.

第五节　一阶线性差分方程

一、概念

1. 微商

微商：$\dfrac{\mathrm{d}y}{\mathrm{d}t}$指瞬时变化率；差商：$\dfrac{\Delta y}{\Delta t}$指平均变化率.

2. 差分的定义

对函数 $y=y(t)$，若取 $\Delta t=1$，则 $\Delta y=y(t+\Delta t)-y(t)=y(t+1)-y(t)=y_{t+1}-y_t$，则称

$$\Delta y_t=y_{t+1}-y_t$$

为函数 $y=y(t)$的一阶差分；

$$\begin{aligned}\Delta^2 y_t&=\Delta(\Delta y_t)=\Delta y_{t+1}-\Delta y_t\\&=(y_{t+2}-y_{t+1})-(y_{t+1}-y_t)\\&=y_{t+2}-2y_{t+1}+y_t\end{aligned}$$

为函数 $y=y(t)$的二阶差分.依此类推，可定义函数的各阶差分.

根据差分的定义，可得差分的如下线性性质：

$$\Delta(ay_t+bz_t)=a\cdot\Delta y_t+b\cdot\Delta z_t.$$

3. 差分方程的定义

含有未知函数的差分或未知函数在几个时间值上之差的等式称为差分方程.

4. 差分方程的阶

差分方程中未知函数差分的最高阶数或差分方程中未知函数下标的最大值与最小值之差称为差分方程的阶.如

$\Delta y_t=0\Leftrightarrow y_{t+1}-y_t=0$ 为一阶线性齐次差分方程；

$y_{t+2}-2y_{t+1}+y_t=3^t\Leftrightarrow\Delta^2 y_t=3^t$ 为二阶线性非齐次差分方程.

注 根据差分的定义及其性质，可将高阶线性差分方程转化为一阶线性差分方程求.

二、一阶常系数线性差分方程

一阶常系数线性非齐次差分方程的标准形式为

$$y_{t+1} + ay_t = f(t),$$

其对应的齐次差分方程为

$$y_{t+1} + ay_t = 0.$$

1. 解的性质

(1) 若 y_{t_1}, y_{t_2} 是 $y_{t+1} + ay_t = f(t)$ 的任意两解，则 $y_{t_1} - y_{t_2}$ 一定是其对应的齐次差分方程 $y_{t+1} + ay_t = 0$ 的解.

(2) 若 y_t^* 是 $y_{t+1} + ay_t = f(t)$ 的解，$\bar{y}_t$ 是其对应的齐次差分方程 $y_{t+1} + ay_t = 0$ 的解，则 $\bar{y}_t + y_t^*$ 一定是 $y_{t+1} + ay_t = f(t)$ 的解.

注 根据解的性质(2)，求 $y_{t+1} + ay_t = f(t)$ 的通解就归结为求其对应的齐次差分方程 $y_{t+1} + ay_t = 0$ 的通解 $\bar{y}_t$ 再加上其自身的一个特解 y_t^*.

2. 一阶常系数线性齐次差分方程 $y_{t+1} + ay_t = 0$ 的求解步骤

(1) 写出 $y_{t+1} + ay_t = 0$ 的特征方程，并求出特征根.

$$r + a = 0 \Rightarrow r = -a.$$

(2) 根据特征根，写出通解.

$y_{t+1} + ay_t = 0$ 的通解为

$$y_t = C(-a)^t,$$

其中，C 为任意常数.

3. 一阶常系数线性非齐次差分方程 $y_{t+1} + ay_t = f(t)$ 的求解步骤

(1) 先求出其对应的齐次差分方程 $y_{t+1} + ay_t = 0$ 的通解 $\bar{y}_t$.

(2) 求 $y_{t+1} + ay_t = f(t)$ 自身的一个特解 y_t^*.

① 当非齐次项 $f(t) = P_m(t)q^t$ 时，$y_{t+1} + ay_t = f(t)$ 的特解形式为

$$y_t^* = t^k Q_m(t) q^t,$$

其中，$k = \begin{cases} 0, & q \text{ 不是其对应的齐次差分方程的特征方程 } r + a = 0 \text{ 的根} \\ 1, & q \text{ 是其对应的齐次差分方程的特征方程 } r + a = 0 \text{ 的根} \end{cases}$.

② 当非齐次项 $f(t) = b_1\cos\omega t + b_2\sin\omega t$ 时，其中 b_1, b_2 为已知常数，$y_{t+1} + ay_t = f(t)$ 的特解形式为

$$y_t^* = t^k[a_1\cos\omega t + a_2\sin\omega t] \quad (a_1, a_2 \text{ 为待定常数}),$$

其中，$k = \begin{cases} 0, & \text{当}(a + \cos\omega)^2 + \sin^2\omega \neq 0 \text{ 时} \\ 1, & \text{当}(a + \cos\omega)^2 + \sin^2\omega = 0 \text{ 时} \end{cases}$.

(3) 写出 $y_{t+1} + ay_t = f(t)$ 的通解

$$y_t = \bar{y}_t + y_t^*.$$

例 9.9　求解差分方程 $y_{t+1} - y_t = t2^t$.

解　原方程对应的齐次差分方程 $y_{t+1} - y_t = 0$ 的特征方程为

$$r - 1 = 0 \Rightarrow r = 1.$$

所以 $y_{t+1} - y_t = 0$ 的通解为

$$\bar{y}_t = C(1)^t = C.$$

设 $y_{t+1} - y_t = t2^t$ 的特解为

$$y_t^* = t^0(At + B)2^t,$$

将 $y_t^* = t^0(At + B)2^t$ 代入原差分方程,通过比较系数有 $A = 1, B = -2$.

所以 $y_{t+1} - y_t = t2^t$ 的通解为

$$y_t = C + (t - 2)2^t.$$

例 9.10　已知 $Y_1(t) = 2^t, Y_2(t) = 2^t - 3t$ 是某差分方程 $y_{t+1} + P(t)y_t = f(t)$ 的两解,求此差分方程.

解　由一阶线性差分方程解的性质可知,$Y_1(t) - Y_2(t) = 3t$ 一定是 $y_{t+1} + P(t)y_t = f(t)$ 对应的齐次方程 $y_{t+1} + P(t)y_t = 0$ 的解,将 $Y_1(t) - Y_2(t) = 3t$ 代入 $y_{t+1} + P(t)y_t = 0$ 中有

$$3(t + 1) + P(t) \cdot 3t = 0 \Rightarrow P(t) = -\frac{t + 1}{t}.$$

将 $Y_1(t) = 2^t$ 代入 $y_{t+1} - \frac{t+1}{t}y_t = f(t)$ 中可得

$$f(t) = \left(1 - \frac{1}{t}\right)2^t.$$

故所求差分方程为

$$y_{t+1} - \frac{t + 1}{t}y_t = \left(1 - \frac{1}{t}\right)2^t.$$

例 9.11　设 a, b 为常数,求 a, b 的不同取值时差分方程 $y_{t+1} + ay_t = e^{bt}$ 的通解.

解　原方程对应的齐次方程 $y_{t+1} + ay_t = 0$ 的特征方程为

$$r + a = 0 \Rightarrow r = -a.$$

所以 $y_{t+1} + ay_t = 0$ 的通解为

$$\bar{y}_t = C(-a)^t.$$

求 $y_{t+1} + ay_t = e^{bt}$ 自身的一个特解 y_t^*.

(1) 当 $q = e^b \neq -a$ 时,$y_t^* = A(e^b)^t$,代入原方程有 $A = \frac{1}{a + e^b}$.

此时 $y_{t+1} + ay_t = e^{bt}$ 的通解为

$$y_t = C(-a)^t + \frac{1}{a + e^b}e^{bt}.$$

(2) 当 $q = e^b = -a$ 时 $y_t^* = At(e^b)^t$,代入原方程得 $A = e^{-b}$.

此时，$y_{t+1}+ay_t=e^{bt}$的通解为

$$y_t = C(-a)^t + e^{b(t-1)}.$$

例 9.12 求差分方程 $y_{t+1}-3y_t=\sin\frac{\pi}{2}t$ 的通解.

解 原方程对应的齐次方程 $y_{t+1}-3y_t=0$ 的特征方程为

$$r-3=0 \Rightarrow r=3.$$

所以 $y_{t+1}-3y_t=0$ 的通解为

$$\bar{y}_t = C3^t.$$

设 $y_{t+1}-3y_t=\sin\frac{\pi}{2}t$ 的特解为 $y_t^*=A\cos\frac{\pi}{2}t+B\sin\frac{\pi}{2}t$，代入原方程有 $A=-\frac{1}{10}$，$B=-\frac{3}{10}$. 故 $y_{t+1}-3y_t=\sin\frac{\pi}{2}t$ 的通解为

$$y_t = C3^t - \frac{1}{10}\cos\frac{\pi}{2}t - \frac{3}{10}\sin\frac{\pi}{2}t.$$

例 9.13 求 $3y_{t+1}-3y_t=t3^t+1$ 的通解.

解 原方程对应的齐次方程 $3y_{t+1}-3y_t=0$ 的特征方程为

$$3r-3=0 \Rightarrow r=1.$$

所以 $3y_{t+1}-3y_t=0$ 的通解为 $\bar{y}_t=C$.

求 $3y_{t+1}-3y_t=t3^t+1$ 的一个特解 y_t^*：

(1) 设 $3y_{t+1}-3y_t=t3^t$ 的特解 $y_{t_1}^*=t^0(At+B)3^t$，代入 $3y_{t+1}-3y_t=t3^t$ 有 $A=\frac{1}{6}$，$B=-\frac{1}{4}$.

(2) 设 $3y_{t+1}-3y_t=1$ 的特解 $y_{t_2}^*=t\cdot A\cdot 1^t$，代入 $3y_{t+1}-3y_t=1$ 有 $A=\frac{1}{3}$.

所以 $3y_{t+1}-3y_t=t3^t+1$ 的一个特解为

$$y_t^* = \left(\frac{1}{6}t-\frac{1}{4}\right)3^t + \frac{1}{3}t.$$

故 $3y_{t+1}-3y_t=t3^t+1$ 的通解为

$$y_t = C + \left(\frac{1}{6}t-\frac{1}{4}\right)3^t + \frac{1}{3}t.$$

例 9.14 求解差分方程 $\Delta^2 y_t - y_t = 5$.

解 原方程可化为

$$y_{t+2}-2y_{t+1}+y_t-y_t=5 \Leftrightarrow y_{t+2}-2y_{t+1}=5$$

即为一阶常系数线性非齐次差分方程.

(1) 先求 $y_{t+2}-2y_{t+1}=5$ 对应的齐次方程 $y_{t+2}-2y_{t+1}=0$ 的通解 $\bar{y}_t$. 其特征方程为

$$r-2=0 \Rightarrow r=2.$$

所以 $y_{t+2}-2y_{t+1}=0$ 的通解 $\bar{y}_t=C2^t$.

(2) 设 $y_{t+2}-2y_{t+1}=5$ 的一个特解为 $y_t^*=t^0\cdot A\cdot 1^t=A$,代入 $y_{t+2}-2y_{t+1}=5$ 有 $A=-5$.

故 $\Delta^2 y_t-y_t=5$ 的通解为 $y_t=C2^t-5$.

习　题

1. 设商品的需求函数 $Q=100-5P$,Q 为需求量(单位:件),P 为单价(单位:万元/件).又设工厂生产此商品的边际成本 $C'(Q)=15-0.05Q$,$C(0)=12.5$ 万元,试确定单价 P,使工厂总利润最大,并求最大利润.

2. 分别用 $\frac{ER}{EP}$,$\frac{Ex}{EP}$ 表示某商品的收益函数与需求函数对价格的弹性,则两者之间有什么样的关系.

3. 设商品的需求函数为 $Q=100-5P$,其中 Q,P 分别为需求量与价格,设需求弹性大于1,求商品价格的取值范围.

4. 已知某商品的需求量 Q 对价格 P 的弹性为 $\frac{P}{4-P}$,最大需求量为 $Q(0)=400$,试求此商品的需求函数与总收益函数.

5. 某工厂生产某种商品,固定成本为2000元,每生产一单位成品,成本增加100元,已知总收益 R 是年产量 Q 的函数

$$R=R(Q)=\begin{cases}400Q-\frac{1}{2}Q^2, & 0\leqslant Q\leqslant 400\\ 80000, & Q>400\end{cases}.$$

问:每年生产多少产品时,总利润最大,最利润是多少?

6. 设某厂家生产某种商品的总收入函数为 $R(x)=\alpha x-\beta x^2$,总成本函数为 $C(x)=a+bx+cx^2$,这里 α,β,a,b,c 均为正常数,$a>b$,x 为需求量.当商家获得最大利润时,要使政府税收总额最大,政府的税率 t 应为多少?

7. 设某种商品的单价为 P 时,售出的商品量 $Q=\frac{A}{P+B}-C$,其中 A,B,C 为正常数,且 $A>BC$.求:(1) P 在何范围时,使相应的销售量增加或减少;(2) 要使销售额最大,P 应为多少?最大销售额是多少?

8. 已知某厂家生产一种商品,其中需求量 Q 对价格 P 的弹性 $\eta=-2P^2$,而市场对该商品的最大需求为1(万件),该商品的生产成本为 $\frac{1}{2}Q+1$,求:(1) 需求函数;(2) 设产量等于需求量,求该厂家获得最大利润时的需求量.

9. 某出版社出版的一本新书,印刷 x 册的平均成本为 $\frac{2500}{x}+5$(单位:元),又每册书

价 P 与 x 之间的关系为 $\frac{x}{1000}=6\left(1-\frac{P}{30}\right)$，假设书可以全部售出，求：(1) 边际成本；(2) 价格定为多少时，出版社可获取最大利润.

10. 设生产某种商品必须投入两种要素，x,y 分别为两种要素的投入量，Q 为产出量.设生产函数为 $Q=2x^{\alpha}y^{\beta}$，其中 α,β 为正常数且 $\alpha+\beta=1$.假设两种要素的价格分别为 P_1,P_2，试问：当产出是12时，两种要素各投入多少时可使投入总费用最小？

11. 某地两工厂共同生产同种商品供应市场.两厂的产量分别为 x,y 时，各自的成本函数为 $C_1(x)=2x^2+16x+18$，$C_2(y)=y^2+32y+70$.已知该商品的需求函数为 $Q=30-\frac{1}{4}P$，其中 P 为两厂的共同售价，且需求量即为两厂的总产量.求使该产品获取最大利润时的总产量、产品售价及最大利润.

12. 已知产品 A 的单价为11元，产品 B 的单价为23元，生产产品 C 需要用 A,B 两产品为原料，且用 x 单位 A 和 y 单位 B 可产出 $-3x^2+10xy-3y^2$ 个单位 C 产品，现在打算以最低成本生产80个单位产品 C，各需要多少个单位 A、B 产品？

13. 某商品的生产函数为 $Q=6x^{\frac{1}{3}}y^{\frac{1}{2}}$，其中 x,y 分别为资本投入和劳动力投入.已知资本投入单价为4，劳动力投入单价为3，产品售价为 $P=2$，求总收益达到96时两种投入的最佳比例.

14. 某企业一种产品在国内和国外的市场上的需求量分别为 $Q_1=19-0.1P_1$，$Q_2=44-0.4P_2$，其中 Q_1,Q_2 分别代表国内和国外的需求量，P_1,P_2 分别代表国内和国外的售价，且该产品的生产成本为 $C(Q_1,Q_2)=1500+10(Q_1+Q_2)$，企业为获得最大利润，在国内、国外市场上可以分别定价亦可统一定价，实施哪种定价好？

15. 某大学青年教师小王从31岁开始建立自己的养老基金，他把已有的积蓄1万元也一次性地存入银行，已知月利率为0.5%(以复利计)，每月存入300元，试问当小王60岁退休时，他的退休基金有多少？若他退休后每月从银行提取2000元，问：多少年后他的退休基金用完？

16. 在农业生产中，设 t 时期某产品的价格为 P_t，决定着生产者在下一时期愿意提供市场的产量 S_{t+1}，且 P_t 还决定着本时期该产品的需求量 D_t，因此有 $D_t=a-bP_t$，$S_t=-c+\mathrm{d}P_{t-1}$，a,b,c,d 均为正常数，求价格随时间变化的规律.这里假设 $t=0$ 时 $P_t=P_0$.

17. 求差分方程 $y_{t+1}+y_t=6t^2+40$ 的通解.

18. 求差分方程 $y_{t+1}-2y_t=\cos\frac{\pi}{2}t+\sin\frac{\pi}{2}t$ 的通解.

参 考 答 案

第 一 章

1. (1) $\dfrac{P_n(x_0)}{Q_m(x_0)}$；(2) 当 $m>n$ 时，原式 $=\infty$（高阶无穷大除以低阶无穷大）；当 $m=n$ 时，原式 $=\dfrac{a_m}{b_n}$（除以最大的无穷大）；当 $m<n$ 时，原式 $=0$；

(3) $\dfrac{1}{3}$；(4) 0；(5) $\dfrac{4}{3}$；(6) 0；(7) $x=\dfrac{1+\sqrt{1+4a}}{2}$；(8) $e^{-\frac{1}{2}}$；(9) $\dfrac{1}{6}$；(10) 0；(11) $f(x_0)-x_0f'(x_0)$；(12) $f'(a)=\lim\limits_{x\to a}\dfrac{x^x-a^a}{x-a}$，即求 $f'(x)=x^x$ 在 $x=a$ 处的导数值；(13) $-\dfrac{1}{12}$.

2. (1) $f'(0)=\lim\limits_{x\to0}\dfrac{f(x)}{x}=0$；(2) $\lim\limits_{x\to0}\left[1+\dfrac{f(x)}{x}\right]^{\frac{1}{x}}=e^{\frac{1}{2}\times4}=e^2$.

3. e^{-1}.

4. $a=\dfrac{1}{2}, b=\dfrac{1}{8}$.

5. $\dfrac{d^2x}{dy^2}=\dfrac{d}{dy}\left(\dfrac{dx}{dy}\right)=\dfrac{d}{dx}\left(\dfrac{1}{y'}\right)\dfrac{dx}{dy}=\dfrac{-y''}{(y')^2}\cdot\dfrac{1}{y'}=\dfrac{-y''}{(y')^3}$，

$\dfrac{d^3x}{dy^3}=\dfrac{d}{dy}\left(\dfrac{d^2x}{dy^2}\right)=\dfrac{d}{dy}\left(\dfrac{-y''}{(y')^3}\right)\dfrac{dx}{dy}=-\dfrac{y'''(y')^3-(y'')^2\cdot3(y')^2}{(y')^6}\cdot\dfrac{1}{y'}$.

6. $\dfrac{dy}{dx}=e^{a^x\ln x}\left(a^x\ln a\ln x+\dfrac{a^x}{x}\right)+e^{x\ln(\ln x)}\ln(\ln x)+\dfrac{1}{\ln x}$.

7. $f^{(4)}(x)=0$.

8. $y'=\dfrac{1+te^{ty}}{2y-te^{ty}}$.

9. 提示：使用导数的定义 $f'(x)=\lim\limits_{\Delta x\to0}\dfrac{f(x+\Delta x)-f(x)}{\Delta x}=\lim\limits_{\Delta x\to0}\dfrac{e^xf(\Delta x)+e^{\Delta x}f(x)-f(x)}{\Delta x}$.

10. $y^{(6)}=3^3\times2^2\times1\times6!=108\times6!=77760$.

11. $\dfrac{1}{6}$.

12. 0.

13. -1.

14. (1) 单减区间为(1,3),单增区间为$(-\infty,1)$,$(3,+\infty)$. y 的极小值为$y|_{x=3}=\frac{27}{4}$.

(2) (0,0) 为拐点. $f(x)$ 在(0,1)$(1,+\infty)$为凹弧,$f(x)$ 在$(-\infty,0)$为凸弧.

(3) $y=x+2$ 为函数的斜渐近线,$x=1$ 为铅直渐近线.

15. (1) $M(n)=\frac{n}{n+1}\left(1-\frac{1}{n+1}\right)^n$;(2) e^{-1}.

16. (1) $f(a)$ 为 $f(x)$ 的极大值;(2) ① $x=0$ 是驻点;② $f(0)$ 为极小值.

17. $f'(0)<f'(1)-f(0)<f'(1)$.

18. $\pi^e<e^\pi$.

19. 提示:① 方法一:零值定理. $a_0\cdot(a_0+a_1+\cdots+a_n)<0$,则方程在(0,1)至少有一实根. ② 方法二:罗尔定理. $a_0+\frac{a_1}{2}+\cdots+\frac{a_n}{n+1}=0$ 时,则方程在(0,1)至少有一实根. ③ 方法三:费马定理.

20. 提示:即证 $f(x)=x$ 在(0,1)内有且仅有一个实根.

21. 提示:无法使用柯西中值定理,使用罗尔定理.

$3f(x)+xf'(x)=0\Leftrightarrow 3f(x)=-xf'(x)\Leftrightarrow\frac{f'(x)}{f(x)}=-\frac{3}{x}$. 令 $F(x)=x^3f(x)$.

22. 提示:使用柯西中值定理和拉格朗日中值定理.

$\frac{f'(\eta)}{2\eta}\to\frac{f(x)}{g(x)=x^2}$ 使用柯西中值定理,$f(x)$ 在$[a,b]$上满足拉格朗日中值定理.

23. 提示:利用原函数的确定常数 k 值法.

令 $F(x)=\frac{f(x)}{x}-\frac{f(a)}{a}-\frac{\frac{f(b)}{b}-\frac{f(a)}{a}}{\frac{1}{b}-\frac{1}{a}}\left[\frac{1}{x}-\frac{1}{a}\right]$,使用罗尔定理.

24. 提示:$f(x)$ 在$[a,c][c,b]$使用拉格朗日中值定理.

25. 提示:先 $f(x)$ 在$[a,c]$,$[c,b]$使用拉格朗日中值定理,再 $f'(x)$ 使用罗尔定理.

26. 提示:令 $g(x)=xf'(x)-f(x)$.

27. 提示:令 $f(x)=x-\sin x$,$g(x)=\sin x-\frac{2}{\pi}x$.

第二章

1. $\frac{1}{2}x\sin 2x+\frac{1}{4}\cos 2x+C$;$-\cos(\ln x)+C$;$2(x\sqrt{e^x-1}-2\sqrt{e^x-1}+2\arctan\sqrt{e^x-1})+C$;$2e^{\sqrt{x}}(\sqrt{x}-1)+C$;$\ln\frac{(x-4)^2}{|x-3|}+C$;$-2\sqrt{1-x}\arcsin\sqrt{x}+2\sqrt{x}+C$.

2. $\ln 2$;$\frac{4}{15}$;$\frac{4}{\pi}-1$.

3. $\frac{1}{2}(e^{a^2}-1)$. 提示:利用分部积分或重积分交换积分次序进行计算.

4. $\frac{9}{2}$. 提示:利用等式两边求导.

5. $\sin x^2$.

6. $\left[\int_a^b f(x)g(x)dx\right]^2 \leqslant \left(\int_a^b f^2(x)dx\right)\left(\int_a^b g^2(x)dx\right)$. 提示:利用柯西不等式.

7. $-\frac{1}{2}$.

8. 收敛. 提示:利用比较法.

9. $\frac{8}{3}$.

10. $\frac{3}{2}\pi a^2$.

11. $\frac{\pi^2}{2}-\frac{2\pi}{3}$.

12. $1+\frac{\sqrt{2}}{2}\ln(\sqrt{2}+1)$.

13. $\frac{\pi}{6}(11\sqrt{5}-1)$.

14. 14373.33 kN.

15. $\frac{1}{2}vabg(2h+b\sin a)$.

16. $\frac{2km\rho}{R}\sin\frac{\varphi}{2}$.

17. $\frac{kmM}{a(a+l)}$.

18. 76969.02 kJ.

19. $\frac{4}{3}\pi r^4 g$.

第　三　章

1. $\frac{\ln x}{k}-t=c, \frac{1}{ak}\ln\frac{x}{a-x}=t+c$.

2. $y=c-\frac{\cos x}{x}$.

3. $x=y(c-e^y)$.

4. $x=\arctan-1+ce^{-\arctan y}$.

5. $\dfrac{x^3}{3} + xy - y^2 = c$.

6. $\dfrac{3x^2 y^2}{2} = c$.

7. $y = \dfrac{3}{\sin x} - 3$.

8. $y = \arcsin x$.

9. 当 $u = 0$ 时，$x = c_1 + c_2 t$；当 $u < 0$ 时，通解为 $x = c_1 e^{\sqrt{-ut}} + c_2 e^{-\sqrt{-ut}}$；当 $u > 0$ 时，通解为 $x = c_1 \cos\sqrt{u}t + c_2 \sin\sqrt{u}t$.

10. $y_0 = 2e^{2x} - e^x$.

11. $f(x) = \dfrac{1}{4}x^2\cos x + \dfrac{3}{4}x\sin x$.

第　四　章

1. (1) 收敛，和为 1；(2) 发散；(3) 收敛，和为 1.
2. B.
3. B.
4. (1) 发散；(2) 发散.
5. (1) 收敛；(2) 发散.
6. (1) $0 < x < e$ 时，级数收敛；$x \geqslant e$ 时，级数发散. (2) 收敛.
7. (1) 收敛；(2) 收敛.
8. (1) 条件收敛；(2) 发散；(3) 绝对收敛.
9. 略.
10. 略.
11. 略.
12. $y = C_1\left(1 - \dfrac{1}{2!}x^2 - \dfrac{1}{4!}x^4 - \dfrac{3}{6!}x^6 - \dfrac{3\cdot 5}{8!}x^8 + \cdots\right) + C_2 x$.
13. 1.
14. $\dfrac{1}{2}[f(-1+0) + f(1-0)] = \dfrac{3}{2}$.
15. D.

第　五　章

1. $-\dfrac{3}{2}$.

2. 4.

3. (1) (2,3,3); (2) $\left(\frac{5}{3},\frac{8}{3},3\right)$; (3) $\sqrt{22}$;

(4) $\cos\alpha=\frac{2}{\sqrt{22}}$;$\cos\beta=\frac{3}{\sqrt{22}}$;$\cos\gamma=\frac{3}{\sqrt{22}}$;

(5) $2\sqrt{3}$; (6) $\frac{4}{3}$; (7) $\arccos\left(-\frac{1}{2}\right)=120^\circ=\frac{2}{3}\pi$.

4. 2.

5. $x-y+z=0$.

6. $x-3y-z+4=0$.

7. $\sqrt{2}$.

8. $\frac{\pi}{3}$.

9. $\Sigma:x^2+y^2=5z^2+4z+1$,任取 $z\in[0,1]$,设 $M(x,y,z)\in\Sigma$ 为曲面上一点,则 $A(z)=\pi r^2=\pi(x^2+y^2)=\pi(5z^2+4z+1)$,于是 $V=\int_0^1 A(z)\mathrm{d}z=\pi\int_0^1(5z^2+4z+1)\mathrm{d}z=\frac{14}{3}\pi$.

第　六　章

1. (1) 2;(2) $\mathrm{e}^{\frac{1}{a}}$.

2. 证略.

3. 连续.

4. $f_x(x,y)=\begin{cases}\dfrac{2xy^2}{x^2+y^2}-\dfrac{2x^3y^2}{(x^2+y^2)^2}, & (x,y)\neq(0,0)\\ 0, & (x,y)=(0,0)\end{cases}$.

5. $\mathrm{d}u=\frac{1}{y}f_1\mathrm{d}x+\left(-\frac{x}{y^2}f_1+\frac{1}{z}f_2\right)\mathrm{d}y-\frac{y}{z^2}f_2\mathrm{d}z.\ \frac{\partial^2u}{\partial y\partial z}=\frac{x}{yz^2}f_{12}-\frac{y}{z^3}f_{22}-\frac{1}{z^2}f_2$.

6. $\frac{\mathrm{d}y}{\mathrm{d}x}=\frac{y^x\ln y}{1-xy^{x-1}}$.

7. $\frac{\partial u}{\partial x}=-\frac{5}{4},\frac{\partial v}{\partial y}=\frac{5}{4}$.

8. 不连续,不可微.

9. 连续且可微.

10. 切平面方程 $2x-y-4=0$.法线方程 $\frac{x-1}{2}=\frac{y-2}{1}=\frac{z}{0}$.

11. (1) 切线方程 $\frac{x-\frac{1}{\sqrt{2}}}{-1}=\frac{y-\frac{1}{\sqrt{2}}}{1}=\frac{z-2}{2}$,法平面方程 $x-y-2z+4=0$;

(2) 切线方程$\dfrac{x-\frac{\pi}{2}+1}{1}=\dfrac{y-1}{1}=\dfrac{z-2\sqrt{2}}{\sqrt{2}}$,法平面方程 $x+y+\sqrt{2}z-\frac{\pi}{2}-4=0$.

12. 极大值为 $f(0,0)=0$,最大值为 $f(4,1)=7$.

13. 均分.设分成的三个数为 x,y,z,则 $x=y=z=\frac{a}{3}$.

14. 提示:利用函数 $f(x_1,x_2,\cdots,x_n)=x_1\cdot x_2\cdot\cdots\cdot x_n$ 在条件$\frac{1}{x_1}+\frac{1}{x_2}+\cdots+\frac{1}{x_n}=\frac{1}{a}(x_i>0,a>0)$ 下的最小值.

15. $f(x,y)=-4-3(x-1)-6(y-1)+2(x-1)^2-(x-1)(y-1)-(y-1)^2$.

16. $f(x,y)\approx 1+x+xy$.

第　七　章

1. $I=-\frac{2}{3}$.

2. $I=\frac{9}{2}$.

3. (1) $\int_0^1 dy\int_{e^y}^3 f(x,y)dx$;(2) $\int_{-a}^0 dx\int_{-x}^a f(x,y)dy+\int_0^{\sqrt{a}}dx\int_{x^2}^a f(x,y)dy$.

4. (1) $I=\int_0^{\arctan R}d\theta\int_0^R f(\tan\theta)r dr$;(2) $\int_{\frac{3}{4}\pi}^{\pi}d\theta\int_0^{2\sin\theta}\frac{r}{r\sqrt{4-r^2}}dr$.

5. 5π.

6. $\frac{1}{3}(b^3-a^3)\left[\frac{1}{\sqrt{1+\alpha^2}}-\frac{1}{\sqrt{1+\beta^2}}\right]$.

7. $I=2\ln 2$.提示:作变换 $u=\frac{y}{x},v=xy$.

8. $I=\frac{e-1}{2}$.提示:作变换 $u=x+y,v=x$.

9. $I=\pi$.

10. $I=\frac{4}{3}\pi$.

11. 所求体积 $V=\frac{3}{35}$.

12. $\frac{\pi}{8}$.

13. $I=\frac{\pi^2}{4}$.提示:化成柱面坐标.

14. 所求面积为 R^2.

15. (1) $\left(0,0,\frac{3}{8}c\right)$;(2) $\left(\frac{4}{3},0,0\right)$.

16. $J_x = \frac{4}{15}\pi(4\sqrt{2}-5)$, $J_z = \frac{\pi}{15}(16\sqrt{2}-14)$.

17. $\boldsymbol{F} = 2\pi k\rho h(1-\cos\alpha)\boldsymbol{k}$,$\rho$ 为均匀密度.

第　八　章

1. 2π.
2. 3.
3. $\frac{A}{2}$.
4. $4(a+b)$.
5. $4\sqrt{3}\pi$.
6. 4π.
7. 当 $\xi = \frac{a}{\sqrt{3}}, \eta = \frac{b}{\sqrt{3}}, \zeta = \frac{c}{\sqrt{3}}$ 时,功最大值 $w = \frac{abc}{3\sqrt{3}}$.
8. $\frac{\pi}{2}a^2(b-a)+2a^2b$.
9. 当 $R = \frac{4}{3}a$ 时,所求的面积取最大值.
10. $\frac{1}{4}$.
11. -2π.
12. $-\frac{\pi}{2}$.
13. $-\frac{\pi}{2}a^3$.
14. $0, 2\pi$.
15. $0, 4\pi$.
16. $\frac{\pi}{2}$.
17. $\frac{1}{x^2+y^2+z^2}$.
18. $\frac{2}{3}$.
19. 0.
20. 0.
21. 0.

22. $a = 2, b = -1, c = -2$.

23. $(1,0)$，$\{1,0\}$或$(-1,0)$，$\{-1,0\}$.

24. $\frac{1}{\sqrt{61}}, \sqrt{3}$.

第　九　章

1. 当 $P = 17\frac{1}{7}$ 万元 / 件时利润最大，最大利润为 $23\frac{3}{14}$ 万元.

2. $\frac{ER}{EP} = 1 - \frac{Ex}{EP}$.

3. $10 < P \leqslant 20$.

4. 需求函数 $Q = 400 - 100P$，收益函数 $R = 400P - 100P^2$.

5. 当 $Q = 300$ 时总利润最，最大总利润为 25000 元.

6. $t = \frac{a-b}{2}$.

7. (1) 当 $0 < P < \sqrt{ABC^{-1}} - B$ 时，相应的销售额随 P 的增加而增加；当 $P > \sqrt{ABC^{-1}} - B$ 时，相应的销售额随 P 的增加而减小；(2) 当 $P = \sqrt{ABC^{-1}} - B$ 时，销售额最大.

8. (1) $Q = e^{-P^2}$；(2) e^{-1}.

9. (1) 5；(2) 17.5 元.

10. $x = 6(\alpha P_2 \beta^{-1} P_1^{-1})^{\beta}$；$y = 6(P_1 \beta \alpha^{-1} P_2^{-1})^{\alpha}$.

11. 最大利润时的总产量为 10；产品价格为 80；最大利润为 400.

12. 当 A 产品为$\frac{37}{2\sqrt{14}}$，B 产品为$\frac{31}{2\sqrt{14}}$时成本最低.

13. 最佳比例为 $1:4\sqrt[4]{4}$.

14. 分开定价好.

15. 退休基金约为 361580.265 元，约 39.1 年后用完退休基金.

16. $P_t = \frac{a+c}{b+d} + \left(P_0 - \frac{a+c}{b+d}\right)\left(-\frac{d}{b}\right)^t$.

17. $y_t = C(-1)^t + 20 - 3t + 3t^2$.

18. $y_t = C2^t - \frac{3}{5}\cos\frac{\pi}{2}t - \frac{1}{5}\sin\frac{\pi}{2}t$.

参 考 文 献

［1］ 李正元.高等数学同步辅导讲义[M].北京:北京航空航天大学出版社,2022.

［2］ 同济大学数学系.高等数学[M].7版.北京:高等教育出版社,2014.

［3］ 华东师范大学数学系.数学分析[M].北京:高等教育出版社,2020.

［4］ 四川大学数学系高等数学教研室.高等数学[M].北京:高等教育出版社,2008.

［5］ 陈传璋,金福临,等.数学分析[M].北京:高等教育出版社,2003.

［6］ 邵剑,陈维新,等.大学数学考研专题复习[M].北京:科学出版社,2002.

［7］ 苏德矿,应文隆,等.高等数学学习辅导讲义[M].杭州:浙江大学出版社,2019.

［8］ 张宇.高等数学18讲[M].北京:高等教育出版社,2020.